XINBIAN DAXUE WULI
SHIYAN JIAOCHENG

新编大学物理实验教程

主　编　戈　迪
副主编　袁国祥　祁月盈
编　著（按姓氏笔画排序）
戈　迪　祁月盈　李　凤　杨　琴
张　敏　段晓勇　柴爱华　袁国祥

复旦大学出版社

前　言

物理学是研究物质的基本结构、基本运动形式、相互作用及其转化规律的自然科学.物理学本质上是一门实验科学.物理实验是科学实验的先驱,体现了大多数科学实验的共性,在实验思想、实验方法以及实验手段等方面是各学科科学实验的基础.

大学物理实验是高等学校理工科类各专业对学生进行科学实验基本训练的必修基础课程,是大学生从事科学实验和研究工作的入门向导,是一系列后续专业实验课程的重要基础.

大学物理实验课覆盖面广,具有丰富的实验思想、方法、手段,同时,能提供综合性很强的基本实验技能训练,是培养学生科学实验能力、提高科学素质的重要基础.它在培养学生严谨的治学态度、活跃的创新意识、理论联系实际和适应科技发展的综合应用能力等方面具有其他实践类课程不可替代的作用.

本书是多年来大学物理实验教学改革的结晶,根据国家教育部高等学校物理学与天文学教学指导委员会物理基础课程教学指导分委员会颁发的《理工科类大学物理实验课程基本要示》所提出的普通高校物理实验课程具体任务,在多年基础物理实验教学改革的基础上,结合面向21世纪高等教育教学改革发展的需要而编写,可作为理工科类开设“大学物理实验”课程的教师和学生的教材或教学参考书.

本书编写由绪论、实验、附录、大学物理实验报告册四大部分组成,其中,第四部分大学物理实验报告册单独成册.该课程体系的宗旨是:首先,通过实验中的各个环节来培养学生在实验方法、实验技能、误差分析和实验报告等各方面初步的能力和严谨的科研作风.其次,在书中对各实验的原理都作了简明扼要的论述,对某些较深的内容,力求深入浅出地阐述其物理意义.同时,不另辟专章讲述实验仪器,而是把实验内容和实验仪器的介绍融于一体(或附在每个实验之后),并较详细地说明了实验的具体方法,以便学生在进入实验室后能很快独立地拟定合理的实验步骤,正确地使用仪器,在指定时间内独立地完成实验.在每一个实验的开头均简单地叙述了该实验的意义或提供一些背景知识,以期激发学生的学习热情.在结尾给出思考题,促使学生在学习过程中积极思考,能够进一步总结、加深理解.除基本要求外,有些实验还附有一些较灵活的提高内容,供有潜力的学生作进一步的钻研,以利于因材施教.

实验教材的编写不可能脱离实验室的建设和发展.本书是在浙江嘉兴学院历届所使用的教材基础上,经多次调整、更新和扩充而成,凝聚了全院大学物理教师的智慧和心血,“我们是站在巨人的肩上”! 对于他们对本书的贡献,编者充满感激和敬佩之情!

参加此次编写工作的教师是戈迪、祁月盈、李凤、杨琴、张敏、段晓勇、柴爱华、袁国祥(按姓氏笔画排序).

物理实验室的教师和其他不具名的教师也为本书的编写做了许多工作.在此,对他们表示深深的谢意.由于成书时间匆忙和编者水平所限,书中一定存在不少错误和疏漏之处,敬请读者批评指正.

编　者

2020 年 5 月

目　录

附　录

绪 论

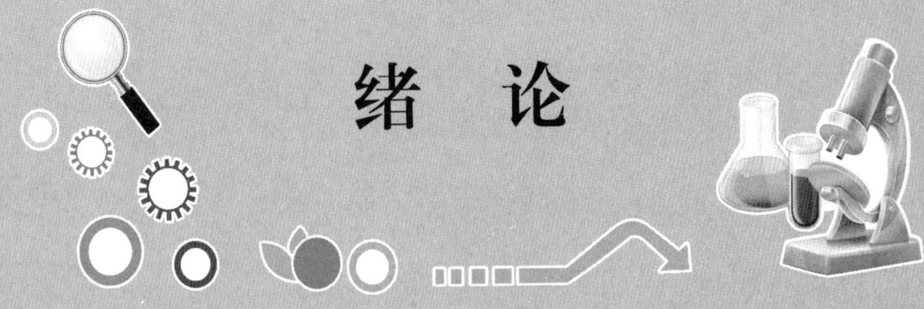

第1节　怎样学好大学物理实验课程

一、物理实验的地位和作用

物理学是研究物质的基本结构、基本运动形式、相互作用及其转化规律的自然科学.物理学本质上是一门实验科学.

物理学的基本理论渗透在自然科学的各个领域,应用于生产技术的许多部门,是自然科学和工程技术的基础.物理学的研究方法通常是在观察和实验的基础上,对物理现象进行分析、抽象和概括,建立物理模型,探索物理规律,进而形成物理理论.物理规律是实验事实的总结,物理理论的正确与否需要实验来验证."大学物理"和"大学物理实验"是两门关系密切的课程.物理实验是科学实验的先驱,体现了大多数科学实验的共性,在实验思想、实验方法以及实验手段等方面是各学科科学实验的基础.

我们学习物理学,要认识各种物理现象,掌握物理现象形成与演变的规律,了解各种实验方法.物理实验需要数学和物理的理论指导,建立起数学和物理模型,在物理实验过程中,通过理论的运用与现象的观测、分析,理论与实验相互补充,以加深和扩大对物理知识的理解.

物理实验的任务不仅是观察物理现象,更重要的是找出物理现象中各物理量之间的数量关系,找出它们变化的规律.任何一个物理定律的确定,都必须依据大量的实验素材.即使已经确定的物理定律,如果出现了新的实验事实和这个定律相违背,那么,便需要修正原有的物理定律或物理理论.因此,物理学本质上是一门实验科学,物理实验是物理理论的基础,它是物理理论正确与否的试金石.

物理实验也是推动科学技术发展的有力工具.20世纪科学技术是建立在实验的基础上的.例如,现代核技术建立在铀、钋和镭等元素天然放射性的发现、α粒子散射实验、重核裂变和核的链式反应的实现等物理实验基础之上,才有后来的原子弹、氢弹的爆炸以及核电站的建立.激光技术,如激光通讯、激光熔炼、激光切割、激光钻孔、激光全息术、激光外科手术和激光武器,几乎都是源于物理实验室.信息技术则是在量子力学、Fermi-Dirac统计、Bloch理论和能带理论的建立与验证的基础上,人类于1947年在物理实验室中研制出晶体管,才有现在的大规模集成电路、超大规模集成电路,集成度以每10年1 000倍的速度增长.可见现代技术的突破大多是从实验室中诞生的.

物理实验既为开拓新理论、新领域奠定基础,又是丰富和发展物理学应用的广阔天地.最近数十年来,物理学和其他学科一样发展很快,尤其是核物理、激光、电子技术和计算机等现代化科学技术的发展,反映了物理实验技术发展的新水平.科学技术的发展,越来越体现出物理实验技术的重要性,基于这方面的原因,人们逐渐感到理工科及师范院校对学生加强物理实验训练的重要性.理论课是进行物理实验必要的基础,在实验过程中,通过理论的运用与现象的观测分析，理论与实验相互补充，从而加深和扩展学生的物理知识.物理实验是科学实验的先驱，体现了大多数科学实验的共性，在实验思想、实验方法以及实验手段等方面是各学科科学实验的基础.物理实验课是高等理工科院校和师范院校对学生进行科学实验基本训练的必修基础课程，是大学生接受系统实验方法和实验技能训练的开端，为今后从事科学研究和工程实践打下扎实基础.

二、大学物理实验课程的任务

物理实验是一门独立的必修基础实验课程，是高校理工科进行科学实验训练的一门重要的基础课程，也是素质教育的重要环节.物理实验在培养学生运用实验手段观察、分析、发现、研究和解决问题，进行科学实验基本训练，提高动手能力和科学实验素养等方面都起着重要的作用，同时，也为学生今后的学习、工作奠定良好的实验基础.物理实验课的主要任务如下：

(1) 通过对实验现象的观察、分析和对物理量的测量，学习有关实验的基本知识、基本方法和基本技能，加深对物理学原理的理解，提高学习能力.

(2) 培养和提高学生的科学实验能力，包括能够通过阅读实验教材或资料做好实验前的准备工作，能够自己动手组建实验测量系统，能够正确使用仪器，能够运用物理学原理对实验现象进行观察、分析和判断，能够正确记录、处理实验数据，绘制图表，撰写合格的实验报告，能够完成具有设计性内容的实验.

(3) 培养学生的理论联系实际和实事求是的科学作风、探索精神、创新精神以及严格、细致、实事求是、一丝不苟的科学态度，培养与提高学生的自主学习能力和创新能力，培养学生善于动手、乐于动手、遵守操作规程、爱护国家财产、注意安全等良好的科学习惯.

实验教学以培养学生科学实验能力与提高学生科学实验素养为重点，使学生在获取知识的自学能力、运用知识的综合分析能力、动手实践能力、设计创新能力以及严肃认真的作风、实事求是的科学态度等方面得到训练与提高.

三、学习物理实验课程的具体要求

1. 学好误差理论

误差理论是大学物理实验中进行数据测量和处理所必备的基础知识.每一个物理实验都要先进行测量，再对所得的数据进行数据处理得出结论，这两个过程都需要误差理论作为基础知识.只有掌握了误差理论，才能得到正确而合理的实验数据；只有很好地掌握了误差理论，才能够对所得的实验数据进行精确、合理的计算，得出严格、精确的实验结论，才能对该实验成功与否做出判断.误差理论与每一个物理实验息息相关、至关重要.掌握了误差理论，是确保每个实验能够顺利完成的关键.另外，误差理论也是其他学科相关实验数据处理的理论基础.

2. 物理实验课前的预习

每个实验都要分 3 步进行，即:预习(实验前完成)、实验记录(实验中完成)、数据处理(实验后完成).那么，怎样进行预习呢?

实验前的预习是实验的基础，是一次“思想实验”的练习，即:在课前认真阅读实验教材和有关资料，弄清实验原理、方法和目的，然后在脑子中“操作”这一实验，拟出实验步骤，思考可能出现的问题和得出怎样的结论，最后写出预习报告.

物理实验课与理论课不同，它的特点是学生在教师的指导下自己动手，独立完成实验任务.因此，实验前必须认真阅读教材、做好预习.预习的内容包括以下 5 个方面：

(1) 实验目的：通过该实验，要得到或验证什么结论，从该实验中能够学到什么.

(2) 实验原理：要认真阅读实验教材、参考资料，事先对实验内容作全面的了解.如果相应的理论并未接触，一定要找到相应的参考资料进行预习.该实验通过什么途径得出结论，实验中用到了哪些物理理论，必须对基本方程、表达式和原理图有足够的理解和掌握.要求写出主要原理公式及简要说明，画出必要的原理图、电路图或光路图.

(3) 实验仪器：对相应的实验仪器要有一定的了解，掌握仪器使用过程中应该注意的事项.

(4) 实验任务、步骤及注意事项：结合实验原理，明确每个实验有哪些步骤，每个步骤是如何进行的，要达到什么目的.重点要写出“做什么，怎么做”，哪些是直接测量量，各用什么仪器和方法测量，哪些是间接测量，结果的不确定度如何估算等.

(5) 数据处理：弄懂每个实验后面实验处理版块所附表格，养成科学记录实验数据的良好习惯，列出记录数据表格.

在进行预习时，应该把精力重点放在对实验原理的理解上.要在实验报告册上完成预习报告.用简短的文字扼要地阐述实验原理，切忌整篇照抄，力求做到图文并茂，尽量用作图的方法来表示原理图、电路图和光路图.写出实验所用的主要公式，说明式中各物理量的意义和单位，以及公式适用条件(或实验必要条件).要求**在实验原理版块，必须出现基本方程、公式和必要的原理图**，这是预习的重点!

注意：未完成预习和预习报告者，教师有权停止其实验或将成绩降档!

3. 实验操作

实验操作的内容包括仪器的安装与调整、实验现象观察与测试条件选择、读数与数据的记录等.在实验操作中要逐步学会分析实验，排除实验中出现的各种故障，不能过分地依赖教师.

(1) 仪器：记录实验所用主要仪器的编号和规格.记录仪器编号是一个很好的工作习惯，便于以后对实验进行复查.

(2) 过程：完成实验内容，观测实验现象并记录.

(3) 数据：数据记录应做到整洁、清晰而有条理，便于计算与复核，达到省工、省时的目的.在标题栏内要注明单位.数据不得任意涂改.确定测错而无用的数据，可在旁边注明“作废”字样，而不要任意删去.

进入实验室，要遵守实验室规则.在实验过程中对观察到的现象和测得的数据要及时进行判断，判断它们是否正常与合理.实验过程可能会出现故障，这时，一定要在教师的指导下，分析故障原因，学会排除故障的本领.要把测得的实验数据填写到实验报告册的原始数据记录表中.对所得结果要做出粗略的判断，与理论预期相一致，再交教师签字认可.教师检查、签字确认无误后，实验完成.

注意：离开实验室前，要整理好所用的仪器，做好清洁工作，数据记录须经教师审阅签名.

4. 实验报告

实验报告是实验工作的总结，一份好的实验报告还应给同行以清晰的思路、见解和启迪.要养成在实验操作后在预习报告的基础上尽早写出实验报告的习惯，即对原始数据进行处理和分析，得出实验结果并进行不确定度评估和讨论.这是完成一个实验题目的最后程序，也是对实验进行全面总结分析的一个过程，必须予以高度重视.

(1) 依据误差理论，进行计算结果与误差计算：计算时先将文字公式化简，再代入数值进行运算.误差计算要预先写出误差公式.

(2) 结果：按较准确形式写出实验结果.在必要时注明结果的实验条件.

实验讨论及作业：对实验结果进行分析讨论(对实验中出现的问题进行说明和讨论)，以及写出实验心得或建议等，完成教师指定的作业题.

编写实验报告有助于锻炼逻辑思维能力，把自己在实验中的思维活动变成有形的文字记录，发表自己对本次实验结果的评价和收获.实验报告可供他人借鉴，促进学术交流.因此，编写实验报告要求做到书写清晰、字迹端正、数据记录整洁、图表合适、文理通顺、内容简明扼要.

注意：预习报告、数据记录和实验报告均使用实验室编制的实验报告册!

5. 实验室规则

为了保证实验正常进行，以及培养严肃认真的工作作风和良好的实验工作习惯，特制定学生须遵守执行的下列规则：

(1) 学生应在课程表规定时间内进行实验，严禁无故缺席或迟到.若要更动实验时间，须经实验室同意.

(2) 学生应在每次实验前对该实验进行预习，并完成预习报告.进入实验室后，应将预习报告交教师检查，经过教师检查认为合格后，才可以进行实验.

(3) 实验时应携带必要的物品，如文具、计算器和草稿纸等.对于需要作图的实验，应事先准备铅笔、橡皮等.

(4) 进入实验室后，根据实验卡片框或仪器清单，核对需要使用的仪器是否缺少或损坏.若发现有问题，应向教师或实验室管理员提出.未列入清单的仪器，另向管理员借用，实验完毕后归还.

(5) 实验前应细心观察仪器构造，操作应谨慎细心，严格遵守各种仪器仪表的操作规则及注意事项.尤其是电学实验，线路接好后先经教师或实验室工作人员检查，经许可后才可接通电路，以免发生意外.

(6) 实验完毕前应将实验数据交给教师检查，实验合格者教师予以签字通过.余下时间在实验室内进行实验计算和做作业题，待下课后方可离开.实验不合格或请假缺课的学生，由指导教师登记，通知在规定时间内补做.

(7) 实验时应注意保持实验室整洁、卫生、安静.实验完毕应将仪器、桌椅恢复原状，放置整齐.

(8) 如有仪器损坏，应及时报告教师或实验室工作人员，并填写损坏单，注明损坏原因.赔偿办法根据学校规定处理.

综上所述，通过实验课的教学，使学生的智能得到全面的训练和提高.各类实验的方法、技巧的训练应由易到难、循序渐进.在规范、严格要求的前提下,也要有意识地进行强化训练.随着实验课的深入进行,逐步培养学生自觉、独立地完成实验的能力,由封闭式"黑匣子"实验室,向开放型、研究型实验室过渡,培养出跨世纪的"四有"人才.

第2节　测量与误差

一、测量的分类

任何实验都离不开测量,没有测量就没有科学.在一定条件下,任何物理量都必然具有某一客观真实的数据.所谓测量,就是以测量出某一物理量值为目的的一系列有意识的科学实践活动.

1. 测量和单位

所谓测量,就是把待测的物理量与一个被选作标准的同类物理量进行比较,确定它是标准量的多少倍.这个标准量称为该物理量的单位,这个倍数称为待测量的数值.由此可见,一个物理量必须由数值和单位组成,两者缺一不可.

按测量方法的不同,测量可分为直接测量和间接测量;按测量条件的不同,测量又分为等精度测量和不等精度测量.

选作比较用的标准量必须是国际公认的、唯一的和稳定不变的.各种测量仪器,如米尺、秒表、天平等,都有合乎一定标准的单位和与单位成倍数的标度.

本教材采用通用的国际单位制(SI),在附录中列出了国际单位制的基本单位、辅助单位和部分导出单位,供读者查阅.

2. 直接测量和间接测量

直接测量是把一个量与同类量直接进行比较以确定待测量的量值.一般基本量的测量都属于此类,如用米尺测量物体的长度、用天平称铜块的质量、用秒表测量单摆的周期等.仪表上所标明的刻度或从显示装置上直接读取的值,都是直接测量的量值.

在物理实验中,能够直接测量的量毕竟是少数,大多数是根据直接测量所得数据,根据一定的公式,通过运算得出所需要的结果.例如,直接测出单摆的长度 l 和单摆的周期 T,应用公式 $T=2\pi\sqrt{\frac{l}{g}}$,以求重力加速度 g,这种测量称为间接测量.在误差分析和估算中,要注意直接测量量与间接测量量的区别.

3. 等精度测量和不等精度测量

对某一量 N 进行多次测量,得 k 个测量值:N_1, N_2, N_3, …, N_k.如果每次测量都是在相同的条件下进行的,则没有理由认为在所得的 k 个值中,某一个值比另一个值要测得准确些.在这种情况下,所进行的一系列测量称为等精度测量.所谓相同条件的含义,是指同一个人、用同一台仪器、每次测量的周围条件都相同(如测量时环境、气温、照明情况等未变动).这种情况就可认为各测量值的精确程度是相同的.

对某一量 N,进行了 k 次测量,得到 k 个值:N_1, N_2, N_3, …, N_k,如果每次测量的条件不同,那么这些值的精确程度不能认为是相同的.在这种情况下,所进行的一系列测量叫做不等精度测量.例如,同一实验者用精度不同的 3 种天平称量某一物体质量 m,得到 3 个值 m_1, m_2, m_3,或者用 3 种不同的方法测量某一物质的密度 ρ,得 3 个值 ρ_1, ρ_2, ρ_3,这都是不等精度测量.

二、误差分类及其处理方法

使用实验的方法去研究事物的客观规律,总是在一定的环境(温度、湿度等)和仪器条件下进行的,由于测量条件(环境、温度、湿度等)的变化以及仪器精度的不同,因而在任何测量中,测量结果与待测量客观存在的真值之间总存在着一定的差异,也就是说,误差是永远存在的.为描述测量中这种客观存在的差异性,可以引进测量误差的概念.

误差就是测量值与客观真值之差,即:

误差=测量值-真值

被测量的真值是一个理想概念,一般来说,真值是不知道的(否则就不必进行测量了).为了对测量结果的误差进行估算,可以用约定真值来代替真值求误差.所谓约定真值,就是被认为是非常接近真值的值,它们之间的差别可以忽略不计.一般情况下,常把多次测量结果的算术平均值、标称值、校准值、理论值、公认值、相对真值等中的某个作为约定真值来使用.

上面定义的误差是绝对误差.在没有特别指明时,误差就是用绝对误差来表示.设测量值的真值为 X,则测量值 x 的绝对误差为

$$\Delta x = x - X$$

仅仅根据绝对误差的大小,还难以评价一个测量结果的可靠程度,还需要看测定值本身的大小,为此引入相对误差的概念.例如,用同一仪器进行两次测量:①测量 10 m 长,相差2 cm;②测量 20 m 长,相差 2 cm.两次测量绝对误差相同,但是,哪次测量得准确一些呢?

显然,只有绝对误差还难以评价测量结果的可靠程度,因此引入相对误差的概念.相对误差是绝对误差与真值之比,真值不能确定则用约定真值.在近似情况下,相对误差也往往表示为绝对误差与测量值之比.相对误差常用百分数表示,即

$$E = \frac{\Delta x}{X} \times 100\% \approx \frac{|\Delta x|}{x} \times 100\%$$

如果待测量有理论值或公认值,也可用百分差来表示测量的好坏,即

$$\text{百分差 } E_0 = \frac{|\text{测量值 } x - \text{公认值 } x'|}{\text{公认值 } x'} \times 100\%$$

相对误差和百分差通常只取 **2 位有效数字**,并且用**百分数形式**来表示.

因此,在测量过程中,要建立起误差永远伴随测量过程始终的实验思想.不标明误差

的测量结果，在科学上是没有价值的.

既然测量不能得到真值，那么，怎样才能最大限度地减小测量误差，并估算出误差的范围呢？要回答这些问题，首先要了解误差产生的原因及其性质.

测量误差主要来源于仪器误差、环境误差、人员误差、方法误差.为了便于分析，根据测量误差的性质，把它们归纳为系统误差和随机误差两大类.

1. 系统误差

系统误差是指在多次测量同一物理量的过程中，保持不变或以可预知方式变化的测量误差的分量.系统误差主要来源有以下 4 个方面：

(1) 仪器的固有缺陷.如仪器刻度不准、零点位置不正确、仪器的水平或铅直未调整、天平不等臂等.

(2) 实验理论近似性或实验方法不完善.例如，用伏安法测电阻没有考虑电表内阻的影响，用单摆测重力加速度时取 $\sin\theta\approx\theta$ 带来的误差等.

(3) 环境的影响或没有按规定的条件使用仪器.例如，标准电池是以 20 ℃时的电动势数值作为标称值的，若在 30 ℃条件下使用时，如不加以修正就引入了系统误差.

(4) 实验者心理或生理特点造成的误差.如计时的滞后、习惯于斜视读数等.

系统误差一般应通过校准测量仪器、改进实验装置和实验方案、对测量结果进行修正等方法加以消除或尽可能减小.发现并减小系统误差通常是一件困难的任务，需要对整个实验所依据的原理、方法、仪器和步骤等可能引起误差的各种因素进行分析.实验结果是否正确，往往在于系统误差是否已被发现和尽可能消除，因此对系统误差不能轻易放过.

在实际测量中，如果判断出有系统误差存在，就必须进一步分析可能产生系统误差的因素，想方设法减小和消除系统误差.由于测量方法、测量对象、测量环境及测量人员不尽相同，因而没有一个普遍适用的方法来减小或消除系统误差.

下面简单介绍几种减小和消除系统误差的方法和途径.

(1) 从产生系统误差的根源上消除.从产生系统误差的根源上消除误差是最根本的方法，通过对实验过程中的各个环节进行认真仔细分析，发现产生系统误差的各种因素.可以从下面几个方面采取措施从根源上消除或减小误差：①采用近似性较好又比较切合实际的理论公式，尽可能满足理论公式所要求的实验条件；②选用能满足测量误差所要求的实验仪器装置，严格保证仪器设备所要求的测量条件；③采用多人合作、重复实验的方法.

(2) 引入修正项消除系统误差.通过预先对仪器设备将要产生的系统误差进行分析计算，找出误差规律，从而找出修正公式或修正值，对测量结果进行修正.

(3) 采用能消除系统误差的方法进行测量.对于某种固定的或有规律变化的系统误差，可以采用交换法、抵消法、补偿法、对称测量法、半周期偶数次测量法等特殊方法进行清除.采用什么方法要根据具体的实验情况及实验者的经验来决定.

无论采用哪种方法都不可能完全将系统误差消除，只要将系统误差减小到测量误差要求允许的范围内，或者系统误差对测量结果的影响小到可以忽略不计，就可以认为系统误差已被消除.

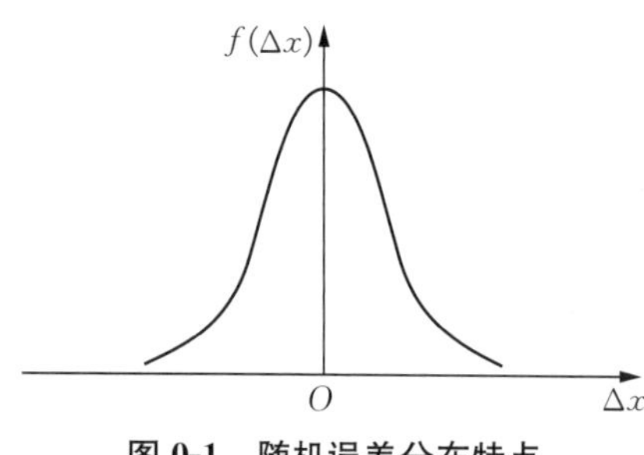

图 0-1　随机误差分布特点

2. 随机误差

随机误差(偶然误差)是指在同一被测量的多次测量过程中,测量误差的绝对值与符号以不可预知(随机)的方式变化,并具有抵偿性的测量误差分量.

实践和理论证明,大量的随机误差服从正态分布(高斯分布)规律.正态分布的曲线如图 0-1 所示.图中的横坐标表示误差 $\Delta x = x_i - X$,纵坐标为误差的概率密度 $f(\Delta x)$.其数学表达式为

$$f(\Delta x) = \frac{1}{\sigma\sqrt{2\pi}} e^{-\frac{\Delta x^2}{2\sigma^2}}$$

式中的特征量

$$\sigma = \sqrt{\frac{\sum \Delta x_i^2}{n}} \quad (n \to \infty)$$

称为总体标准误差,其中 n 为测量次数.

σ 表示的概率意义可以从 $f(\Delta x)$ 函数式求出.由概率论可知,误差出现在 $(-\sigma, +\sigma)$ 区间内的概率 P 就是图 0-1 中该区间内 $f(\Delta x)$ 曲线下的面积,

$$P(-\sigma < \Delta x < +\sigma) = \int_{-\sigma}^{+\sigma} f(\Delta x) \mathrm{d}\Delta x = 68.3\%$$

因此,σ 所表示的意义就是:做任何一次测量,测量误差落在 $-\sigma$ 到 $+\sigma$ 之间的概率为 68.3%.σ 并不是一个具体的测量误差值,它提供了一个**用概率来表达测量误差**的方法.

$[-\sigma, +\sigma]$ 称为**置信区间**,其相应的概率 $P(\sigma) = 68.3\%$ 称为**置信概率**.显然,置信区间扩大,则置信概率提高.置信区间取 $[-2\sigma, +2\sigma]$、$[-3\sigma, +3\sigma]$,相应的置信概率 $P(2\sigma) = 95.4\%$,$P(3\sigma) = 99.7\%$.

图 0-2 是不同 σ 值时的 $f(\Delta x)$ 曲线.σ 值小,曲线陡且峰值高,说明测量值的误差集中,小误差占优势,各测量值的分散性小,重复性好.反之,σ 值大,曲线较平坦,各测量值的分散性大,重复性差.

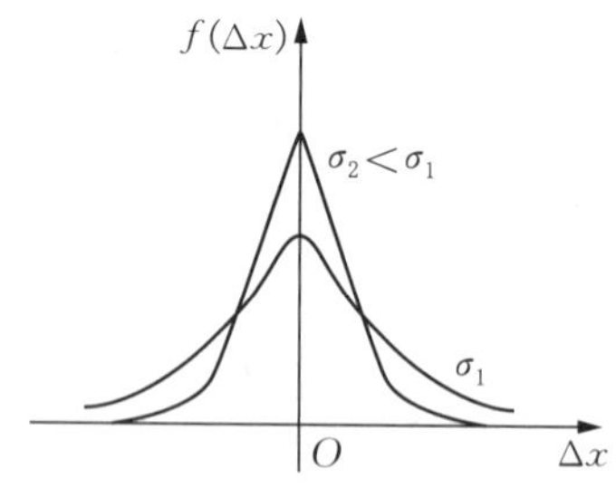

图 0-2　不同 σ 的概率密度曲线

服从正态分布的随机误差具有以下 4 个特征:

(1) 单峰性:测量值与真值相差愈小,这种测量值(或误差)出现的概率(可能性)愈大,与真值相差大的,则概率愈小.

(2) 对称性:绝对值相等、符号相反的正、负误差出现的概率相等.

(3) 有界性:绝对值很大的误差出现的概率趋近于零.也就是说,总可以找到这样一个误差限值,某次测量的误差超过此限值的概率小到可以忽略不计的地步.

(4) 抵偿性:随机误差的算术平均值随测量次数的增加而越来越趋向于零,即

$$\lim_{n\to\infty}\frac{1}{n}\sum_{i=1}^{n}\Delta x_i=0$$

3. 随机误差的处理

对测量中的随机误差如何处理呢？可以利用正态分布理论的一些结论来进行处理.

例如，在对某一物理量在测量条件相同的情况下，进行 n 次无明显系统误差的独立测量，测得 n 个测量值为

$$x_1,\ x_2,\ x_3,\ \cdots,\ x_n$$

往往称此为一个测量列.在测量不可避免地存在随机误差的情况下，处理这一测量列时必须要回答下列两个问题：

(1) 由于每次测量值各有差异，那么，怎样的测量值是最接近于真值的最佳值？

(2) 测量值的差异性(即测量值的分散程度)直接体现随机误差的大小，测量值越分散，测量的随机误差就越大，那么，怎样对测量的随机误差做出估算才能表示测量的精密度？

在数理统计中，对此已有充分的研究，下面只引用它们的结论.

结论 1：当系统误差已被消除时，测量值的算术平均值最接近被测量的真值，测量次数越多，接近程度越好(当 $n\to\infty$ 时，平均值趋近于真值)，因此，可以用算术平均值表示测量结果真值的最佳值.

算术平均值的计算式是

$$\bar{x}=\frac{1}{n}(x_1+x_2+x_3+\cdots+x_n)=\frac{1}{n}\sum_{i=1}^{n}x_i$$

将各次测量值 x_i 与算数平均值之差称为该次测量的残差，写为

$$\Delta x_i=x_i-\bar{x}(i=1,\ 2,\ 3,\ \cdots,\ n)$$

因为真值 X 不可知，只能知道残差而不知道绝对误差 $\Delta x=x-X$，所以，只能用残差代替误差计算，此时总体标准误差 δ 常用“方均根”方法对残差进行统计，其估计值为 S_x (称为实验标准偏差)，可以由结论 2 给出.

结论 2：一测量列的随机误差用标准偏差来估算.标准偏差的计算公式为

$$S_x=\sqrt{\frac{\sum\Delta x_i^2}{n-1}}=\sqrt{\frac{\sum(x_i-\bar{x})^2}{n-1}}$$

这个公式又称为贝塞尔公式，表示一测量列中各测量值所对应的标准偏差.它所表示的物理意义是，如果多次测量的随机误差遵从正态分布，那么，任意一次测量的测量值误差落在 $-S_x$ 到 $+S_x$ 之间的可能性为 68.3%；或者说，对某一次测量结果，真值在 $-S_x$ 到 $+S_x$ 区间内的概率为 68.3%.它可以表示这一列测量值的精密度，反映出测量值的离散性.标准偏差小就表示测量值很密集，即测量的精密度高；标准偏差大就表示测量值很分散，即测量精密度低.现在很多计算器上都有这种统计计算功能，可以直接用计算器求得 S_x 和 $\bar{x}$ 等数值，用 Excel 软件亦可计算出标准偏差(这部分内容在第 5 节“实验数据处理方法”详

细讨论).

值得指出的是,在多次测量时,正负随机误差常可以大致相消,因而用多次测量的算术平均值表示测量结果,可以减小随机误差的影响.但多次重复测量不能消除或减小测量中的系统误差.

第 3 节　有效数字及其运算

一、有效数字的概念

一般来说,实验处理的数值有 2 种:一种是没有误差的准确值(如测量的次数、公式中的纯数等);另一种是测量值.任何物理量的测量都存在误差,因此,表示该测量值的数值位数不能随意取位,应能正确反映测量精度.另一方面,数值计算都有一定的近似性,这就要求计算的准确性既不能超过测量的准确性,也不能低于测量的准确性,使测量的准确性受到损失.也就是说,计算的准确性必须与测量的准确性相适应.能正确而有效地表示测量和实验结果的数字,称为有效数字.有效数字由直接从度量仪器最小分度以上的若干位准确数值(或称为可靠数值)与最小分度值的下一位(有时是在同一位)估读数值(或称为可疑数值)构成.

测量值=读数值(有效数字)+单位

有效数字=可靠数字+可疑数字(估读)

1. 直接测量的读数原则

在进行直接测量物理量的过程中,测量值的有效数字位数取决于测量仪器!例如,用最小刻度为毫米的米尺测量长度,如图 0-3(a)所示,$L=1.67$ cm.那么,应该如何读出其测量值呢?首先,由于该米尺的最小刻度为毫米位,所以,可以直接读出前两位"1.6",这是准确的,称为可靠数字.但是,该被测物的长度超过了 1.6 cm,是超过多少却无法确定,原因就是此米尺的最小刻度是毫米位,第三位有效数字应为 1/10(mm),这一位有效数字无法准确确定,只能估计!这个估计的数字叫做可疑数字,可疑数字带有一定的主观色彩,我们估计它为"7",这个"7"虽然是估计的,但是有效的,所以,读出的是 3 位有效数字"1.67".若如图 0-3(b)所示时,$L=2.00$ cm,仍是 3 位有效数字,而不能读写为 $L=2.0$ cm或 $L=2$ cm,因为这样表示,分别只有 2 位或 1 位有效数字.如图 0-3(c)所示,$L=90.70$ cm有 4 位有效数字.若是改用厘米刻度米尺测量该长度时,如图 0-3(d)所示,则$L=90.7$ cm,只有 3 位有效数字.在平时实验过程中,经常会犯的错误就是:不能根据所用的测量仪器得到合理、正确的测量数据,所以,请大家务必牢记:所得的测量数据的最后一位是可疑数据,是主观估计的,而可疑数字前一位数字的单位的必定为仪器的最小刻度的单位!

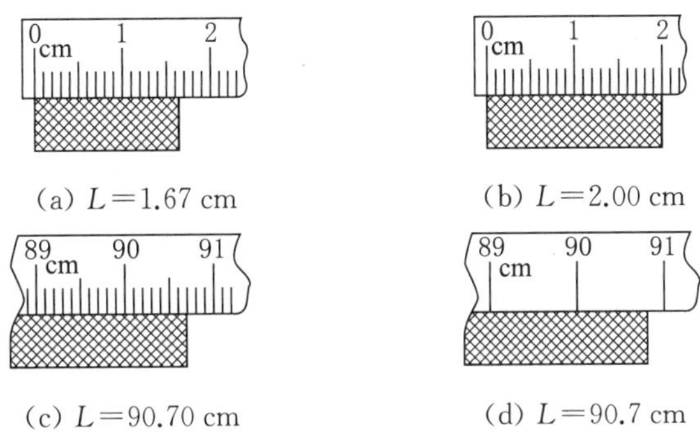

(a) $L=1.67$ cm　(b) $L=2.00$ cm

(c) $L=90.70$ cm　(d) $L=90.7$ cm

图 0-3　直接测量的有效数字

综上所述，**直接测量量的有效数字位数取决于使用的测量仪器**，仪器的精确程度越高，测量结果的有效数字位数越多，测量结果的相对误差愈小，测量愈准确.反过来，也可以通过被测数据的有效数字位数来确定仪器的精确程度.例如，我们得到一个测量数据 $L=1.67$ cm，就可以断定：测量仪器的最小刻度为毫米位.因为在这个数据中，"7"是可疑数字，"6"是准确的，"6"对应的为毫米位，故测量仪器的最小刻度一定为毫米位！

有效数字中的"0"不同于 1，2，…，9 等其他 9 个数字，需要注意下面两种情况：

(1) 有效数字的位数从第一个不是"0"的数字开始算起，末尾的"0"和数值中间出现的"0"都属于有效数字.例如，图 0.3(c)中物体的边缘恰好与毫米尺上的 90.7 cm 刻度线对齐，测量数据应为 90.70 cm，不能写成 90.7 cm，因为此处的"0"仍然是有效数字的有效成分，它表示的测量值在十分位的"7"是准确的，而 90.7 cm 则表示测量值在十分位的"7"是可疑的，90.70 cm 表示的是 4 位有效数字.

(2) 有效数字的位数与小数点位置或单位换算无关.例如，1.2 m 不能写作 120 cm、1 200 mm或 1 200 000 μm，应记为

$$1.2\ \text{m}=1.2\times10^{2}\ \text{cm}=1.2\times10^{3}\ \text{mm}=1.2\times10^{6}\ \mu\text{m}$$

它们都是两位有效数字.反之，把小单位换成大单位，小数点移位，在数字前出现的"0"不是有效数字，如 2.42 mm=0.242 cm=0.002 42 m，它们都是 3 位有效数字.

二、有效数字的运算

为获得实验结果，往往需要对测得的数据进行运算.在数据运算中，首先应保证测量的准确程度，在此前提下，尽可能节省运算时间，免得浪费精力.运算时应使结果具有足够的有效数字，不要少算，也不要多算.少算会带来附加误差，降低结果的精确程度；多算是没有必要的，算得位数越多，运算难度越大，同时不可能减少误差.下面将分别介绍有效数字的运算规则.

运算规则：运算结果保留 1 位可疑数字.

1. 加减运算

几个数相加减时，最后结果的可疑数字与各数值中最先出现的可疑数字对齐.下面的例题在运算过程中数字下画线的是可疑数字.

例 1　已知 $Y=A+B-C$，式中 $A=(103.3\pm0.5)$cm，$B=(13.561\pm0.012)$cm，$C=$

(1.672±0.005)cm,试问计算结果应保留几位数字?

解 先观察一下具体的运算过程.

$$
\begin{array}{r} 103.\underline{3} \\ +\ 13.56\underline{1} \\ \hline 116.\underline{861} \end{array}
\xrightarrow{\text{可简化为}}
\begin{array}{r} 103.\underline{3} \\ +\ 13.\underline{6} \\ \hline 116.\underline{9} \end{array}
\qquad
\begin{array}{r} 116.\underline{9} \\ -\ \ 1.67\underline{2} \\ \hline 115.\underline{228} \end{array}
\xrightarrow{\text{可简化为}}
\begin{array}{r} 116.\underline{9} \\ -\ \ 1.\underline{7} \\ \hline 115.\underline{2} \end{array}
$$

一个数字与一个可疑数字相加或是相减,其结果必然是可疑数字.本例各数值中最先出现可疑数字的位置在小数点后第一位(即 103.$\underline{3}$),按照运算结果保留 1 位可疑数字的原则,本例的简算方法为

$$Y=103.3+13.6-1.7=115.2(\text{cm})$$

结果表示为

$$Y=(115.2\pm0.5)\text{cm},\ \frac{\Delta Y}{Y}=0.43\%$$

2. 乘除运算

几个数相乘除,计算结果的有效数字位数与各数值中有效数字位数最少的一个相同(或最多再多保留 1 位).

例 2 1.111 $\underline{1}$×1.1$\underline{1}$=? 试问计算结果应保留几位数字?

解 用计算器计算,可得 1.111 $\underline{1}$×1.1$\underline{1}$=1.233 321,但是,此结果究竟应取几位数字才合理.来看一下具体的运算过程便一目了然.运算式为

$$
\begin{array}{r}
1.111\underline{1} \\
\times\qquad 1.1\underline{1} \\ \hline
\underline{11111} \\
1111\underline{1}\ \ \\
1111\underline{1}\ \ \ \ \\ \hline
1.2\underline{33321}
\end{array}
$$

因为一个数字与一个可疑数字相乘,其结果必然是可疑数字,所以,由上面的运算过程可见,小数点后面第二位的“3”及其以后的数字都是可疑数字.按照保留 1 位可疑数字的原则,计算结果应写成 1.23,为 3 位有效数字.这与上面叙述的加减简算法则是一致的,即在此例中,5 位有效数字与 3 位有效数字相乘,计算结果为 3 位有效数字.

除法是乘法的逆运算,这里不再详细论述.

3. 乘方运算

乘方运算的有效数字位数与其底数相同.

4. 对数、三角函数和 n 次方运算

它们的计算结果必须按照误差传递公式来决定有效数字位数,而不可以用前面所述的简算方法.

5. 数字的截尾运算

在数据处理时,经常要截去多余的尾数.一般截尾时以“尾数大于 5 进,小于 5 舍,等

于 5 时取偶”来定.

取舍规则:“四舍六入五凑偶”.

根据以上的截尾原则,将下列数截去尾数成 4 位有效数字时,应有

$$2.345\,26 \rightarrow 2.345$$
$$2.345\,50 \rightarrow 2.346$$
$$2.346\,50 \rightarrow 2.346$$
$$2.347\,50 \rightarrow 2.348$$

6. 数字的科学记数法

在乘除和开方等运算中,对数字采用科学记数常常是比较方便的.所谓数字的科学记数法,是将数字分成两部分,第一部分表示有效数字,书写时只在小数点前保留 1 位数,如 3.46, 5.894 等;第二部分表示单位,以 10 的几次幂来表示,如 10^{-8}, 10^4 等.从下面的例子不难看出这种表示法的优点:

$$0.000\,345 \div 139 \rightarrow 3.45 \times 10^{-4} \div 1.39 \times 10^2 = (3.45 \div 1.39) \times 10^{-6}$$
$$0.001\,73 \times 0.000\,013\,4 \rightarrow 1.73 \times 10^{-3} \times 1.34 \times 10^{-5} = (1.73 \times 1.34) \times 10^{-8}$$
$$\sqrt{0.000\,846} \rightarrow \sqrt{8.46 \times 10^{-4}} = \sqrt{8.46} \times 10^{-2}$$

7. 运算的中间过程

在运算的中间过程,有效数字可以暂时保留 2 位可疑数字,即多保留 1 位有效数字,但最终计算结果仍要按前面的规定处理有效数字.

应该强调的是,在上述的近似计算规则中,由于具体问题所要求的准确度或采用的方法不同,可能得出具有不同位数有效数字的结果,只要这些结果是在实际问题允许的范围内,便都可以认为是正确的.盲目地追求计算结果的绝对准确或违反计算规则而无根据地取舍有效数字都是错误的.

第 4 节　不确定度的计算及测量结果的表示

由于测量误差的不可避免,使得真值无法确定,而不知道真值就无法确定误差的大小.因此,实验数据的处理只能求出实验的最佳估计值及其不确定度,通常把测量结果表示为

测量值＝最佳估计值±不确定度(单位)

不确定度是指由于测量误差的存在而对被测量值不能确定的程度,是表征被测量的真值所处的量值范围的评定.实验结果不仅要给出测量值的最佳值$\bar{x}$,同时,要标出测量的总不确定度 Δ_x,最终写成

$$x = \bar{x} \pm \Delta_x \text{(单位)}$$

它表示的是：被测量的真值在$(\bar{x}-\Delta_x, \bar{x}+\Delta_x)$的范围之外的可能性(或概率)很小.显然，测量不确定度的范围越窄，测量结果就越可靠.

引入不确定度概念后，在测量结果的完整表达式中应包含 3 个部分：①测量值；②不确定度；③单位.

与误差表示方法一样，引入相对不确定度 E_x，即不确定度的相对值，

$$E_x=\frac{\Delta_x}{\bar{x}}\times 100\%$$

值得注意的是：不确定度与误差有区别，误差是一个理想的概念，一般不能精确知道，但不确定度反映误差存在的分布范围，可由误差理论求得.

一、不确定度的分类和估算方法

不确定度根据其性质和估算方法不同，可分为 A 类不确定度和 B 类不确定度.A 类不确定度是指被测量列能用统计方法估算出来的不确定度分量，B 类不确定度则是不能用统计方法估算的所有不确定度分量.

1. A 类不确定度

多次重复测量时用统计方法计算的那些分量 Δ_A，如估算随机误差的标准偏差 S_x，就属于 A 类分量.

在基础物理实验教学中，为简便计算，直接取 $\Delta_A=S_x$，即：把一测量列的标准偏差的值当作多次测量中用统计方法计算的不确定度分量 Δ_A.标准偏差 S_x 和不确定度中的 A 类分量 Δ_A 是两个不同的概念.在基础物理实验中，当 $5<n\leqslant 10$ 时，取 S_x 值当作 Δ_A 是一种最方便的简化处理方法，因为当 Δ_B 可忽略不计时，有 $\Delta=\Delta_A=S_x$，这时可以证明被测量量的真值落在$(\bar{x}-\Delta_x, \bar{x}+\Delta_x)$范围内的可能性(概率)已大于或接近 95%，即：被测量的真值在$(\bar{x}-\Delta_x, \bar{x}+\Delta_x)$范围之外的可能性(概率)很小(小于 5%).因此，如果不是特别注明，下文均取

$$\Delta_A=S_x=\sqrt{\frac{\sum(x_i-\bar{x})^2}{n-1}}$$

2. B 类不确定度

用其他非统计方法估出的那些分量，它们只能基于经验或其他信息做出评定，如系统误差的估算等.一般用近似的等价标准差 Δ_B 表征，

$$\Delta_B=\Delta_{仪}/C$$

其中，$\Delta_{仪}$ 为仪器误差，C 为修正因子.那么，在物理实验中 B 类不确定分量 Δ_B 的修正因子C 如何确定呢? 这是一个困难的问题，这需要实验者的经验、知识、判断能力以及对实验过程中所有有价值信息的把握和分析，然后合理地估算出 B 类不确定度分量 Δ_B.对于一般的教学实验，可以作一个简化的约定，取 $C=1$，即把仪器误差简单化地直接当作用非统计方法估算的分量 Δ_B.

二、总不确定度

当两类不确定度分量相互独立时，用方和根法将上述两类不确定度分量合成，即得总不确定度 Δ_x，简称不确定度，

$$\Delta_x=\sqrt{\Delta_{仪}^2+S_x^2}$$

相对不确定度为

$$E_x=\frac{\Delta_x}{\bar{x}}\times 100\%$$

其意义与相对误差类似.

测量结果不确定度的表示为

$$\begin{cases}x=\bar{x}\pm\Delta_x(\text{单位})\\ E_x=\dfrac{\Delta_x}{\bar{x}}\times 100\%\end{cases}$$

不确定度愈小，实验测量质量愈好；不确定度愈大，实验测量质量愈差.

由于不确定度的评定要合理赋予被测量值的不确定区间，而不同的置信概率所表示的不确定度区间是不同的，因此，还应表明是多大概率含义的不确定度.在基础物理实验教学中，暂不讨论不确定度的概率含义，而是将测量结果不确定度表示简化地理解为测量量的真值在$(\bar{x}-\Delta_x,\ \bar{x}+\Delta_x)$区间之外的可能性（概率）很小，或者说，被测量量的真值位于$(\bar{x}-\Delta_x,\ \bar{x}+\Delta_x)$区间之内的可能性很大.物理量都有单位，不能不写出.因此，**一个完整的测量结果包含三要素：测量结果的最佳估计值、不确定度和单位.**

值得注意的是，随机误差和系统误差并不简单地对应于 A 类和 B 类不确定度分量.例如，对于未能进行 n 次重复测量的情况，其随机误差就不能利用统计方法处理，而要利用被测量量可能变化的信息进行判断，这就属于 B 类不确定度分量.要进一步了解两类不确定度分量的评定和合成不确定度的计算问题，读者可参阅其他参考书籍.

三、测量结果的表示

1. 单次直接测量结果不确定度的估算（表示）

在实际测量中，有时测量不能或不需要重复多次；或者仪器精度不高，测量条件比较稳定，多次测量同一物理量结果相近.例如，用准确度等级为 2.5 级的电流表去测量某一电流，经多次重复测量，几乎都得到相同的结果.这是由于仪器的精度较低，一些偶然的未控因素引起的误差很小，仪器不能反映出这种微小的起伏.因此，在这种情况下，只需要进行单次测量.

如何确定单次测量结果的不确定度呢？显然不能求出单次测量量的 A 类不确定度分量Δ_A 了.尽管 Δ_A 依然存在，但是，在单次测量的情况下，往往是 $\Delta_{仪}$ 要比 Δ_A 大得多.按照微小误差原则，只要 $\Delta_A<\frac{1}{3}\Delta_B\left(\text{或 } S_x<\frac{1}{3}\Delta_{仪}\right)$，在计算 Δ_x 时就可以忽略 Δ_A 对总不确定度的影响.所以，对单次测量，Δ_x 可简单地用仪器误差 $\Delta_{仪}$ 来表示，即

单次测量结果＝测量值±$\boldsymbol{\Delta}_{仪}$（单位）

测量值应估读到仪器最小刻度的1/10(或1/5、1/2).

测量是用仪器或量具进行的,有的仪器比较粗糙或灵敏度较低,有的仪器比较精确或灵敏度较高,但是,任何仪器由于技术上的局限性,总存在误差.仪器误差就是指在正确使用仪器的条件下,测量所得结果和被测量的真值之间可能产生的最大误差.

仪器误差通常是由制造工厂和计量机构使用更精确的仪器、量具,通过检定比较后给出的.在仪器和量具的使用手册或仪器面板上,一般都能查到仪器允许的基本误差.因此,使用仪器或量具之前熟悉这种资料是重要的.

例如,实验室常用的量程在100 mm以内的一级千分尺,其副尺上的最小分度值为0.01 mm(精度),而它的仪器误差(常称为示值误差)为0.004 mm.测量范围在300 mm以内的游标卡尺,其分度值便是仪器的示值误差,因为确定游标尺上哪条线与主尺上某一刻度对齐,最多只可能有正负一条线之差.例如,主副尺最小分度值之差为1/50 mm的游标卡尺,其精度和示值误差均为0.02 mm.有的测量器具并不直接给出仪器误差,而是以"准确度等级"来估计的.级值越小,则准确度越高.

一般的测量仪器上都有指示不同量值的刻线标记(刻度).相邻两刻线所代表的量值之差称为分度值,其最小分度标志着仪器的分辨能力.在仪器设计时,分度和表盘的设计总是与仪器的准确度相适应的.一般来说,仪器的准确度越高,刻度越细越密,但也有仪器的最小分度超过其准确度.例如,一般水银温度计最小分度值为0.1 ℃,但其示值误差为0.2 ℃.如果手头缺乏有关仪器的技术资料,没有标明仪器的准确度,这时用仪器的最小分度值估算仪器误差是简单可行的办法.

许多计量仪器、量具的误差产生原因及具体误差分量的计算分析,大多超出本课程的要求范围.为初学者方便,仅从以下3个方面来考虑仪器误差$\Delta_{仪}$:

(1) 仪器说明书上给出的仪器误差值,如游标卡尺、螺旋测微计的示值误差等;

(2) 仪器(电表)的精度等级按量程决定;

(3) 最小分度值或最小分度值的一半.

如果能同时得到这三者,一般在三者中取最大值.

2. 多次测量结果的不确定度估算(表示)

由于测量中存在随机误差,为了能获得测量最佳值,并对结果做出正确评价,就需要对待测量进行多次重复测量.虽然测量次数增加时,能减少随机误差对测量结果的影响,但在基础物理实验中,考虑测量仪器的准确度、测量方法、环境等因素的影响,对同一量作多次直接测量时,一般把测量次数定在5～10次较为妥当.

多次重复测量结果的最佳估计值和不确定度的计算公式如下:

算术平均值 $$\bar{x}=\frac{1}{n}\sum_{i=1}^{n}x_i$$

偏差 $$\Delta x_i=x_i-\bar{x}$$

标准偏差 $$S_x=\sqrt{\frac{\sum(x_i-\bar{x})^2}{n-1}}$$

不确定度 $$\Delta_x=\sqrt{\Delta_{仪}^2+S_x^2}$$

测量结果表示为

$$x=\bar{x}\pm\Delta_x$$

$$E_x=\frac{\Delta_x}{\bar{x}}\times 100\%$$

其中，$\bar{x}$**的有效数字由不确定度** Δ_x **来决定；**$\bar{x}$ **与** Δ_x **的小数末位要对齐；**E_x **取两位有效数字且为百分数形式，**Δ_x **只要求取 1～2 位有效数字.**

例 1　表 0-1 为某同学在"拉伸法测弹性模量"实验中获得的钢丝长度 L(cm)的测量数据，请计算并填写表格中其余物理量.

表 0-1　测杨氏模量实验数据记录

项目 被测量	1	2	3	4	5	$\bar{x}$	S_x	$\Delta_{x仪}$	Δ_x	$x=\bar{x}\pm\Delta_x$	$E_x=\Delta_x/\bar{x}$
L(cm)	86.75	86.70	86.72	86.80	86.75						

解　这是典型的直接测量量的数据处理问题.

首先，从已获得的数据可以看出，该测量仪器的最小分度值为毫米，故 $\Delta_{x仪}=0.5$ mm.

表 0-1 中 $\bar{x}$ 一列表示测量量的最佳值，钢丝长度的测量值共进行了 5 次测量，分别为

$$L_1=86.75\text{ cm},\ L_2=86.70\text{ cm},\ L_3=86.72\text{ cm},\ L_4=86.80\text{ cm},\ L_5=86.75\text{ cm}$$

所以，

$$\bar{L}=\frac{1}{5}\sum_{i=1}^{5}L_i=86.744(\text{cm})\text{（中间过程，多保留 1～2 位有效数字）}$$

$$S_L=\sqrt{\frac{1}{5-1}\sum_{i=1}^{5}(L_i-\bar{L})^2}=0.037\,8(\text{cm})$$

$$\Delta_{仪}=0.05(\text{cm})$$

$$\Delta_L=\sqrt{\Delta_{仪}^2+S_L^2}=0.062\,68\approx 0.063(\text{cm})$$

$$L=\bar{L}\pm\Delta_L=(86.74\pm 0.06)(\text{cm})$$

$$E_L=\frac{\Delta_L}{\bar{L}}\times 100\%=0.07\%$$

将上述计算结果填入表 0-1 中相应位置即可.

3. 间接测量结果的不确定度估算

(1) 间接测量量不确定度传递公式

间接测量值是通过一定函数式由直接测量值计算得到.显然，把各直接测量结果的最佳值代入函数式，就可得到间接测量结果的最佳值.这样一来，直接测量结果的不确定度就必然影响间接测量结果，这种影响大小也可以由相应的函数式计算出来，这就是不确定度的传递.

① 间接测量量的函数式(或称测量式)为单元函数(即由一个直接测量量计算得到间接测量量)的情况：

$$N=F(x)$$

式中,N 是间接测量量,x 为直接测量量.若 $x=\bar{x}\pm\Delta_x$,即 x 的不确定度为 Δ_x,它必然影响间接测量结果,使 N 值也有相应的不确定度 Δ_N.由于不确定度都是微小量(相对于测量值),相当于数学中的增量,因此,间接测量量的不确定度传递的计算公式可借用数学中的微分公式.根据微分公式

$$\mathrm{d}N=\frac{\mathrm{d}F(x)}{\mathrm{d}x}\mathrm{d}x$$

可得到间接测量量 N 的不确定度 Δ_N 为

$$\Delta_N=\frac{\mathrm{d}F(x)}{\mathrm{d}x}\Delta_x$$

其中,$\frac{\mathrm{d}F(x)}{\mathrm{d}x}$是传递系数,反映了 Δ_x 对 Δ_N 的影响程度.

例如,球体体积的间接测量式

$$V=\frac{1}{6}\pi D^3$$

若

$$D=\bar{D}\pm\Delta_D$$

则

$$\Delta_V=\frac{1}{2}\pi D^2\Delta_D$$

② 间接测量量所用的测量式是多元函数式,即:由多个直接测量量计算得到一个间接测量结果.间接待测量

$$N=F(x,\ y,\ z,\ \cdots)$$

式中,x, y, z, …是相互独立的直接测量量,它们的不确定度 Δ_x, Δ_y, Δ_z, …是如何影响间接测量量 N 的不确定度 Δ_N 的呢?仿照多元函数求全微分的方法,单独考虑 x 的不确定度 Δ_x 对 Δ_N 的影响时,有

$$(\Delta_N)_x=\frac{\partial F(x,\ y,\ z,\ \cdots)}{\partial x}\Delta_x=\frac{\partial F}{\partial x}\cdot\Delta_x$$

单独考虑 y 的不确定度 Δ_y 对 Δ_N 的影响时,有

$$(\Delta_N)_y=\frac{\partial F(x,\ y,\ z,\ \cdots)}{\partial y}\Delta_y=\frac{\partial F}{\partial y}\cdot\Delta_y$$

同理,可得

$$(\Delta_N)_z=\frac{\partial F(x,\ y,\ z,\ \cdots)}{\partial z}\Delta_z=\frac{\partial F}{\partial z}\cdot\Delta_z$$

把它们合成时，不能像求全微分那样进行简单地相加，因为不确定度不简单地等同于数学上的“增量”.在合成时要考虑不确定度的统计性质，因此采用方和根合成，于是得到间接测量结果合成不确定度的传递公式.

数学微分公式：　$\mathrm{d}N=\frac{\partial F}{\partial x}\mathrm{d}x+\frac{\partial F}{\partial y}\mathrm{d}y+\frac{\partial F}{\partial z}\mathrm{d}z+\cdots$

不确定度传递公式：　$\Delta_N=\sqrt{\left(\frac{\partial F}{\partial x}\right)^2\Delta_x^2+\left(\frac{\partial F}{\partial y}\right)^2\Delta_y^2+\left(\frac{\partial F}{\partial z}\right)^2\Delta_z^2+\cdots}$

上式适用于 $N=F(x,\ y,\ z,\ \cdots)$ **关系为和差形式的 Δ_N 计算.**

当间接测量量所依据的数学公式较为复杂时，计算不确定度的过程也较为繁琐.如果函数形式主要以和差形式出现时，一般采用上式计算，其流程如图 0-4 所示.

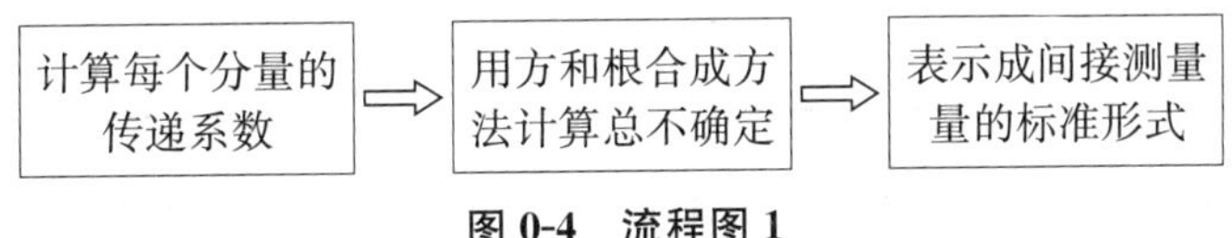

图 0-4　流程图 1

必须注意的是，采用这种方法进行计算时，如果函数表达式为积、商或乘方、开方等形式出现，计算过程会非常繁琐.

如果测量式是积商形式的函数，在计算合成不确定度时，往往两边先取自然对数，然后进行全微分，再进行方和根合成，得到相对不确定度，最后得到相对不确定度传递公式：

$$N=F(x,\ y,\ z,\ \cdots)$$

先对表达式取自然对数，$\ln N=\cdots$，再进行全微分

$$\mathrm{d}\ln N=\frac{\mathrm{d}N}{N}=\frac{\partial \ln F}{\partial x}\mathrm{d}x+\frac{\partial \ln F}{\partial y}\mathrm{d}y+\frac{\partial \ln F}{\partial z}\mathrm{d}z+\cdots$$

改微分号为不确定度符号，求其“方和根”，便可得间接测量量 N 的相对不确定度

$$E_N=\frac{\Delta_N}{N}=\sqrt{\left(\frac{\partial \ln F}{\partial x}\right)^2\cdot(\Delta_x)^2+\left(\frac{\partial \ln F}{\partial y}\right)^2\cdot(\Delta_y)^2+\left(\frac{\partial \ln F}{\partial z}\right)^2\cdot\Delta_z^2+\cdots}$$

上式适用于 $N=F(x,\ y,\ z,\ \cdots)$ **关系为积商形式的 Δ_N 计算.**

利用相对不确定度传递公式，先求出 $E_N=\frac{\Delta_N}{\overline{N}}$，再求 $\Delta_N=E_N\times\overline{N}$，其流程如图 0-5 所示.

图 0-5　流程图 2

请同学们课后自己推导常用函数的不确定度差传递公式.

例 2　在“拉伸法测弹性模量”实验中，钢丝的弹性模量表达式为 $Y=\frac{8FLB}{\pi D^2 b\Delta n}$，若式

中部分待测量及其不确定度已经计算出来(如表 0-2 所示,表中被测量的测量值已略去),其中,$F=9.80\ \text{N}$, $\dfrac{\Delta_F}{\overline{F}}=0.50\%$, $\overline{\Delta n}=0.41$, $\dfrac{\Delta n}{\overline{\Delta n}}=0.70\%$,试求出弹性模量 Y 的不确定度,并表示成间接结果的标准表达形式.

表 0-2 测弹性模量实验数据记录

计算量 / 被测量	$\overline{x}$	S_x	$\Delta_{x仪}$	Δ_x	$x=\overline{x}\pm\Delta_x$	$E_x=\Delta_x/\overline{x}$
L(cm)	86.74	3.81×10^{-2}	0.05	0.06	86.74±0.06	0.070%
B(m)	1.850 6	$6.549\,8\times10^{-4}$	5×10^{-4}	0.000 8	1.850 6±0.000 8	0.040%
D(mm)	0.856	0.008 62	0.004	0.009	0.856±0.002	0.23%
b(cm)	6.75	/	0.05	0.05	6.75±0.05	0.70%

解 这是一道典型的间接测量量不确定度求解的问题,并且该表达式为积的形式,即

$$\overline{Y}=\frac{8\,\overline{F}\cdot\overline{L}\cdot\overline{B}}{\pi\cdot\overline{D}^2\cdot\overline{b}\cdot\Delta n}=1.975\,4\times10^{11}(\text{N}\cdot\text{m}^{-2})$$

表达式取自然对数,

$$\ln\overline{Y}=\ln 8+\ln\overline{F}+\ln\overline{L}+\ln\overline{B}-\ln\pi-2\ln\overline{D}-\ln\overline{b}-\ln\Delta n$$

表达式变为全微分等式,

$$\mathrm{d}\ln\overline{Y}=\frac{\mathrm{d}\overline{Y}}{\overline{Y}}=\frac{\partial\ln\overline{Y}}{\partial\overline{F}}\mathrm{d}\overline{F}+\frac{\partial\ln\overline{Y}}{\partial\overline{L}}\mathrm{d}\overline{L}+\frac{\partial\ln\overline{Y}}{\partial\overline{B}}\mathrm{d}\overline{B}+\frac{\partial\ln\overline{Y}}{\partial\overline{D}}\mathrm{d}\overline{D}+\frac{\partial\ln\overline{Y}}{\partial\overline{b}}\mathrm{d}\overline{b}+\frac{\partial\ln\overline{Y}}{\partial\Delta n}\mathrm{d}\Delta n$$

改微分号为不确定度符号,求其方和根,便可得间接测量量 N 的相对不确定度,

$$\frac{\Delta_Y}{\overline{Y}}=\sqrt{\left(\frac{\Delta_F}{F}\right)^2+\left(\frac{\Delta_L}{L}\right)^2+\left(\frac{\Delta_B}{B}\right)^2+\left(2\frac{\Delta_D}{D}\right)^2+\left(\frac{\Delta_b}{b}\right)^2+\left(\frac{\Delta_{\Delta n}}{\Delta n}\right)^2}$$

各量均取平均值,则有

$$E_Y=\frac{\Delta_Y}{\overline{Y}}=\sqrt{\left(\frac{\Delta_F}{\overline{F}}\right)^2+(E_F)^2+(E_L)^2+(2E_B)^2+(E_D)^2+(E_b)^2+\left(\frac{\Delta_{\Delta n}}{\overline{\Delta n}}\right)^2}$$

代入表 0-2 中及题干中所给数据进行计算,得 $E_Y=1.2\%$,

$$\Delta_Y=E_Y\times\overline{Y}=0.023\,76\times10^{11}(\text{N}\cdot\text{m}^{-1})$$

保留 1 位有效数字,故取

$$\Delta Y=0.02\times10^{11}(\text{N}\cdot\text{m}^{-2})$$
$$Y=\overline{Y}\pm\Delta Y=(1.98\pm0.02)\times10^{11}(\text{N}\cdot\text{m}^{-2})$$

例 3 用单摆测定重力加速度的公式为 $g=\dfrac{4\pi^2 l}{T^2}$,今测得 $T=(2.000\pm0.002)(\text{s})$,

$l=(100.0\pm0.1)(\mathrm{cm})$，试计算重力加速度 g 及不确定度与相对不确定度 E_g.

解　$E_T=0.1\%$，$E_l=0.1\%$，

$$E_g=\sqrt{E_L^2+4E_T^2}=\sqrt{5}\times0.001=0.002\,236$$

$$\bar{g}=\frac{4\pi^2 l}{T^2}=987.2(\mathrm{cm\cdot s^{-2}})$$

$$\Delta_g=E_g\times\bar{g}=2(\mathrm{cm\cdot s^{-2}})$$

结果表示为

$$\begin{cases}g=(987\pm2)(\mathrm{cm\cdot s^{-2}})\\E_g=0.22\%\end{cases}$$

所有运算结果的有效数字位数均应由不确定度来决定，就是简单的四则混合运算也应遵循这一原则.

4. 实验结果的评估

(1) 不确定度表示结果：$x=\bar{x}\pm\Delta_x$，其物理意义是测量值 x 落在$(\bar{x}-\Delta_x,\ \bar{x}+\Delta_x)$区间内的概率很大(近 95%).

(2) 精密度：测量误差分布密集或疏散的程度，即各次测量值重复性优劣的程度.一般表示随机误差的大小.

(3) 准确度：测量结果所达到的准确程度，即测量结果最佳值与真值之间相符合的程度.一般表示系统误差的大小.

(4) 精确度：随机误差和系统误差综合的结果.

测量结果的精密度、准确度和精确度的意义如图 0-6 所示.

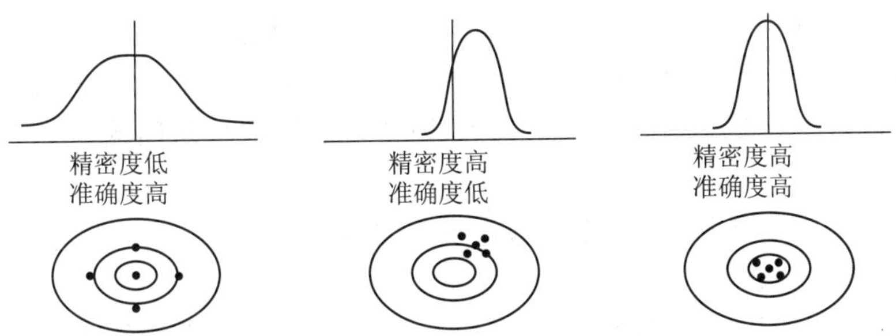

图 0-6　测量结果的精密度、准确度和精确度的意义

(图中横坐标表示测量误差，纵坐标表示某误差出现的概率大小)

第 5 节　实验数据处理方法

实验必然要采集大量数据，实验人员需要对实验数据进行记录、整理、计算与分析，从

而寻找出测量对象的内在规律，正确地给出实验结果.所以，数据处理是实验工作不可缺少的一部分.物理实验中常用的数据处理方法有列表法、作图法、逐差法、最小二乘法线性拟合等.下面介绍实验数据处理常用的 4 种方法.

一、列表法

对一个物理量进行多次测量，或者测量几个量之间的函数关系，往往借助于列表法把实验数据列成表格.它的好处是使大量数据表达清晰、醒目、条理化，易于检查数据、发现问题、避免差错，同时有助于反映出物理量之间的对应关系.

列表记录、处理数据是一种基本方法，更是一种良好的科学习惯.对初学者来说，要设计一个栏目清楚、行列分明的表格虽不是很难办的事，但也并非是一蹴而就的，需要在思想上重视，并逐渐形成习惯.

列表的基本要求如下：

(1) 各栏目均应标明名称和单位.

(2) 列入表中的主要应是原始数据，计算过程中的一些中间结果和最后结果也可列入表中，但应写出计算公式，从表格中要尽量使人看到数据处理的方法和思路，而不能把列表变成简单的数据堆积.

(3) 栏目的顺序应充分注意数据间的联系和计算顺序，力求简明、齐全、有条理.

(4) 反映测量值函数关系的数据表格，应按自变量由小到大或由大到小的顺序排列.

(5) 有必要的附加说明，如测量仪器的规格、测量条件、表格名称等.

在基础实验中，一般都列出记录和数据处理的表格，供同学们参考.

二、图解法

图线能够明显地表示出实验数据间的关系，并且通过它可以找出两个物理量之间的数学关系式，所以，图解法是实验数据处理的重要方法之一，在科学技术上很有用处.用图线表示实验结果可以形象、直观、简便地表达物理量间的变化关系.其作用如下：

(1) 研究物理量之间的变化规律，找出对应的函数关系或经验公式；能形象、直观地表示出相应的变化情况.

(2) 求出实验的某些结果，如直线方程 $y=mx+b$，可根据曲线斜率求出 m 值，从曲线截距获取 b 值.

(3) 用内插法可从曲线上读取没有进行测量的某些量值.

(4) 用外推法可从曲线延伸部分估读出原测量数据范围以外的量值.

(5) 可帮助发现实验中个别的测量大误差，同时，作图连线对数据点可起到平均的作用，从而减少随机误差.

(6) 把某些复杂的函数关系，通过一定的变换用直线图表示出来.

例 4 由 $PV=C$，可将 $P\sim V$ 图线(曲线)改为 $P\sim\frac{1}{V}$ 图线(直线)，直线斜率为 C，如图 0-7所示.

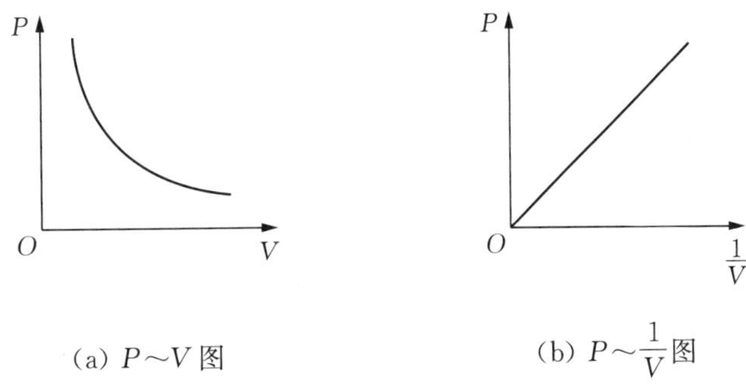

(a) $P\sim V$ 图　　(b) $P\sim\frac{1}{V}$ 图

图 0-7　将曲线改为直线

要特别注意的是，实验作图不是示意图，而是用图来表达实验中得到物理量间的关系，还要求反映出测量的准确程度.用图解法处理数据，首先要画出合乎规范的图线，必须按一定原则作图.因此，要注意下列 5 点.

1. 作图纸的选择

作图纸有直角坐标纸(即毫米方格纸)、对数坐标纸、半对数坐标纸和极坐标纸等，根据作图需要进行选择，在物理实验中比较常用的是毫米方格纸(每厘米为一大格，其中又分成 10 小格).由于图线中直线最易画，而且直线方程的 2 个参数(斜率和截距)也较易算得，因此，对于两个变量之间的函数关系是非线性的情况，如果它们之间的函数关系是已知的，或者准备用某种关系式去拟合曲线时，尽可能通过变量变换，将非线性的函数曲线转变为线性函数的直线.常见的几种变换方法如下：

(1) $PV=C$(C 为常数).令 $u=\dfrac{1}{V}$，则 $P=Cu$，可见 P 与 u 为线性关系.

(2) $T=2\pi\sqrt{\dfrac{l}{g}}$.令 $y=T^2$，则 $y=4\pi^2\dfrac{l}{g}$. Y 与 l 为线性关系，斜率为$\dfrac{4\pi^2}{g}$.

(3) $y=ax^b$，式中，a 和 b 为常数.等式两边取对数，得 $\lg y=\lg a+b\lg x$.于是，$\lg y$ 与 $\lg x$ 为线性关系，b 为斜率，$\lg a$ 为截距.

2. 坐标比例的选取与标度

作图时通常以自变量作横坐标(x 轴)，以因变量作纵坐标(y 轴)，并标明坐标轴所代表的物理量(或相应的符号)及单位.坐标比例的选取，原则上做到数据中的可靠数字在图上应是可靠的.若坐标比例选得不适当时，过小会损害数据的准确度；若过大会夸大数据的准确度，并且使点过于分散，对确定图的位置造成困难.对于直线，其倾斜度最好在 40°～60°之间，以免图线偏于一方.坐标比例的选取应以便于读数为原则，常用比例为1∶1，1∶2，1∶5(包括 1∶0.1，1∶10，…)等，切勿采用复杂的比例关系，如 1∶3，1∶7，1∶9，1∶11，1∶13 等.这样不但绘图不便，而且读数也困难，并且容易出差错.纵横坐标的比例可以不同，而且标度也不一定从零开始.可以用小于实验数据最小值的某一数作为坐标轴的起始点，用大于实验数据最高值的某一数作为终点，这样图纸就能被充分利用.坐标轴上每隔一定间距(如 2～5 cm)应均匀地标出分度值，标记所用的有效数字位数应与实验数据的有效数字位数相同.

3. 数据点的标出

数据点应该用大小适当的明显标志×、＋、⊕、⊗等，同一张图上的几条曲线应采用不同的标志，符号的交点正是数据点的位置.

4. 曲线的描绘

由实验数据点描绘出平滑的实验曲线，连线要用透明直尺或三角板、曲线板等连接，连线要光滑，要尽可能使所描绘的曲线通过较多的测量点（不一定要通过所有的数据点）.对那些严重偏离曲线的个别点，应检查标点是否错误；若没有错误，在连线时可舍去不予考虑.其他不在图线上的点，应均匀分布在曲线的两旁.对于仪器仪表的校正曲线和定标曲线，连接时应将相邻的两点连成直线，整个曲线呈折线形状.

5. 注释和说明

在图纸上要写明图线的名称、作图者姓名、日期以及必要的简单说明（如实验条件、温度、压力等）.直线图解首先是求出斜率和截距，进而得出完整的线性方程.其步骤如下.

(1) 选点.用两点法，因为直线不一定通过原点，所以，不能采用一点法.在直线上取相距较远的两点 $A(x_1,\ y_1)$ 和 $B(x_2,\ y_2)$（此两点不一定是实验数据点），用与实验数据点不同的记号表示，在记号旁注明其坐标值.如果所选两点相距过近，计算斜率时会减少有效数字的位数.不能在实验数据范围以外选点，因为它已无实验依据.

(2) 求斜率.直线方程为 $y=a+bx$，将 A 和 B 两点坐标值代入，便可计算出斜率，即

$$b=\frac{y_2-y_1}{x_2-x_1}$$

(3) 求截距.若坐标起点为零，可将直线用虚线延长，得到与纵坐标轴的交点，便可求出截距；若起点不为零，可用下式计算截距：

$$a=\frac{x_2y_1-x_1y_2}{x_2-x_1}$$

下面介绍用图解法求两个物理量线性的关系，并用直角坐标纸作图验证欧姆定律.给定电阻为 $R=500\ \Omega$，所得数据见表 0-3 和图 0-8.

表 0-3　验证欧姆定律实验数据记录

次数	1	2	3	4	5	6	7	8	9	10
U(V)	1.00	2.00	3.00	4.00	5.00	6.00	7.00	8.00	9.00	10.00
I(mA)	2.12	4.10	6.05	7.85	9.70	11.83	13.78	16.02	17.86	19.94

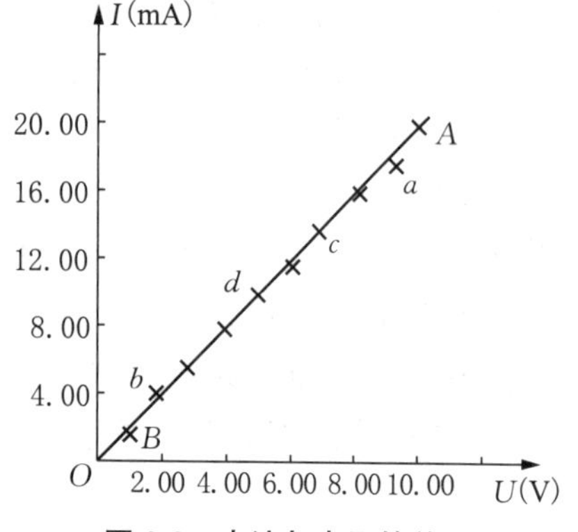

图 0-8　电流与电压的关系

求直线斜率和截距而得出经验公式时，应注意以下两点：第一，计算点只能从直线上取，不能选用实验点的数据.从图 0-8 中不难看出，如用实验点 a 和 b 来计算斜率，所得结果必然小于直线的斜率.第二，在直线上选取计算点时，应尽量从直线两端选取，不能选用两个靠得很近的点.图 0-8 中如选 c 和 d 两点，则因 c 和 d 靠得很近，(I_c-I_d) 及 (U_c-U_d) 的有效数字位数会比实际测量得到的数据少很多，这样会使斜率 k 的计算结果不精确.因此，必须

用直线两端的 A 和 B 两点来计算，以保证较多的有效位数和尽可能高的精确度.计算公式如下：

$$\text{斜率}\ k=\frac{I_A-I_B}{U_A-U_B}=\frac{(19.94-2.12)}{(10.00-1.00)}=\frac{17.82}{9.00}=1.98\times10^{-3}\left(\frac{1}{\Omega}\right)$$

不难看出，将(U_A-U_B)取为整数值，可使斜率的计算方便得多.

三、逐差法

如果在两个变量间存在多项式函数关系，且自变量为等差级数变化的情况下，用逐差法处理数据，既能充分利用实验数据，又具有减小误差的效果.具体做法是将测量得到的偶数组数据分成前后两组，将对应项分别相减，然后再求平均值.下面举例说明.

在“拉伸法测弹性模量”实验中，已知望远镜中标尺读数 x 和加砝码质量 m 之间满足线性关系 $m=kx$，式中，k 为比例常数，现要求计算 k 的数值，如表 0-4 所示.

表 0-4　拉伸法测弹性模量实验部分数据记录

次数	1	2	3	4	5	6	7	8	9	10
m(kg)	0.500	1.000	1.500	2.000	2.500	3.000	3.500	4.000	4.500	5.000
x(cm)	15.95	16.55	17.18	17.80	18.40	19.02	19.63	20.22	20.84	21.47

如果用逐项相减，再计算每增加 0.500 kg 砝码标尺读数变化的平均值$\overline{\Delta x_i}$，即

$$\overline{\Delta x_i}=\frac{\sum\limits_{i=1}^{n}\Delta x_i}{n}=\frac{(x_2-x_1)+(x_3-x_2)+\cdots+(x_{10}-x_9)}{9}=\frac{(x_{10}-x_1)}{9}$$

$$=\frac{21.47-15.95}{9}=0.613(\text{cm})$$

于是，比例系数

$$k=\frac{\overline{\Delta x_i}}{\Delta m}=1.23(\text{cm}\cdot\text{kg}^{-1})=1.23\times10^{-2}(\text{m}\cdot\text{kg}^{-1})$$

这样中间测量值 x_9，x_8，…，x_2 全部未用，仅用到始末两次测量值 x_{10}和 x_1，它与一次增加 9 个砝码的单次测量等价.若改用多项间隔逐差，即将上述数据分成后组(x_{10}，x_9，x_8，x_7，x_6)和前组(x_5，x_4，x_3，x_2，x_1)，然后对应项相减求平均值，即

$$\overline{\Delta x_5}=\frac{(x_{10}-x_5)+(x_9-x_4)+(x_8-x_3)+(x_7-x_2)+(x_6-x_1)}{5}$$

$$=\frac{1}{5}[(21.47-18.40)+(20.84-17.80)+(20.22-17.18)+(19.63-16.55)+(19.02-15.95)]$$

$$=\frac{1}{5}(3.07+3.04+3.04+3.08+3.07)=3.06(\text{cm})$$

于是，

$$k=\frac{\overline{\Delta x_5}}{5m}=\frac{3.06}{5\times 0.500}=1.22(\mathrm{cm}\cdot\mathrm{kg}^{-1})=1.22\times 10^{-2}(\mathrm{m}\cdot\mathrm{kg}^{-1})$$

$\overline{\Delta x_5}$是每增加 5 个砝码标尺读数变化的平均值.这样全部数据都用上，相当于重复测量了 5 次.应该说这个计算结果比前面的计算结果要准确些，它保持了多次测量的优点，减少了测量误差.

四、实验数据的直线拟合(线性回归)

将实验结果画成图线，可以形象地表示物理规律，但图线的表示往往不如用函数表示那样明确和定量化.另外，用图解法处理数据，由于绘制图线有一定的主观随意性，同一组数据用图解法可能得出不同的结果.为了克服这一缺点，在数据统计中研究了直线拟合问题(或称一元线性回归问题)，常用的是一种以最小二乘法为基础的实验数据处理方法.

最小二乘法原理：若能找到一条最佳的拟合直线，那么，这条拟合直线上各相应点的值与测量值之差的平方和在所有拟合直线中应是最小的.

设在某一实验中，可控物理量取 x_1，x_2，x_3，…，x_n 值时，对应物理量依次取 y_1，y_2，y_3，…，y_n 值.现在讨论最简单的情况，即每个测量值都是等精度的，而且假定测量值 x_i 的误差很小，主要误差都出现在 y_i 的测量上.显然，如果从(x_i, y_i)中任取两个数据点，就可以得到一条直线，只不过这条直线的误差有可能很大.直线拟合的任务就是用数学分析的方法，从这些观测量中求出一个误差最小的最佳经验公式：

$$y=mx+b$$

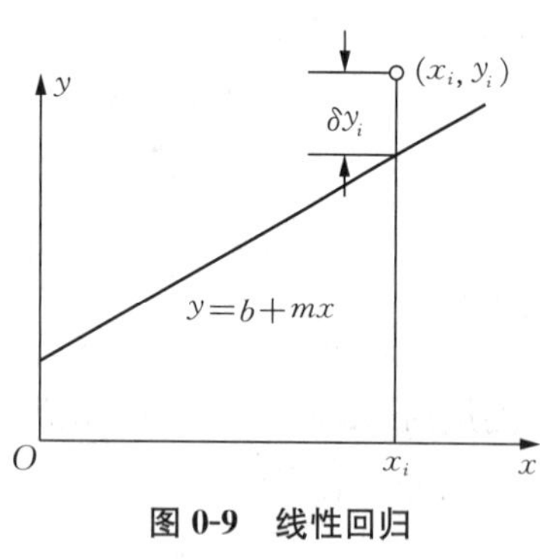

图 0-9　线性回归

按这一经验公式作出的图线虽然不一定通过每个实验点，但是，它以最接近这些实验点的方式平滑地穿过它们.

显然，对应于每一个 x_i 值、观测值 y_i 和最佳经验式的 y 值之间存在偏差δy_i，如图 0-9 所示，可以称之为观测值 y_i 的偏差，即

$$\delta y_i=y_i-y=y_i-(b-mx_i)(i=1, 2, 3, \cdots, n)$$

根据最小二乘法的原理，当 y_i 的偏差的平方和为最小时，由极值原理可求出常数 b 和 m.由此可得最佳拟合直线.

设 s 表示δy_i 的平方和，它应满足

$$s=\sum(\delta yy_i)^2=\sum[y_i-(b+mx_i)]^2=\min$$

上式中，x_i 和 y_i 是测量值，均是已知量，而 b 和 m 是待求的.因此，s 实际上是 b 和 m 的函数.令 s 对 b 和 m 的偏导数为零，即可解出满足上式的 b 和 m 值(要验证这一点，还需证明

二阶导数大于零，这里从略）.

$$\frac{\partial s}{\partial b}=-2\sum(y_i-b-mx_i)=0$$

$$\frac{\partial s}{\partial m}=-2\sum(y_i-b-mx_i)x_i=0$$

解上述联立方程，得

$$b=\frac{\sum x_iy_i\sum x_i-\sum y_i\sum x_i^2}{(\sum x_i)^2-n\sum x_i^2}$$

$$m=\frac{\sum x_i\sum y_i-n\sum x_iy_i}{(\sum x_i)^2-n\sum x_i^2}$$

将 b 和 m 值代入直线方程，即得最佳经验公式

$$y=mx+b$$

用最小二乘法求得的常数 b 和 m 是"最佳"的，但并不是没有误差，它们的误差估计比较复杂，本书不作要求.一般来说，如果一列测量值的 δy_i 大，那么，由这列数据求得的 b 和 m 值的误差也大，由此定出的经验公式可靠程度就低；如果一列测量值的 δy_i 小，那么，由这列数据求得的 b 和 m 值的误差也小，由此定出的经验公式可靠程度就高.

用回归法处理数据最困难的问题在于函数形式的选取.函数形式的选取主要靠理论分析，在理论还不清楚的场合，只能靠实验数据的变化趋势来推测.这样对同一组实验数据，不同的人员可能取不同的函数形式，得出不同的结果.为判明所得结果是否合理，在待定常数确定以后，还需要计算相关系数 r.对一元线性回归，r 的定义为

$$r=\frac{\sum\Delta x_i\sum\Delta y_i}{\sqrt{\sum(\Delta x_i)^2}\cdot\sqrt{\sum(\Delta y_i)^2}}$$

其中，$\Delta x_i=x_i-\bar{x}$，$\Delta y_i=y_i-\bar{y}$.

可以证明 r 值总是在 0 和 1 之间，r 值越接近于 1，说明实验数据点密集地分布在所求得的直线近旁，用线性函数进行回归是合适的，如图 0-10 所示.相反，如果 r 值远小于 1 而接近零，说明实验数据对求得的直线很分散，如图 0-11 所示，即线性回归不妥，必须用其他函数重新试探.

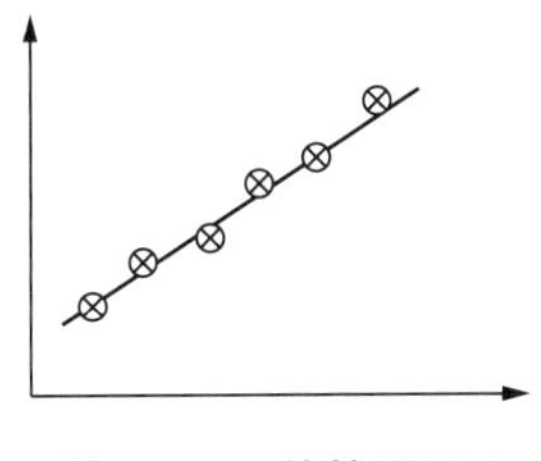

图 0-10　*r* 值接近于 1

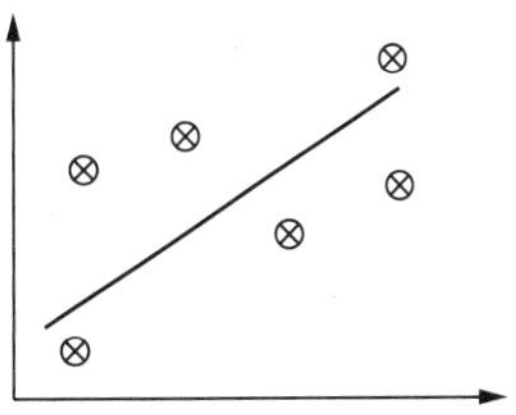

图 0-11　*r* 值接近于 0

用手工计算方程的线性回归是很麻烦的，但是，不少袖珍型函数计算器上均有线性回归计算键，计算起来非常方便，因而线性回归的应用日益普及.

第6节　物理实验的基本方法

一、物理实验中的基本测量方法

1. 比较法

比较法是物理实验中最普遍、最基本的测量方法，它是将待测物理量与选作标准单位的物理量进行比较而得到测量值.比较法有以下3种形式：

(1) 将待测量和标准量值直接比较，如用米尺测量长度.

(2) 将待测量和与标准量值相关的仪器比较，如用电表测电流或电压、用温度计测温度等.

(3) 通过比较系统，使待测量和标准量值实现比较，如用电位差计测电压$\left(\text{见“电位差计的原理和应用”实验}, E_x=\frac{R_x}{R_N}\cdot E_N\right)$、用电桥测电阻$\left(R_x=\frac{R_1}{R_2}\cdot R_N\right)$、用物理天平称量物体的重(质)量等，都是通过一定的比较系统，用标准量去“补偿”待测量，以“示零”为判据，实现待测量与标准量的比较(故又名“补偿法”).比较测量、比较研究是科学实验和科学思维的基本方法，具有广泛的应用性和渗透性.

2. 放大法

将物理量按照一定规律加以放大后进行测量的方法称为放大法，这种方法对微小物理量或对物理量的微小变化量的测量十分有效.放大法有以下4种形式：

(1) 累计放大.例如，用秒表测三线摆的周期，通常不是测一个周期，而是测量累计摆动50个或100个周期的时间.

(2) 机械放大法.例如，游标卡尺利用游标原理将读数放大测量；螺旋测微计、读数显微镜和迈克尔逊干涉仪的读数装置等，利用螺距放大原理来提高测量精度.

(3) 光学放大法.例如，光杠杆镜尺法(见“拉伸法测弹性模量”实验)、光电检流计的光指针放大法，用读数显微镜将被测物体放大后进行测量等.

(4) 电子学放大法：对微弱电信号经放大器放大后进行观测.例如，电桥平衡指示仪、晶体管毫伏表等仪器均利用电子学放大原理进行测量.

3. 转换测量法

转换测量法是根据物理量之间的各种效应、物理原理和定量函数关系，利用变换的思想进行测量的方法.它是物理实验中最富有启发性和开创性的一个方面.主要有参量换测法和能量换测法.

(1) 参量换测法：利用各种参量的变换及其变化规律，来测量某一物理量的方法.例如，三线摆法测转动惯量，利用 $J=\frac{mgRr}{4\pi^2 H}T^2$，将 J 的测量转换为质量、长度和周期的测量.又如，测磁感应强度 B，利用电磁感应原理的霍尔效应，将 B 的测量转换为电压 U 的测量.

(2) 能量换测法：利用能量相互转换的规律，把某些不易测的物理量转换为易于测量的物理量.考虑电学参量的易测性，通常使待测量的物理量通过各种传感器或敏感器件转换成电学量进行测量，如热电转换(温差热电偶、半导体热敏元件等)、压电转换(压电陶瓷、压敏电阻等)、光电转换(光电管、光电池等)等.

4. 模拟法

模拟法是以相似性原理为基础，不直接研究自然现象或过程本身，而是用与这些现象或过程相似的模型来进行研究的一种方法.模拟法可分为物理模拟和数学模拟.

(1) 物理模拟是保持同一物理本质的模拟.例如，用“风洞”中的飞机模型模拟实际飞机在大气中的飞行.

(2) 数学模拟是指把不同本质的物理现象或过程，用同一个数学方程来描述.例如，模拟法测绘静电场实验中用稳恒电流场模拟静电场，就是基于这两种场的分布有相同的数学形式.

用计算机进行实验的辅助设计和模拟实验，是一种全新的模拟方法.随着计算机技术的不断发展和广泛应用，这将使物理实验的面貌发生很大的变化.

上述 4 种基本测量方法，在物理实验中得到广泛的应用，这些实验方法在工程测量中也得到广泛的应用.实际上，在物理实验中，各种方法往往是相互联系综合使用的.

以上只介绍了物理实验中常用的几种方法，还有诸如“替代法”、“换测法”、“共轭法”、“示踪法”、“符合法”等.读者在进行实验时，应认真思考、仔细分析、不断总结，逐步积累丰富的实验方法，并在科学实验中给予灵活运用.

二、物理实验中的基本调整与操作技术

实验中的调整和操作技术十分重要，正确的调整和操作不仅可将系统误差减小到最低限度，而且对提高实验结果的准确度有直接影响.

1. 零位调整

使用任何测量器具都必须调整零位，否则将引入人为的系统误差.零位调整有两种方法：

(1) 利用仪器的零位校准器进行调整，如天平、电表等.

(2) 无零位校准器则利用初读数对测量值进行修正，如游标卡尺和千分尺等.

2. 水平铅直调整

有些实验由于受地球引力的作用，实验仪器要求达到水平或铅直状态才能正常工作.例如，天平和气轨的水平调节，调三线摆的水平和铅直等.水平和铅直调节过程要注意观察，切忌盲目调节.

3. 消除视差

在进行实验观测时，由于观测方法不当或测量器具调节不正确，在读数时会产生视

差.所谓视差,是指待测物与量具(如标尺)没有位于同一平面而引入的读数误差.消除视差的方法如下:

(1) 米尺和电表读数时,应正面垂直观测.

(2) 用带有叉丝的测微目镜、读数显微镜和望远镜测量时,应仔细调节目镜和物镜的距离,使像与叉丝共面.

4. 先粗调后细调的原则

在实验时,先用目测法尽量将仪器调到所要求的状态,再按要求精细调节以提高调节效率.例如,"用光杠杆法测量杨氏模量"的实验中望远镜的调整、分光计的调整、气轨调平等.

5. 等高共轴调整

在光学实验测量之前,要求将各器件调整到等高共轴状态,即要求各光学元器件主光轴等高且共线.等高共轴调节分两步进行:

(1) 粗调:用目测法将各光学元件的中心以及光源中心调成共轴等高,使各元件所在平面基本上相互平行且铅直.

(2) 细调:利用光学系统本身或借助其他光学仪器,依据光学基本规律来调整.如依据透镜成像规律、由自准直法和二次成像法调整等高共轴等.

6. 逐次逼近法

调节与测量应遵守逐次逼近的原则,特别是对于零示仪器(如天平、电桥、电位差计等),采用正反向逐次逼近的方法,能迅速找到平衡点,分光计中所用的"各半调节法"也属于逐次逼近法.

7. 先定性后定量原则

在实验测量前,先定性地观察实验变化过程,了解变化规律,再定量测定,可快速获得较正确的结果.

8. 电学实验的操作规程

注意安全用电、合理布局、正确接线.仔细检查确认线路无误后,再合上电源进行实验测量.实验完毕归整仪器.

9. 光学实验操作规程

要注意光学仪器的保护,机械部分操作要轻稳,光学面要保持清洁,注意眼睛安全.

第7节 计算机技术在物理实验数据处理中的应用

在大学物理实验中,相当一部分实验数据的处理仍利用手工制表、作图等方法对实验数据进行处理,不仅耗费了学生大量的时间和精力,还存在着计算精度不高、手工作图误差较大等弊端.与单纯利用传统的手段进行实验数据处理相比,借助计算机来处理数据具有很多优点,如速度快、精度高、直观性强,既可以减少繁琐的计算,又能提高学生应用计算机的能力.因此,在教学过程中,有意识地引导学生利用计算机来处理数据不仅是必要的,更是可行的.

计算机技术在物理实验数据处理中的应用,主要包括利用计算机对测得的数据进行分析、计算、作图等处理方法,以得出实验数据处理结果.目前使用比较多的软件有 Excel 软件、Matlab 软件、Origin 软件等.

Excel 软件功能强大,易学易用,无需编程.对大学一年级的学生来说,稍加介绍即能掌握.但它对图线的拟合仅限于直线,对曲线的拟合则误差较大.Matlab 软件在实验中应用最为广泛,它的功能全面,数据处理精确,绘制的图形可从不同角度观看,曲线拟合不受限制.但部分功能的使用需要编程,这就限制了一部分计算机基础差的学生对该软件的使用.Origin 软件的功能也较为强大,可以拟合曲线,剔除粗差,寻求经验公式,较少用于图像的仿真和图像的再现,且对计算机相关知识的要求相对较高,学生不易掌握.对计算机软件的使用要根据学生的实际情况因材施教、循序渐进,不能一味地追求手段而忽略效果.

用 Excel 软件中的数据计算功能来进行常见的数据处理,如计算平均值和方差、进行直线拟合、求解简单方程既方便又快速.Excel 是一个通用的软件,与 Windows 的兼容性不成问题,无需编程即可随时根据数据输入情况更新计算结果,因此,用 Excel 软件可起到事半功倍的效果.下面以 Excel 软件为主,对它在大学物理实验数据处理中的具体应用作一些简单的说明.

一、Excel 软件在误差计算中的应用举例

学生在计算机基础课程中已经学习过 Excel 软件.Excel 软件作为一种电子表格,具有功能强大的数据处理能力.物理实验中通过 Excel 软件可以很方便地进行相关计算.例如,在"光的等厚干涉——牛顿环"实验中,记录数据的表格如图 0-12 所示.

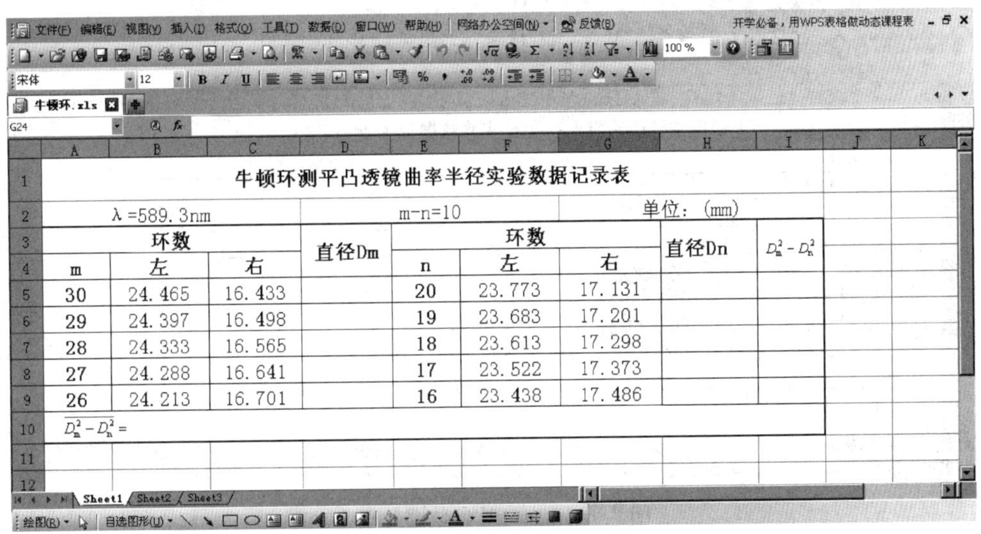

牛顿环测平凸透镜曲率半径实验数据记录表

λ=589.3nm			m-n=10			单位：(mm)		
环数			直径Dm	环数			直径Dn	$D_m^2-D_n^2$
m	左	右		n	左	右		
30	24.465	16.433		20	23.773	17.131		
29	24.397	16.498		19	23.683	17.201		
28	24.333	16.565		18	23.613	17.298		
27	24.288	16.641		17	23.522	17.373		
26	24.213	16.701		16	23.438	17.486		
$\overline{D_m^2-D_n^2}=$								

图 0-12　Excel 软件数据处理 1

在该实验的数据处理中，有两种牛顿环曲率半径求法：方法 1，在 D5 单元格中直接输入"＝B5－H5"后回车；方法 2，在 D5 单元格中直接输入"＝"后，用鼠标左键点击"B5"，再输入"－"，用鼠标左键点击"C5"，回车或用鼠标左键点击编辑栏输入符号"√"即可，如图 0-13 所示.

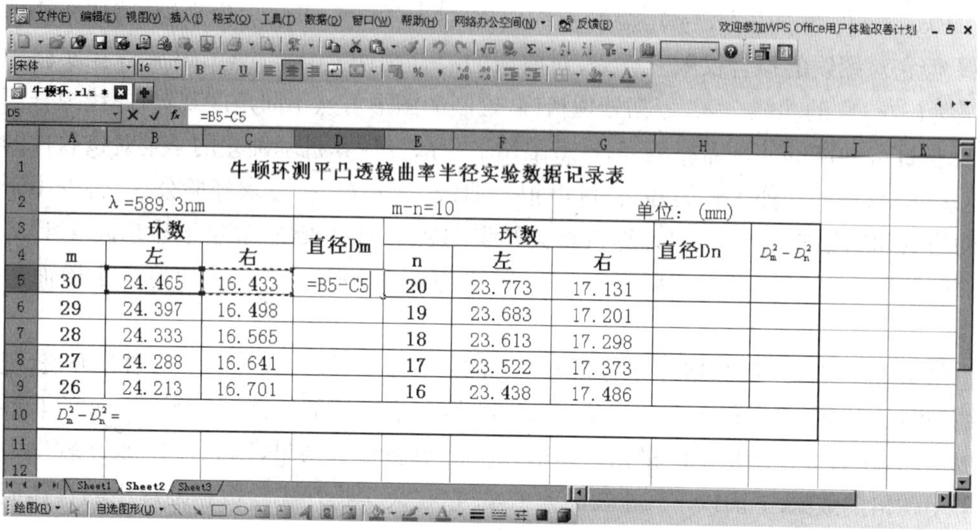

	牛顿环测平凸透镜曲率半径实验数据记录表							
λ=589.3nm			m-n=10			单位：(mm)		
	环数		直径Dm		环数		直径Dn	$D_m^2-D_n^2$
m	左	右		n	左	右		
30	24.465	16.433	=B5-C5	20	23.773	17.131		
29	24.397	16.498		19	23.683	17.201		
28	24.333	16.565		18	23.613	17.298		
27	24.288	16.641		17	23.522	17.373		
26	24.213	16.701		16	23.438	17.486		
$\overline{D_m^2-D_n^2}$ =								

图 0-13　Excel 软件数据处理 2

鼠标左键放在 D5 单元格右下角出现"＋"时，按住左键竖直下拉到 D9 单元格，然后松开左键，D5、D6、D7、D8、D9 单元格中的直径就自动算出来，如图 0-14 所示.

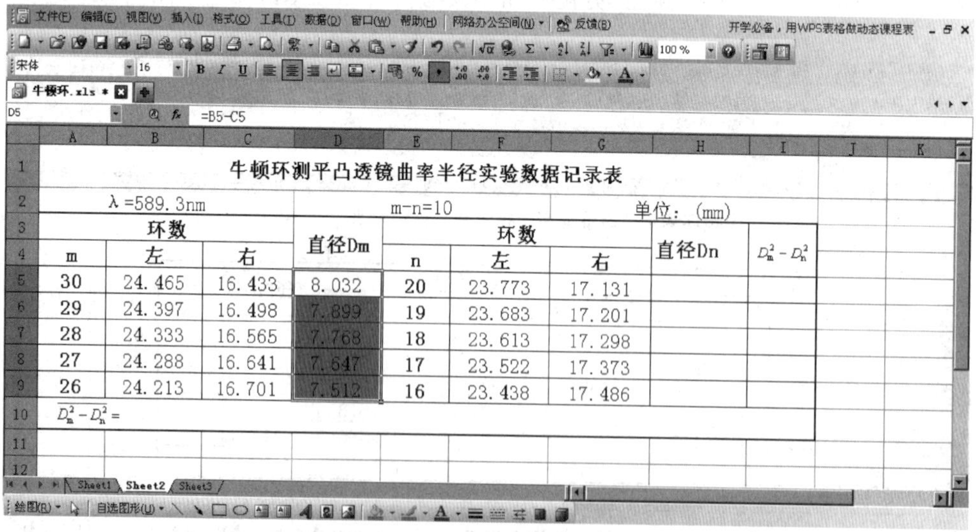

	牛顿环测平凸透镜曲率半径实验数据记录表							
λ=589.3nm			m-n=10			单位：(mm)		
	环数		直径Dm		环数		直径Dn	$D_m^2-D_n^2$
m	左	右		n	左	右		
30	24.465	16.433	8.032	20	23.773	17.131		
29	24.397	16.498	7.899	19	23.683	17.201		
28	24.333	16.565	7.768	18	23.613	17.298		
27	24.288	16.641	7.647	17	23.522	17.373		
26	24.213	16.701	7.512	16	23.438	17.486		
$\overline{D_m^2-D_n^2}$ =								

图 0-14　Excel 软件数据处理 3

在 I5 单元格中编辑公式"＝D5＊D5－H5＊H5"后回车，即可算出该值，鼠标左键放在 I5 单元格右下角出现"+"时，按住左键竖直下拉到 I9 单元格，然后松开左键，I5～I9 单元格中的数值就自动算出来，如图 0-15 所示.

I5 =D5*D5-H5*H5

	A	B	C	D	E	F	G	H	I
1	牛顿环测平凸透镜曲率半径实验数据记录表								
2	λ=589.3nm			m-n=10			单位：(mm)		
3	环数			直径Dm	环数			直径Dn	$D_m^2-D_n^2$
4	m	左	右		n	左	右		
5	30	24.465	16.433	8.032	20	23.773	17.131	6.642	=D5*D5-H5*H5
6	29	24.397	16.498	7.899	19	23.683	17.201	6.482	
7	28	24.333	16.565	7.768	18	23.613	17.298	6.315	
8	27	24.288	16.641	7.647	17	23.522	17.373	6.149	
9	26	24.213	16.701	7.512	16	23.438	17.486	5.952	
10	$\overline{D_m^2-D_n^2}=$								

图 0-15　Excel 软件数据处理 4

在 A1 单元格中求平均值有两种方法：方法 1，在 A1 单元格中直接输入"=AVERAGE(I5:I9)"后回车；方法 2，用鼠标左键点击 A1 单元格，在编辑栏中再用鼠标左键点击插入函数"f_x"，在弹出的对话框中选中"AVERAGE"函数后，再用鼠标左键单击"确定"或回车，用鼠标左键选中 I5～I9 共 5 个单元格，回车或用鼠标左键点击编辑栏输入符号"√"即可，如图 0-16 和图 0-17 所示.

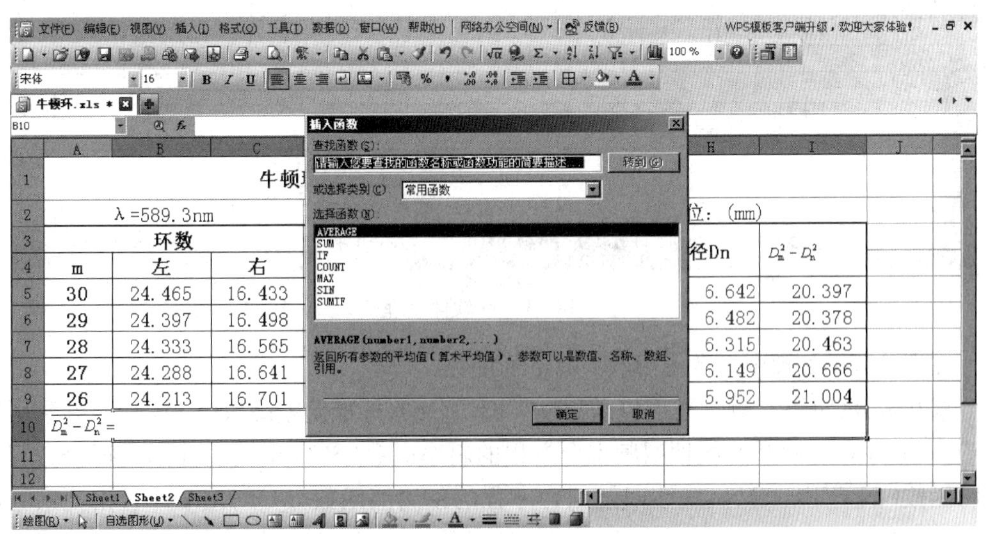

图 0-16　Excel 软件数据处理 5

B10 =AVERAGE(I5:I9)

牛顿环测平凸透镜曲率半径实验数据记录表								
λ=589.3nm			m-n=10				单位：(mm)	
环数			直径Dm	环数			直径Dn	$D_m^2-D_n^2$
m	左	右		n	左	右		
30	24.465	16.433	8.032	20	23.773	17.131	6.642	20.397
29	24.397	16.498	7.899	19	23.683	17.201	6.482	20.378
28	24.333	16.565	7.768	18	23.613	17.298	6.315	20.463
27	24.288	16.641	7.647	17	23.522	17.373	6.149	20.666
26	24.213	16.701	7.512	16	23.438	17.486	5.952	21.004
$\overline{D_m^2-D_n^2}$==AVERAGE(I5:I9)								

图 0-17　Excel 软件数据处理 6

除计算平均值之外，常用到求测量值的标准偏差，用鼠标左键单击插入函数“f_x”，在弹出的对话框中选中“STDEV”函数后，再用鼠标左键单击“确定”或回车，用鼠标左键选中所求数据所在单元格，回车或用鼠标左键点击编辑栏输入符号“√”即可，如图 0-18 所示.

牛顿环测平凸透镜曲率半径实验数据记录表								
λ=589.3nm			m-n=10				单位：(mm)	
环数			直径Dm	环数			直径Dn	$D_m^2-D_n^2$
m	左	右		n	左	右		
30	24.465	16.433	8.032	20	23.773	17.131	6.642	20.397
29	24.397	16.498	7.899	19	23.683	17.201	6.482	20.378
28	24.333	16.565	7.768	18	23.613	17.298	6.315	20.463
27	24.288	16.641	7.647	17	23.522	17.373	6.149	20.666
26	24.213	16.701	7.512	16	23.438	17.486	5.952	21.004
$\overline{D_m^2-D_n^2}$=20.582								

图 0-18　Excel 软件处理 7

在实验数据处理中经常使用的只有下列函数：

求和函数(SUN)、算术平均值函数(AVERAGE)、标准偏差函数(STDEV)、计数函数(COUNT、COUNTIF)、线性回归拟合方程的斜率函数(SLOPE)、线性回归拟合方程的截距函数(INTERCEPT)、线性回归拟合方程的预测值函数(FORECAST)、相关系数函数(COR2REL)、t 分布函数(TINV)、最大值函数(MAX)、最小值函数(MIN)、近似函数(ROUND、ROUNDDOWN、ROUNDUP、INT)和一些数学函数(SIN、COS、TAN、LN、LOG10、EXP、P1、SQRT、POWER)等.

二、Excel 软件在图解法中的应用举例

Excel 软件的图表向导功能也很强大，在处理物理实验数据中经常使用的柱形图和 *XY* 散点图非常容易产生.还可以在 *XY* 散点图上进行回归分析，得到线性回归拟合方程和相关系数的平方.这使得用图示法和图解法处理实验数据变得很方便，把一些复杂的计算变得十分简单明了.例如，在“用伏安法测线性电阻的伏安特性曲线”实验中，数据处理可以采用图解法.

步骤 1：建立 Excel 数据表，点击工具栏中插入“图表向导”选项，出现图表向导对话框，如图 0-19 所示.

图 0-19　Excel 软件数据处理 8

步骤 2：在“图表类型”窗口中选择第五种，即“XY 散点图”，在“子图表类型”中选择左下角的“折线散点图”，如图 0-20 所示.

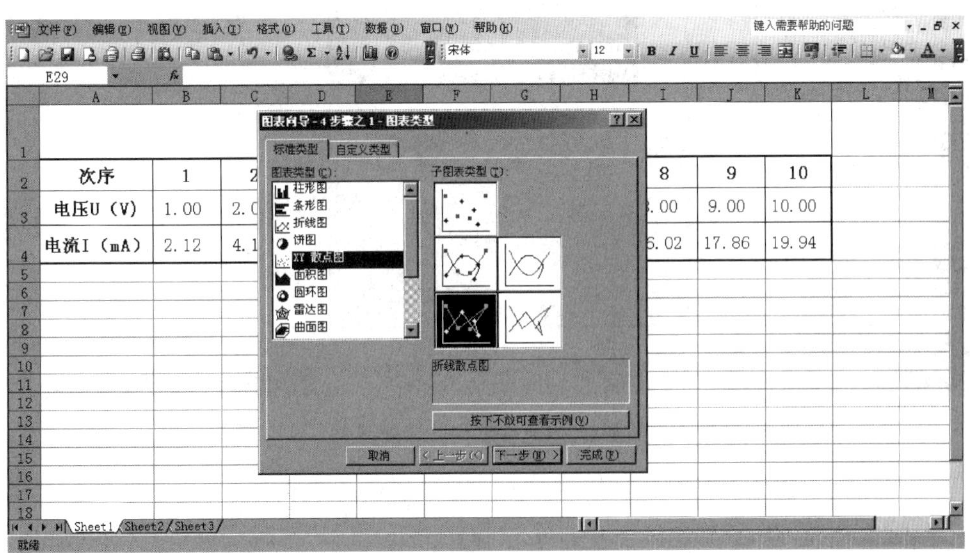

图 0-20　Excel 软件数据处理 9

点击“下一步”按钮，弹出图表源数据对话框，如图 0-21 所示.

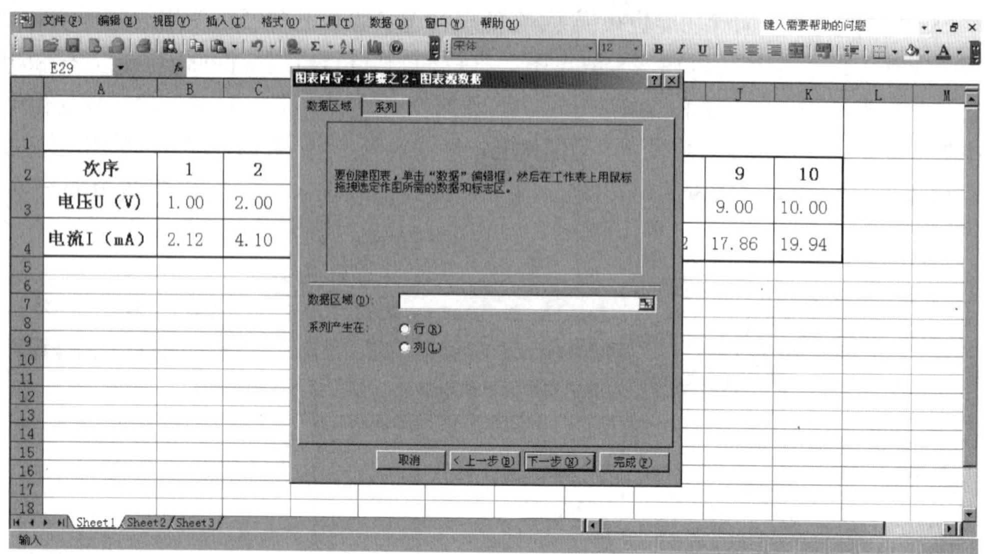

图 0-21　Excel 软件数据处理 10

步骤 3：在“数据区域”空白处，用鼠标左键单击“”符号，选择“B4:K4”后单击“”，出现“源数据”对话框，如图 0-22 所示.

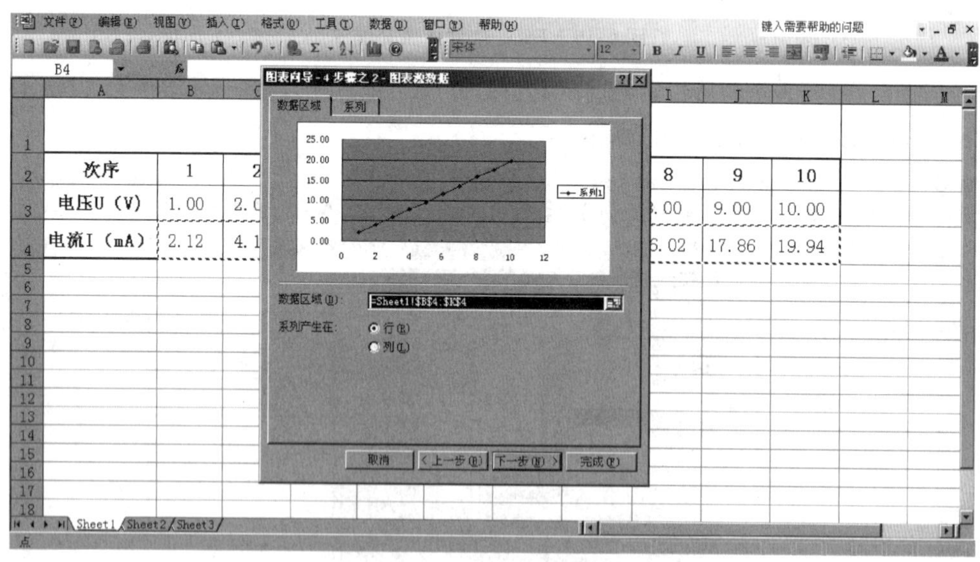

图 0-22　Excel 软件数据处理 11

单击“系列”标题，分别用鼠标左键单击“”符号，选择“名称(N)”、“X 值(X)”、“Y 值(Y)”的数据区域，如图 0-23 所示.

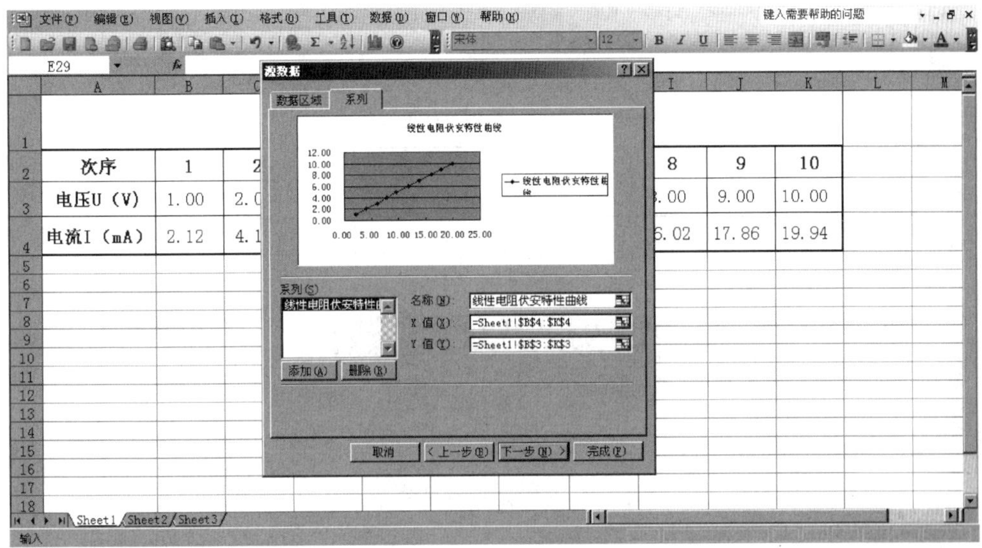

图 0-23　Excel 软件数据处理 12

步骤 4:单击“下一步”,在对话框中依次选择“标题”、“坐标轴”、“网格线”、“图例”、“数据标志”选项,如图 0-24 所示.

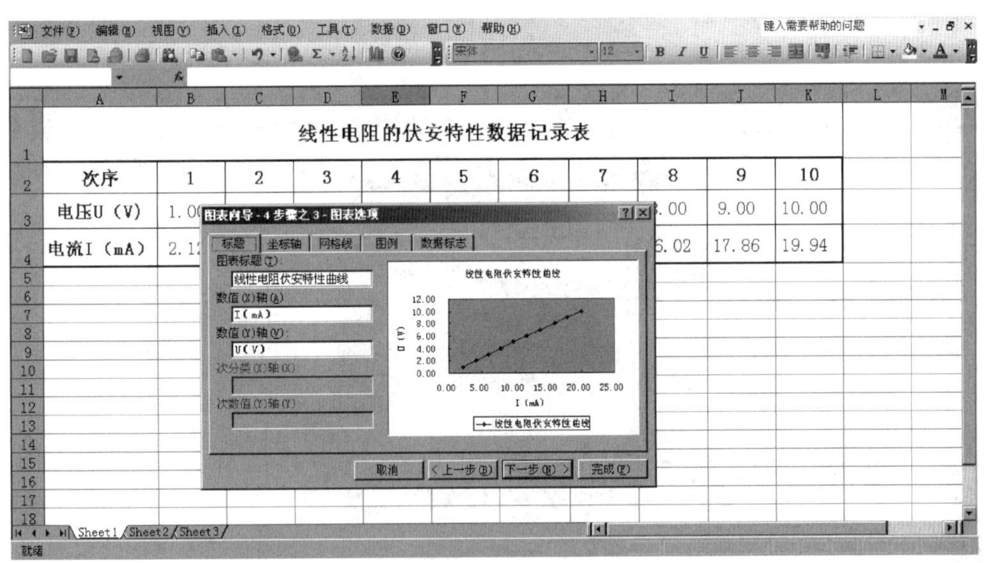

图 0-24　Excel 软件数据处理 13

完成相应内容后单击“下一步”,在对话框中选择“作为其中的对象插入(O)”,单击“完成”,如图 0-25 所示.

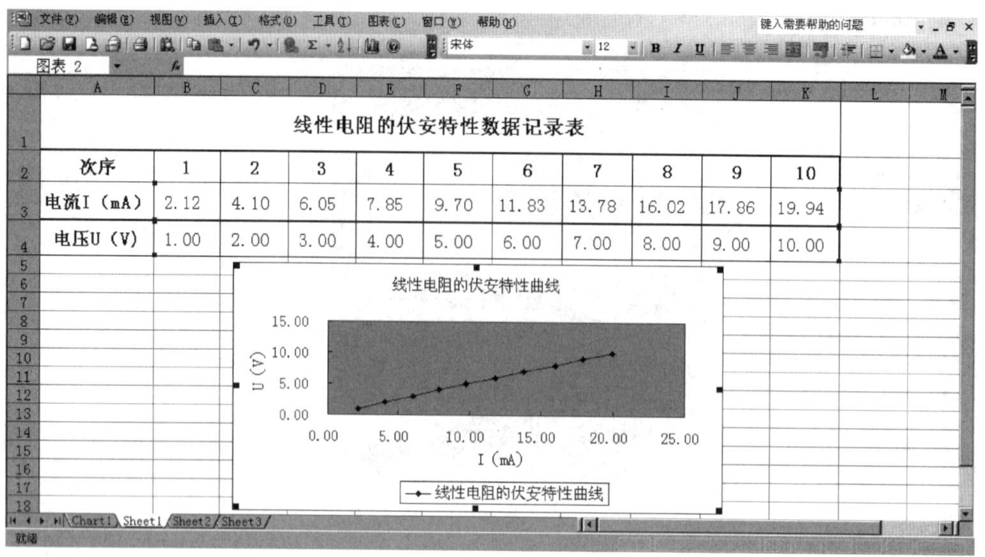

图 0-25 Excel 软件数据处理 14

三、Excel 软件在线性拟合法中的应用举例

线性拟合:在上述步骤以后,选中图表中的数据,在菜单中选择“添加趋势线”,在“类型”中选择“线性”,如图 0-26 所示.

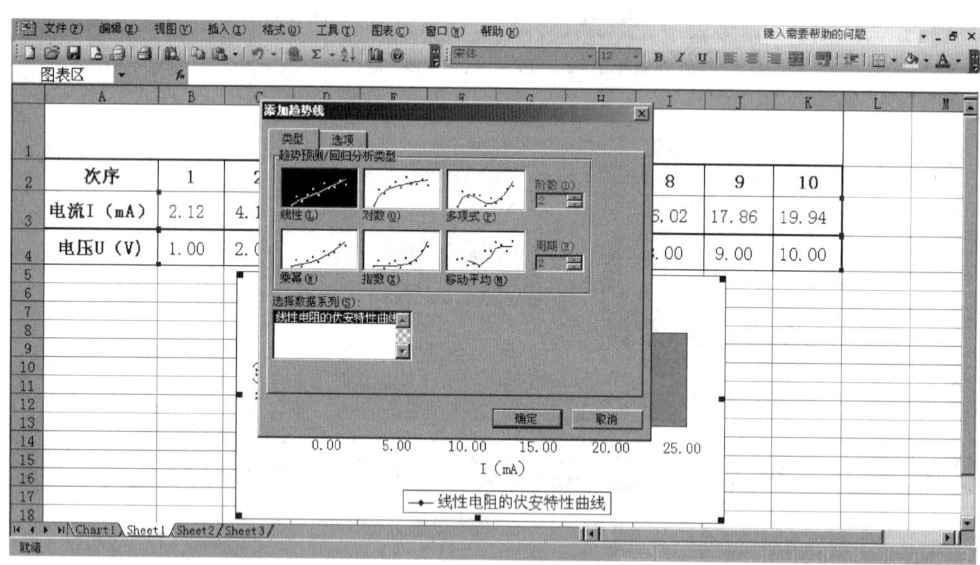

图 0-26 Excel 软件数据处理 15

在“选项”中选中复选框“显示公式”和“显示 R 平方值”,添加“趋势线名称”,如图 0-27 所示.

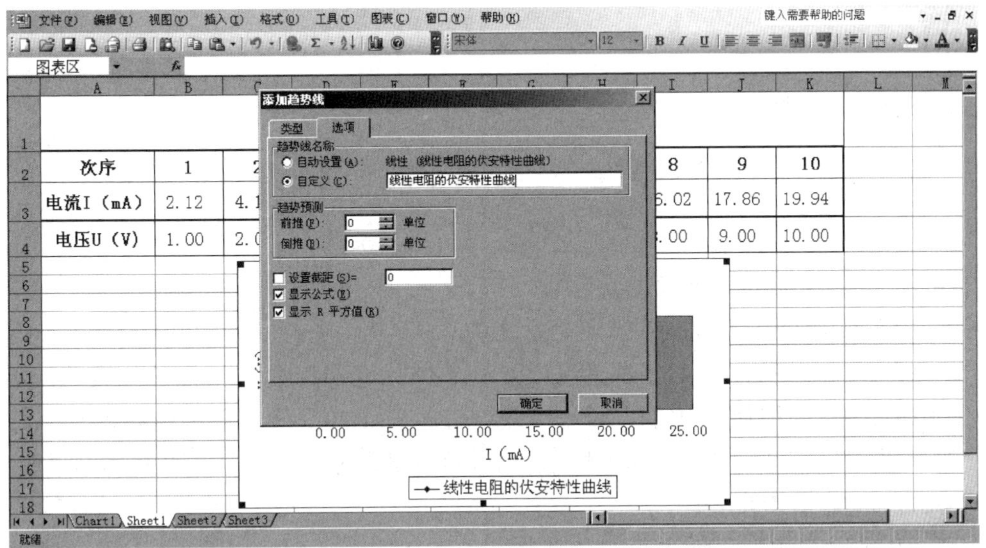

图 0-27　Excel 软件数据处理 16

单击确定，在图表中出现公式“$y=0.505\,2x-0.019\,1$，$R^2=0.999\,5$”，如图 0-28 所示．其中，直线的斜率“$k=0.505\,2(\mathrm{V/mA})=505.2(\Omega)$”即为电阻阻值，$R^2$ 值表示曲线的拟合程度，越接近 1 表示拟合度越高，实验数据越理想．

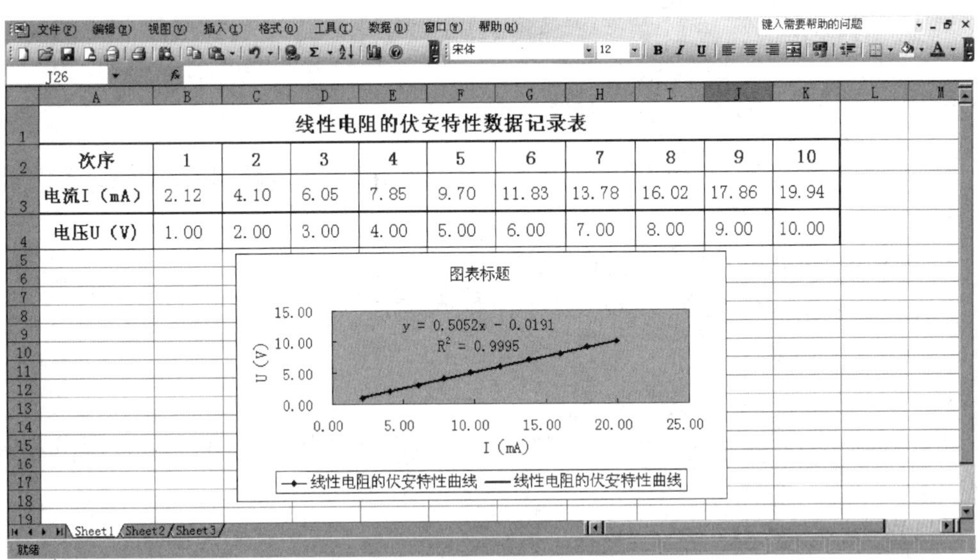
线性电阻的伏安特性数据记录表

次序	1	2	3	4	5	6	7	8	9	10
电流I（mA）	2.12	4.10	6.05	7.85	9.70	11.83	13.78	16.02	17.86	19.94
电压U（V）	1.00	2.00	3.00	4.00	5.00	6.00	7.00	8.00	9.00	10.00

图 0-28　Excel 软件数据处理 17

使用 Excel 软件处理物理实验数据，可以充分利用现代工具，使数据处理变得简单方便，而又不失对数据处理、误差分析方法的了解与掌握．

【习题】

1. 试区分下列概念:

(1) 绝对误差与相对误差;

(2) 真值与算术平均值;

(3) 误差与不确定度;

(4) 精密度、正确度和准确度.

2. 指出下列情况属于随机误差还是系统误差:

①视差;②仪器零点漂移;③螺旋测微器零点不准;④照相底板收缩;⑤电表的接入误差;⑥水银温度计毛细管不均匀;⑦米尺因低温而收缩;⑧单摆公式测 g 没考虑 $\theta \neq 0$.

3. 有甲、乙、丙、丁 4 人,用螺旋测微器测量同一铜球的直径,各人所测得的结果如下:

甲:(1.283 2±0.000 1)cm;

乙:(1.283±0.000 1)cm;

丙:(1.28±0.000 1)cm;

丁:(1.3±0.000 1)cm.

问哪个人表示得正确?其他人错在哪里?

4. 改正下列错误,并写出正确答案:

(1) R=3 871 km=3 871 000 m=387 100 000 cm;

(2) P=(31 690±200)kg;

(3) d=(12.439±0.2)cm;

(4) r=(10.428 6±0.431 9)cm;

(5) $h=(48.3\times10^4\pm200)$kg;

(6) 最小分度值为分(′)的测角仪测得角度 θ 刚好为 60 度整,测量结果表示为 $\theta=60°\pm2'$.

5. 指出下列各数据有效数字的位数:

①1.000 1;②0.000 7;③0.230 00;④1.000 0;⑤58.452 00;⑥$3.6\times10^4$.

6. 计算下列结果:

(1) $W=x+2y+z-5v$,

其中,x=38.206±0.001,y=13.248 7±0.000 1,z=161.25±0.01,v=1.324 2±0.000 1.

(2) $W=4M/\pi D^2H$,

其中,M=236.124±0.002,D=2.345±0.005,H=8.21±0.01.

(3) $Y=\dfrac{8.042\,1}{6.038-6.034}+30.9$.

(4) $A=\dfrac{1.36^2\times8.7\times480.0}{23.25-14.8}-9.325\times0.963^2$.

7. 在"拉伸法测弹性模量"实验中,获得表 0-5 中数据,请完成表格的计算(要写出详细计算过程).

表 0-5　拉伸法测弹性模量测量数据

被测量 \ 次数	1	2	3	4	5	$\overline{x}$	S_x	$\Delta_{x仪}$	Δ_x	$x=\overline{x}\pm\Delta x$	$E_x=\frac{\Delta x}{\overline{x}}\%$
L(cm)	86.75	86.70	86.72	86.80	86.75			0.05			
B(m)	1.852 0	1.850 0	1.849 8	1.851 0	1.850 0			5×10^{-4}			
D(mm)	0.868	0.864	0.853	0.848	0.848			0.004			
b(cm)	/	/	/	/	/	6.75	/	0.05			

8. 利用单摆测量重力加速度 g，当摆角很小时有 $T=2\pi\sqrt{\frac{l}{g}}$ 的关系.式中，l 为摆长，T 为周期.现测得实验数据如表 0-6 所示，试用图解法求出重力加速度 g.

表 0-6　单摆实验测量数据

摆长 l(cm)	46.1	56.5	67.3	79.0	89.4	99.9
周期 T(s)	1.363	1.507	1.645	1.784	1.900	2.008

9. 试用线性回归法对第 8 题数据进行直线拟合，求出重力加速 g 和相关系数 r.

实　验

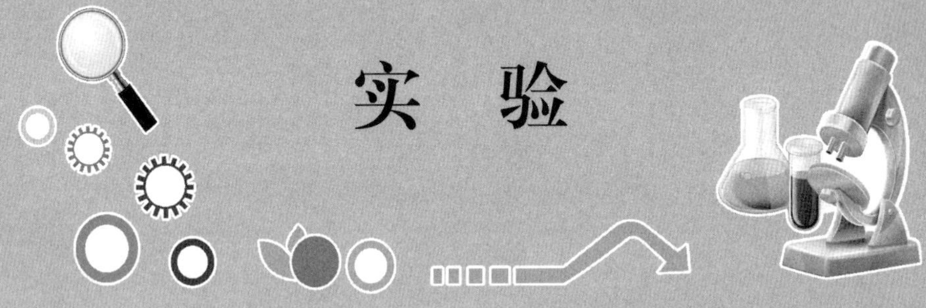

实验 1　长度测量

长度测量是最基本的测量之一，在科学实验和生产实践中，许多测量都与长度测量有关.长度测量是一切测量的基础，掌握长度测量的正确方法是非常重要的.长度测量的仪器和方法有多种多样，最基本的测量工具要算米尺、游标卡尺和螺旋测微计.这 3 种测量工具测量长度的范围和准确度各不相同，需视测量的对象和条件加以选用.如果所要测量的物体无法直接接触测量，或物体的线度很小且测量要求准确度很高，则可用其他更精密的仪器(如读数显微镜)或其他更适合的测量方法.

【实验目的】

(1) 掌握游标卡尺、螺旋测微计和读数显微镜的装置原理和使用方法.

(2) 巩固有关误差、实验结果不确定度和有效数字的知识，熟悉数据记录、处理及测量结果表示的方法.

【实验原理】

1. 游标原理及读数方法

游标卡尺是一种能准确到 0.1 mm 以上的较精密量具，用它可以测量物体的长、宽、高、深及工件的内、外直径等.它主要由按米尺刻度的主尺和一个可沿主尺移动的游标(又称副尺)组成.常用的一种游标卡尺的结构如图 1-1 所示.D 为主尺，E 为副尺，主尺和副尺上有测量钳口 AB 和 $A'B'$，钳口 $A'B'$用来测量物体内径，尾尺 C 在背面与副尺相连，移动副尺时尾尺也随之移动，可用来测量孔径深度，F 为锁紧螺钉，锁紧它，副尺就与主尺固定了.

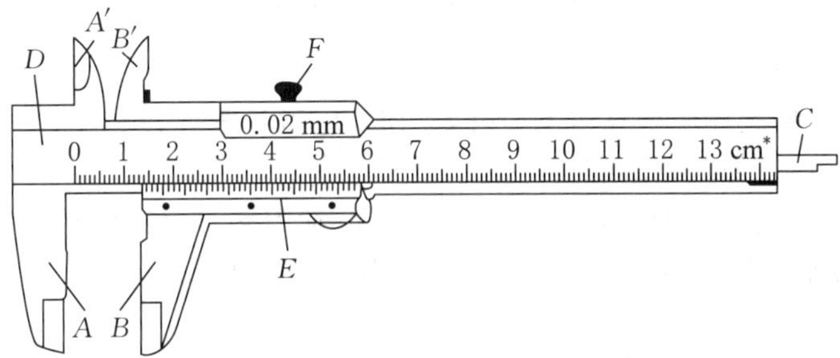

图 1-1　游标卡尺

游标卡尺的分度原理：通常设计游标上 N 个分度格的长度与主尺上$(N-1)$个分度格的长度相等.若游标上最小分度值为 b，主尺上最小分度值为 a，则有 $Nb=(N-1)a$，其差值为

$$a-b=a-\frac{N-1}{N}a=\frac{a}{N}$$

由此可知，当 a 一定时，N 越大，其差值 $(a-b)$ 越小，测量时读数的准确度越高.该差值 a/N 通常称为游标的分度值或精度，这就是游标分度原理.不同型号和规格的游标卡尺，其游标的长度和分度可以不同，但其游标的基本原理均相同.一般常用的有 10 分度(最小分度值为 0.1 mm)、20 分度(最小分度值为 0.05 mm)和 50 分度(最小分度值为0.02 mm).如图 1-2 所示为 50 分度游标卡尺.$N=50$，$a=1$(mm)，分度值为 $1/50=0.02$(mm)，此值正是测量时能读到的最小读数(也是仪器的示值误差).

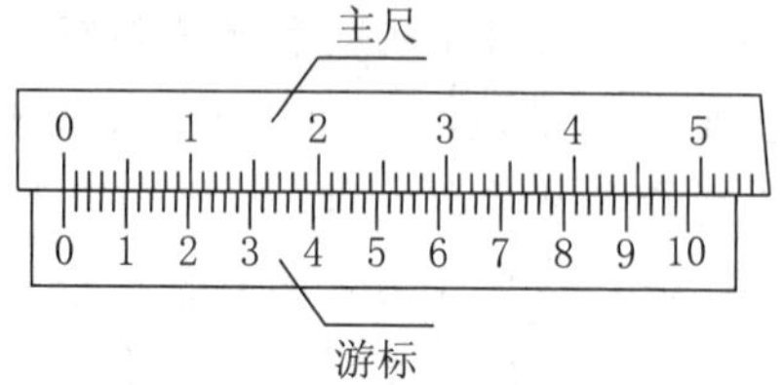

图 1-2　主尺与游标

对于游标卡尺的仪器误差，一般取游标卡尺的最小分度值为其仪器误差 $\Delta_{仪}$.

读数时，待测物的长度 L 可分为两部分读出后再相加.先在主尺上与游标"0"线对齐的位置读出毫米以上的整数部分 L_1，再在游标上读出不足 1 mm 的小数部分 L_2，则 $L=L_1+L_2$. $L_2=K\dfrac{1}{N}$(mm)，K 为游标上与主尺某刻线对得最齐的那条刻线的序数.例如，如图 1-3 所示的游标尺读数为 $L_1=0$，$L_2=K\dfrac{1}{N}=12/50=0.24$(mm).所以，$L=L_1+L_2=0.24$(mm).许多游标卡尺的游标常标有数值，$L_2$ 可以直接由游标读出.如图 1-3 所示，可以从游标上直接读出 L_2 为 0.24 mm.

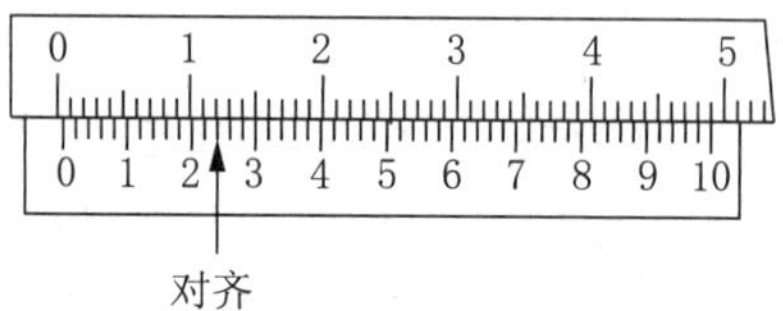

图 1-3　游标卡尺的读数

2. 螺旋测微原理

螺旋测微计是螺旋测微量具中的一种，其他如读数显微镜、光学测微目镜及迈克尔逊干涉仪的读数部分，也都是利用螺旋测微原理而制成的.

螺旋测微计是一种比游标卡尺更精密的量具，常用来测量线度小且准确度要求较高的物体的长度.较常见的一种螺旋测微计的构造如图 1-4 所示.

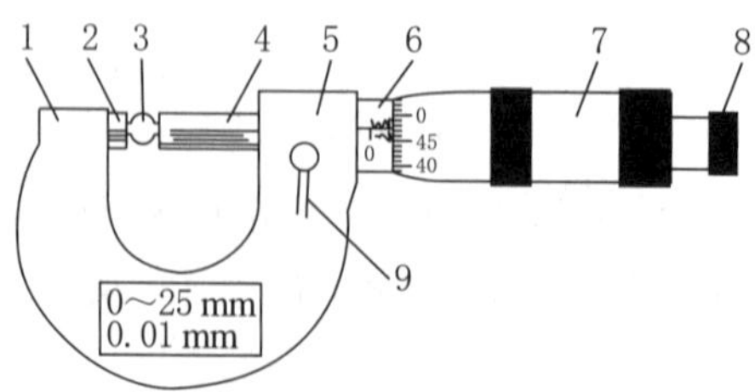

图 1-4　螺旋测微计

1-尺架；2-固定测砧；3-待测物体；4-测微螺杆；5-螺母套管；6-固定套管；7-测分筒；8-棘轮；9-锁紧装置

该量具的核心部分主要由测微螺杆和螺母套管所组成，是利用螺旋推进原理而设计的.测微螺杆的后端连着圆周上刻有 N 个分格的微分筒，测微螺杆可随微分筒的转动而进退.螺母套管的螺距一般取 0.5 mm，当微分筒相对于螺母套管转 1 周时，测微螺杆就沿轴线方向前进或后退 0.5 mm；当微分筒转过 1 小格时，测微螺杆则相应地移动 $0.5/N$ mm 距离.可见测量时沿轴线的微小长度均能在微分筒圆周上准确地反映出来.

例如，$N=50$，则能准确读到 $0.5/50=0.01$(mm)，再估读一位，则可读到 0.001 mm，这正是称螺旋测微计为千分尺的缘故.实验室常用千分尺的示值误差为 0.004 mm.

读数时，先在螺母套管的标尺上读出 0.5 mm 以上的读数，再由微分筒圆周上与螺母套管横线对齐的位置上读出不足 0.5 mm 的数值，再估读 1 位，三者之和即为待测物的长度.例如，图 1-5(a)中的读数为 $L=5+0.5+0.150=5.650$(mm)；图 1-5(b)中的读数为 $L=5+0.150=5.150$(mm).

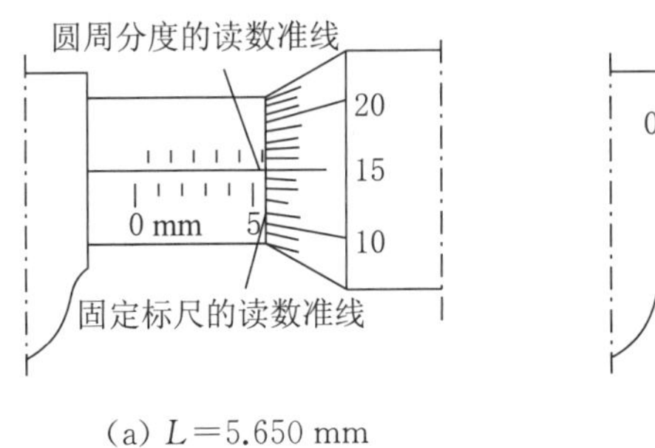

(a) $L=5.650$ mm

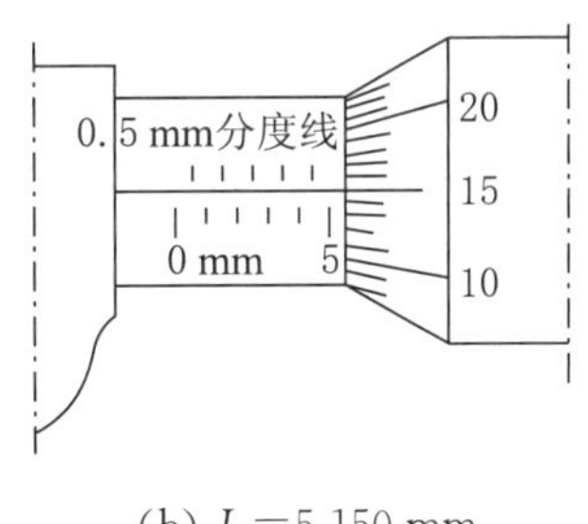

(b) $L=5.150$ mm

图 1-5　螺旋测微计的读数方法

3. 读数显微原理

普通的显微镜只有放大作用，不能定量测量物体的长度.显微镜镜筒内主焦面上装有“十”字叉丝，镜筒与镜架间装有螺旋测微装置，可以用来测量微小长度或无法接触测量的物体的长度.常见的一种立式读数显微镜如图 1-6 所示.它的光学部分是一个长焦距的显微镜，通过上下移动可以调节聚焦，转动鼓轮能够使显微镜沿滑动台左右平移，由滑动台上的读数可确定被测物体的长度，其读数方法同螺旋测微计一样.常用的读数显微镜的测微螺杆螺距为 1 mm，与其连接的测微鼓轮圆周上刻有 100 个分格，其分度值为 0.01 mm，因而也能读到千分之一位，而示值误差取 0.015 mm.

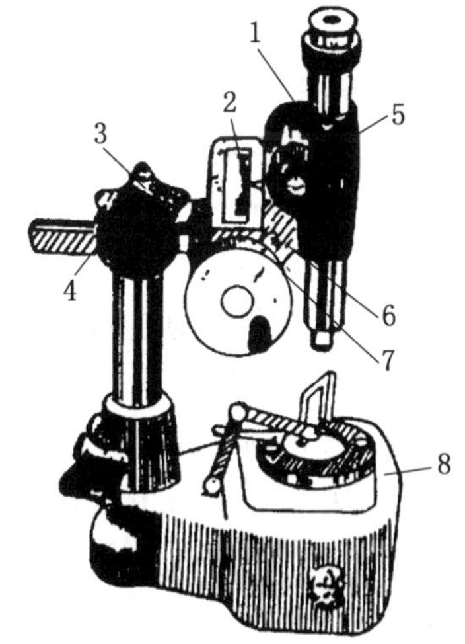

1-显微镜调节螺丝；2-毫米标尺；3-固定螺丝；4-换向插孔；5-长焦距显微镜；6-滑动台；7-螺旋测微标尺；8-底座

图 1-6　读数显微镜

【实验仪器】

游标卡尺、螺旋测微计、读数显微镜及待测物.

【实验步骤】

1. 用游标卡尺测量圆柱体的直径 d(多次)

用游标卡尺测量圆柱体不同部位的直径 5 次，并记录下游标卡尺的仪器误差 $\Delta_{仪}(d)$.

2. 用螺旋测微计测量小球的体积 V

(1) 检查螺旋测微计的零点读数 D_0,用螺旋测微计测量小球不同部位的直径 5 次,并记录下螺旋测微计的仪器误差 $\Delta_{仪}(D)$.

(2) 利用公式计算小球的体积 V.

3. 用读数显微镜测量毛细管的直径

(1) 测量前,先对光学部分进行调整.

① 调目镜.调目镜使叉丝清晰,且叉丝的横丝平行于读数标尺.

② 调物镜.将待测物置于砧上,先从外部观察,降低物镜使其接近待测物,然后从目镜中边观察边慢慢提升物镜,直至待测物十分清晰为止.

③ 消除视差.若待测物的成像面与叉丝不在同一平面上,观测时眼睛上下或左右移动,会看到叉丝与待测物的像有相对移动,这就是通常说的有视差.应反复调整目镜和物镜,使像与叉丝平面完全重合,即眼睛上下或左右移动时,像与叉丝没有相对运动.

(2) 测量时,鼓轮沿一个方向转动(以避免螺旋空程引入的误差),使叉丝中的横丝与镜筒移动的方向平行,且叉丝始终从同一方向接近待测物,当叉丝中纵丝与待测物一侧相切时再读数.

(3) 重复测量直径 5 次,记下每次读数.

【注意事项】

1. 游标卡尺

(1) 测量之前应检查游标卡尺的零点读数,看主副尺的零刻度线是否对齐.若没有对齐,需记下零点读数,以便对测量值进行修正.

(2) 卡住被测物时,松紧要适当,不要用力过大,注意保护游标卡尺的刀口.

(3) 测量圆筒内径时,要调整刀口位置,以便测出的是直径而不是弦长.

2. 螺旋测微计

(1) 测量之前应检查零点读数.零点读数就是测砧和测微螺杆并拢时,可动刻度的零点与固定刻度的零点不相重合而出现的读数.零点读数有正有负,测量时应加以修正,即在最后测出的读数上减去零点的数值.

(2) 测量时,在测微螺杆快靠近被测物体时,应停止使用旋钮,而改用微调旋钮,待发出"咔咔"声时即可进行读数,这样既可使测量结果精确,又能避免产生过大的压力,保护螺旋测微计.

(3) 读数时,要注意固定刻度尺上表示半毫米的刻度线是否已露出.

(4) 读数时,千分位有一位估读数字,不能随便扔掉,即使固定刻度的零点正好与可动刻度的某一刻度线对齐,千分位上也应读取为"0".

(5) 测量完毕,应使测砧和测微螺杆间留出一点空隙,以免因膨胀而损坏螺纹,并放入盒内,防止受潮.

3. 读数显微镜

由于螺杆从正转到反转必有空转,为避免螺杆空转引起读数误差(又称螺距差或回程差).在测量过程中,测微鼓轮应始终在同一方向旋转时读数.

【实验结果与数据处理】

1. 用游标卡尺测圆柱体的直径(表 1-1)

表 1-1　用游标卡尺测圆柱体的直径

次数 被测量	1	2	3	4	5	$\bar{x}$	S_x	$\Delta_{仪}$	Δ_x	$x=\bar{x}\pm\Delta_x$
d(mm)										

2. 用螺旋测微计测小球的体积(表 1-2)

表 1-2　用螺旋测微计测小球的体积

零点读数 $D_0=$____mm,仪器误差=0.004 mm

项目 次数	D_i(mm)	$D=D_i-D_0$(mm)	
1			$S_D=\sqrt{\dfrac{\sum(D-\bar{D})^2}{n-1}}=$______ $\Delta_D=\sqrt{S_D^2+\Delta_{仪}^2}=$______
2			
3			
4			
5			
平均值	/		

小球体积:

$\bar{V}=\dfrac{1}{6}\pi\bar{D}^3=$________;

$\Delta_V=3\cdot\dfrac{\Delta_D}{\bar{D}}\cdot\bar{V}=$________;

$V=\bar{V}\pm\Delta_V=$________.

3. 用读数显微镜测毛细管直径(表 1-3)

表 1-3　用读数显微镜测毛细管直径

仪器误差=0.015 mm

项目 次数	D_{i2}(mm)	D_{i1}(mm)	$D=\|D_{i2}-D_{i1}\|$(mm)	
1				$S_D=\sqrt{\dfrac{\sum(D-\bar{D})^2}{n-1}}=$______ $\Delta_D=\sqrt{S_D^2+\Delta_{仪}^2}=$______ $D=\bar{D}\pm\Delta_D=$______
2				
3				
4				
5				
平均值	/	/		

【思考题】

1. 已知游标卡尺的测量准确度为 0.01 mm，其主尺的最小分度的长度为 0.5 mm，试问游标的分度数(格数)为多少？以毫米作单位，游标的总长度可能取哪些值？

2. 螺旋测微计的零点值在什么情况下为正？在什么情况下为负？

3. 试比较游标卡尺、螺旋测微计放大测量原理和读数方法的异同.

实验 2　拉伸法测弹性模量

弹性模量是反映材料形变与内应力关系的物理量，是工程技术中机械构件选材时的重要参数.本实验用拉伸法测弹性模量，研究拉伸正应力与线应变之间的关系.

【实验目的】

(1) 学习用拉伸法测量弹性模量的方法.

(2) 掌握光杠杆测量微小长度变化的原理.

(3) 学习用逐差法进行数据处理.

【实验原理】

当截面为 S、长度为 L 的棒状(或线状)材料，受拉力 F 拉伸时，伸长了 ΔL，其单位面积截面所受到的拉力 F/S 称为正应力，而单位长度的伸长量 $\Delta L/L$ 称为线应变.根据胡克定律，在弹性形变范围内，棒状(或线状)固体正应力与线应变成正比，即

$$\frac{F}{S}=E\,\frac{\Delta L}{L}$$

其比例系数 E 称为材料的弹性模量，表征材料本身的性质，

$$E=\frac{FL}{S\Delta L} \tag{2-1}$$

本实验是测定某一种型号钢丝的弹性模量，其中，F，S，L 都可用常规的测量方法测量，但由于 ΔL 太小，很难用常规方法精确测定，故采用放大法——光杠杆来测定这一微小的长度改变量 ΔL.

光杠杆平面镜如图 2-1 所示，图 2-2 是光杠杆测微小长度变化量的原理图.左侧曲尺状物为光杠杆镜，M 边是反射镜，b 边即所谓光杠杆的短臂的杆长，O 端为 b 边的固定端，

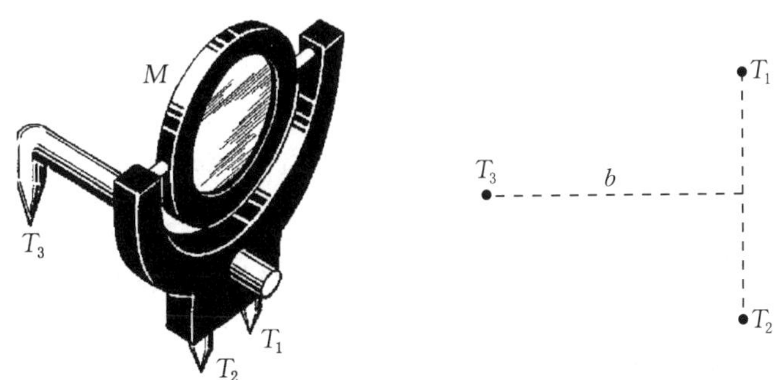

图 2-1　光杠杆平面镜图

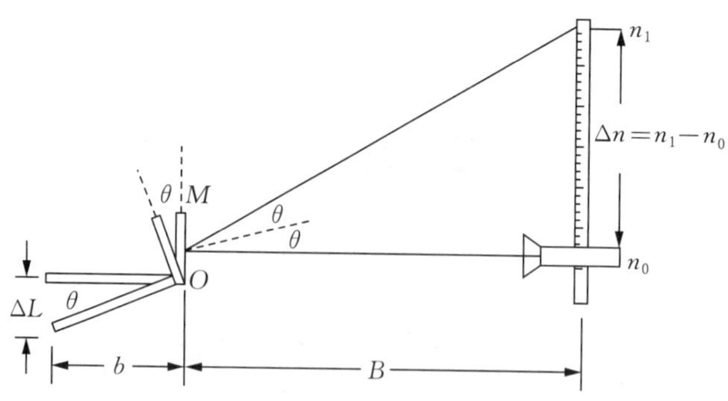

图 2-2　光杠杆测微小长度变化量原理图

b 边的另一端则随被测钢丝的伸长、缩短而下降、上升，从而改变了 M 镜法线的方向，使得钢丝原长为 L 时，位于图右侧的望远镜从 M 镜中看到的读数为 n_0；而钢丝受力伸长后，光杠杆镜的位置变为虚线所示，此时望远镜上的读数为 n_1.这样，钢丝的微小伸长量 ΔL 对应光杠杆镜的角度变化量 θ，而对应的读数变化为 $\Delta n = n_1 - n_0$.从图 2-2 中可见，

$$\tan\theta = \frac{\Delta L}{b} \approx \theta \tag{2-2}$$

$$\tan 2\theta = \frac{\Delta n}{B} \approx 2\theta \tag{2-3}$$

将(2-2)式和(2-3)式联立后得

$$\Delta L = \frac{b}{2B}\Delta n \tag{2-4}$$

式中，$\Delta n = |n_1 - n_0|$，相当于光杠杆的长臂端 B 的位移.由于 $B \gg b$，$\Delta n \gg \Delta L$，从而获得对微小量的线性放大，提高了 ΔL 的测量精度，这被称为放大法.

如果钢丝的直径为 D，则钢丝的截面积为

$$S = \pi\frac{D^2}{4} \tag{2-5}$$

把(2-4)式、(2-5)式代入(2-1)式，可以得到钢丝的弹性模量为

$$E = \frac{8FLB}{\pi D^2 b \Delta n} \tag{2-6}$$

测出 L，D，B，b 各量和一定力 F 作用下的 Δn，由(2-6)式即可间接测得金属丝的弹性模量.

鉴于金属受外力时存在弹性滞后效应，即钢丝受到拉伸力作用时，并不能立即伸长到应有的长度 L_i($L_i = L + \Delta L_i$)，而只能伸长到 $L_i - \Delta L_i$.同样，当钢丝受到的拉伸力一旦减小时，也不能马上缩短到应有的长度 L_i，仅缩短到 $L_i + \Delta L_i$.因此，为了消除弹性滞后效应引起的系统误差，测量中应包括增加拉伸力以及对应地减少拉伸力这一对称测量过程.

因为只要将相应的增、减测量值取平均,就可以消除滞后量 ΔL_i 的影响.

$$\overline{L}_i=\frac{1}{2}[L_{增}+L_{减}]=\frac{1}{2}[(L_{+}\Delta L_i-\Delta L_i)+(L+\Delta L_i+\Delta L_i)]=L+\Delta L_i$$

【实验仪器】

杨氏模量测定仪、螺旋测微器、钢卷尺和钢板尺.

其中,杨氏模量测定仪由测量架、反射镜组件和尺读望远镜组件构成,如图 2-3 所示.

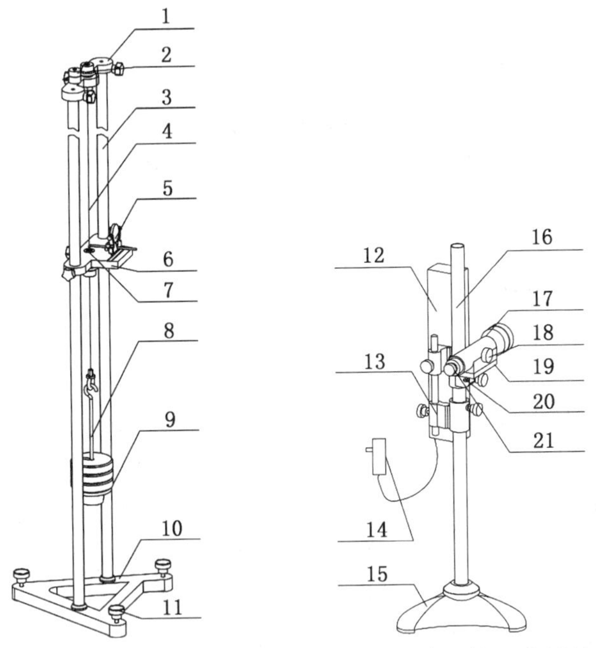

1-上托板;2-夹套组件Ⅱ;3-支架组件;4-钢丝;5-光杠杆反射镜组件;6-中托板;7-夹套组件Ⅰ;8-砝码挂钩;9-砝码;10-三角底座;11-地脚组件;12-照明标尺;13-照明标尺调节座;14-适配器;15-底座;16-立杆;17-望远镜;18-调焦手轮;19-望远镜托板;20-可调螺钉;21-目镜调节圈

图 2-3　杨氏模量测试仪

【实验步骤】

1. 仪器的调整

(1) 为了使金属丝处于铅直位置,调节杨氏模量测定仪地脚螺丝,使两支柱铅直.

(2) 在砝码托盘上先挂上 1 kg 砝码使金属丝拉直(此砝码不计入所加作用力 F 之内).

(3) 将光杠杆镜放在中托板上,两前脚放在中托板横槽内,后脚放在固定钢丝下端夹套组件的圆柱形套管上,并使光杠杆镜镜面基本垂直或稍有俯角,如图 2-1 所示.

2. 望远镜调节

调节望远镜能看清标尺读数,包括下面 3 个环节的调节:

(1) 打开照明标尺的开关,点亮标尺.

(2) 调节目镜,看清"十"字叉丝.可通过旋转目镜来实施.

(3) 调节物镜,看清标尺读数.将望远镜置于距光杠杆镜 2 m 左右处,并与镜面基本等高,对准光杠杆镜面,然后在望远镜的外侧沿镜筒方向看过去,观察光杠杆镜面中是否有标尺像:若有,就可以从望远镜中观察;若没有,则要微动光杠杆或标尺,直到在光杠杆镜面中看到标尺像后,再从目镜观察,缓缓旋转调焦手轮,使物镜在镜筒内伸缩,直至在望远镜中看到清晰的标尺刻度为止.

3. 测量

(1) 用 1 kg 砝码挂在钢丝下端使钢丝拉直,然后每加上 1 kg 砝码,读取 1 次数据,得到 n_0, n_1, n_2, n_3, n_4, n_5, n_6, n_7,这是增加拉力的过程.紧接着每次撤掉 1 kg 砝码,读取 1 次数据,得到 n_7', n_6', n_5', n_4', n_3', n_2', n_1', n_0',这是减少拉力的过程.

(2) 测量光杠杆镜前后脚距离 b.把光杠杆镜的 3 只脚在白纸上压出凹痕,用尺画出两个前脚的连线,再用钢板尺量出后脚到该连线的距离(见图 2-1).

(3) 测量钢丝直径 D.用螺旋测微器在钢丝的不同部位测 5 次,取其平均值.

(4) 测光杠杆镜镜面到望远镜附标尺的距离 B.用钢卷尺量出光杠杆镜镜面到望远镜附标尺的距离.

(5) 用钢卷尺测量钢丝原长 L.

【注意事项】

(1) 平面镜上有灰尘、污迹时,用擦镜纸擦去,切勿用手指、粗布擦拭,以免镜面起毛,影响观察和读数的准确.

(2) 调试仪器时,切记要用手托住移动部分,然后旋松锁紧手轮,以免相互撞击.

(3) 各手轮及可动部分如发生阻滞不灵现象时,应立即检查原因,切勿强扭,以防损坏仪器结构或机件.

(4) 钢丝的两端一定要夹紧,一来减小系统误差,二来避免砝码加重后拉脱而砸坏实验装置.在测读伸长变化的整个过程中,不能碰动望远镜及其安放的桌子,否则需要重新开始测读.被测钢丝一定要保持平直,以免将钢丝拉直的过程误测为伸长量,导致测量结果出现谬误.

(5) 在加减砝码时动作要轻慢,等钢丝不晃动并且稳定之后再进行测量.

【实验结果与数据处理】

1. 测量 L, B, D, b 的数据(表 2-1)

表 2-1　L, B, D, b 的测量

被测量 \ 次数	1	2	3	4	5	$\overline{x}$	S_x	$\Delta_{x仪}$	Δ_x	$x=\overline{x}\pm\Delta_x$	$E_x=\Delta_x/\overline{x}$
L(cm)								0.05			
B(cm)								0.05			
D(mm)								0.004			
b(cm)	/	/	/	/	/		/	0.05			

2. 采用逐差法处理数据(表 2-2)

表 2-2　采用逐差法处理数据

<table>
<tr><td rowspan="2">拉伸力
F(N)</td><td colspan="6">标尺读数(cm)</td><td colspan="2" rowspan="2">$l_i=\overline{n}_{i+4}-\overline{n}_i$(cm)</td><td rowspan="10">$S_l=\sqrt{\dfrac{\sum(l_i-\overline{l})^2}{n-1}}=$ ______

$\Delta_l=\sqrt{S_l^2+2\Delta_{仪}^2}=$ ______

$\dfrac{\Delta_{\Delta n}}{\overline{\Delta n}}=\dfrac{\Delta_l}{\overline{l}}=$ ______</td></tr>
<tr><td colspan="2">拉伸力
增加时</td><td colspan="2">拉伸力
减少时</td><td colspan="2">$\overline{n}=\dfrac{n_i+n_i'}{2}$</td></tr>
<tr><td>9.80</td><td>n_0</td><td></td><td>n_0'</td><td></td><td>$\overline{n}_0$</td><td></td><td>$l_1=(\overline{n}_4-\overline{n}_0)$</td><td></td></tr>
<tr><td>19.60</td><td>n_1</td><td></td><td>n_1'</td><td></td><td>$\overline{n}_1$</td><td></td><td>$l_2=(\overline{n}_5-\overline{n}_1)$</td><td></td></tr>
<tr><td>29.40</td><td>n_2</td><td></td><td>n_2'</td><td></td><td>$\overline{n}_2$</td><td></td><td>$l_3=(\overline{n}_6-\overline{n}_2)$</td><td></td></tr>
<tr><td>39.20</td><td>n_3</td><td></td><td>n_3'</td><td></td><td>$\overline{n}_3$</td><td></td><td>$l_4=(\overline{n}_7-\overline{n}_3)$</td><td></td></tr>
<tr><td>49.00</td><td>n_4</td><td></td><td>n_4'</td><td></td><td>$\overline{n}_4$</td><td></td><td>$\overline{l}$</td><td></td></tr>
<tr><td>58.80</td><td>n_5</td><td></td><td>n_5'</td><td></td><td>$\overline{n}_5$</td><td></td><td rowspan="3">$\overline{\Delta n}=\dfrac{\overline{l}}{4}$</td><td rowspan="3"></td></tr>
<tr><td>68.60</td><td>n_6</td><td></td><td>n_6'</td><td></td><td>$\overline{n}_6$</td><td></td></tr>
<tr><td>78.40</td><td>n_7</td><td></td><td>n_7'</td><td></td><td>$\overline{n}_7$</td><td></td></tr>
</table>

当 $\overline{F}=9.80(\text{N})$，$\dfrac{\Delta_F}{\overline{F}}=0.5\%$时，

$$E_E=\frac{\Delta_E}{\overline{E}}=\sqrt{\left(\frac{\Delta_L}{\overline{L}}\right)^2+\left(\frac{\Delta_B}{\overline{B}}\right)^2+\left(2\frac{\Delta_D}{\overline{D}}\right)^2+\left(\frac{\Delta_b}{\overline{b}}\right)^2+\left(\frac{\Delta_{\Delta n}}{\overline{\Delta n}}\right)^2+\left(\frac{\Delta_F}{\overline{F}}\right)^2}=\underline{\qquad\qquad};$$

$$\overline{E}=\frac{\overline{F}\cdot\overline{L}}{\overline{S}\cdot\overline{\Delta L}}=\frac{8\,\overline{F}\overline{L}\overline{B}}{\pi\,\overline{D}^2\,\overline{b}\overline{\Delta n}}=\underline{\qquad\qquad}(\text{N}\cdot\text{m}^{-2});$$

$$\Delta_E=E_E\cdot\overline{E}=\underline{\qquad\qquad}(\text{N}\cdot\text{m}^{-2});$$

$$E=\overline{E}\pm\Delta_E=\underline{\qquad\qquad}(\text{N}\cdot\text{m}^{-2}).$$

【思考题】

1. 从 E 的不确定度计算分析，哪个量的测量对 E 的结果准确度影响最大？测量中应注意哪些问题？

2. 一开始就在望远镜中寻找标尺的像，为什么很难找到？望远镜调节到怎样才算调节好？

3. 光杠杆镜尺法利用了什么原理？有什么优点？

实验 3　扭摆法测物体的转动惯量

转动惯量是刚体转动惯性大小的量度，是表征刚体特性的一个物理量.转动惯量的大小除了与物体质量有关外，还与转轴的位置和质量分布(即形状、大小和密度)有关.如果刚体形状简单，且质量分布均匀，可直接计算出它绕特定轴的转动惯量.但是，在工程实践中，常碰到大量形状复杂且质量分布不均匀的刚体，理论计算将极为复杂，通常采用实验方法来测定.

转动惯量的测量，一般都是使刚体以一定的形式运动.通过表征这种运动特征的物理量与转动惯量之间的关系，进行转换测量.本实验使物体作扭转摆动，由摆动周期及其他参数的测定计算出物体的转动惯量.

【实验目的】

(1) 熟悉扭摆的构造、使用方法和转动惯量测量仪的使用.

(2) 利用塑料圆柱体和扭摆测定扭摆弹簧的扭转常数 K 和不同形状物体的转动惯量 J.

【实验原理】

本实验使物体作扭转摆动，测定摆动周期和其他参数，从而计算出刚体的转动惯量.

扭摆的结构如图 3-1 所示，其垂直轴上装有一根薄片状的螺旋弹簧 2，用以产生恢复力矩.在轴上方可以装上各种待测物体.垂直轴与支座间装有轴承，使摩擦力矩尽可能降低.为了使垂直轴与水平面垂直，可通过底脚螺丝钉来调节，水平仪用来指示系统调整水平.将套在轴上的物体在水平面内转过一定角度 θ 后，在弹簧的恢复力矩作用下，物体就开始绕垂直轴作往返扭转运动.根据胡克定律，弹簧受扭转而产生的恢复力矩 M 与所转过的角度成正比，即

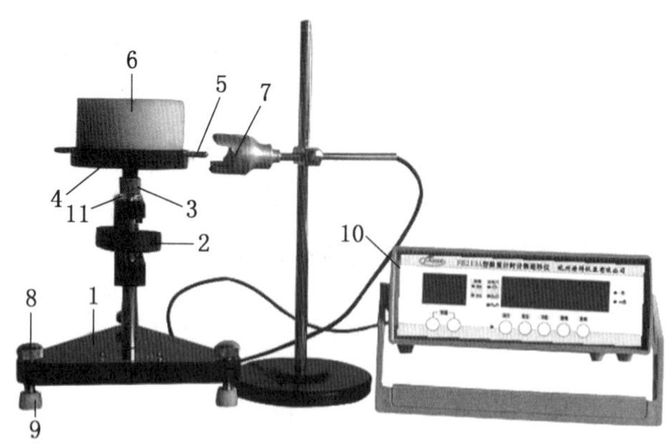

1-FB-729 型扭摆底座；2-螺旋形钢质弹簧；3-测试样品与转动轴连接螺栓；4-测试样品用载物盘；5-测试样品固定螺栓兼挡光棒；6-圆柱形测试样品；7-光电门；8-扭摆底座水平调节螺栓；9-扭摆底座机脚；10-数显计时计数毫秒仪；11-水准器

图 3-1　FB-729 型智能转动惯量综合实验仪结构示意图

$$M=-K\theta \tag{3-1}$$

式中，K 为弹簧的扭转系数.根据转动定律，有

$$M=J\beta \tag{3-2}$$

式中，J 为转动惯量，β 为角加速度.

令 $\omega^2=\dfrac{K}{J}$，忽略轴承的摩擦力和空气阻力，则由(3-1)式和(3-2)式可得

$$\beta=\frac{\mathrm{d}^2\theta}{\mathrm{d}t^2}=-\frac{K}{J}\theta=-\omega^2\theta$$

即

$$\frac{\mathrm{d}^2\theta}{\mathrm{d}t^2}+\omega^2\theta=0 \tag{3-3}$$

(3-3)式表明物体的扭摆运动具有角简谐运动的特性，此方程的解为

$$\theta=A\cos(\omega t+\varphi) \tag{3-4}$$

此简谐振动的周期为

$$T=\frac{2\pi}{\omega}=2\pi\sqrt{\frac{J}{K}} \tag{3-5}$$

由此得

$$J=\frac{KT^2}{4\pi^2} \tag{3-6}$$

所以，只要测得物体扭摆的摆动周期 T，并且只要转动惯量 J 和 K 中任何一个量可知，即可算出另一个的值.

本实验通过已知转动惯量 J' 的塑料圆柱体（几何形状规则，J' 可根据理论公式计算），分别测出载物盘、塑料圆柱体放在载物盘、金属圆筒放在载物盘、木球、金属细杆的摆动周期，便可求出扭摆弹簧的扭摆常数 K 和转动惯量的实验值.

【实验仪器】

FB-729 型智能转动惯量综合实验仪（由扭摆、光电计时仪及几种待测刚体，如金属载物盘、空心金属圆柱体、实心塑料圆柱体、实心塑料球、金属细杆等组成）、天平、砝码、游标卡尺、钢尺、高度尺.

光电计时仪可测出物体的多倍扭摆周期，并算出扭摆周期 T.使用时，调节光电传感器在固定支架上的高度，使挡光杆自由往返通过光电门，操作时开启电源，光杆自由往返通过光电门，光电计时仪自动计数并自动停止，结果显示后再按“开始测量”，多次测量后求平均值.

(1) 开机.显示如图 3-2 所示.

图 3-2　光电计时仪

(2) 可选择摆动和转动功能(本实验选择摆动功能).

(3) 调节周期数量.开机周期数量默认为 30 次,触屏可手动输入调节成 10 次.

(4) 按开始测量键.当被测物体上挡光棒第一次通过光电门时开始计时,直到周期数等于设定值时停止计时,上面一行显示第一次测量总时间,下面一行"平均"显示的是单个周期的时间.重复上述步骤,可进行多次测量.

(5) 按数据查询键可知每次测量时单个周期的时间.

(6) 按返回键.系统无条件回到最初状态,清除所有执行数据.

【实验步骤】

(1) 用游标卡尺、钢尺和高度尺分别测定物体外形尺寸,用天平测出相应质量,填入表 3-1.

(2) 根据扭摆上水泡调整扭摆的底座螺钉,使顶面水平、水泡居中.

(3) 将金属载物盘卡紧在扭摆垂直轴上,调整挡光棒位置,测出其摆动周期 T_0(3 次,求平均).

(4) 将塑料圆柱体放在载物盘上,测出摆动周期 T_1(3 次,求平均).

(5) 取下塑料圆柱体,在载物盘上放上金属圆筒,测出摆动周期 T_2(3 次,求平均).

(6) 取下载物盘,测定塑料球及支架的摆动周期 T_3(3 次,求平均).

(7) 取下塑料球,将金属细杆和支架中心固定,测定其摆动周期 T_4(3 次,求平均).

(8) 做完实验后,整理实验仪器,处理数据,完成实验报告.

【注意事项】

(1) 弹簧的扭转常数 K 不是固定的常数,它与摆角大小略有关系,摆角在 90°和 30°之间基本相同.为了减少实验的系统误差,测定各种物体的摆动周期时,摆角应基本保持在同一个范围内.

(2) 光电探头宜放置在挡光棒的平衡位置处,挡光棒不能与它接触,以免增加摩擦力矩.

(3) 在安装待测物体时,其支架必须全部套入扭摆的主轴,并且将止动螺丝旋紧,否则扭摆不能正常工作.

(4) 机座应保持在水平状态.

(5) 称取金属细杆与塑料球质量时,必须取下支架.如支架拆卸困难,可称取总质量后再减去支架的质量.

【实验结果与数据处理】

(1) 由载物盘转动惯量 $J_0=\frac{KT_0^2}{4\pi^2}$、塑料圆柱体的转动惯量理论值 $J_1'=\frac{1}{8}mD^2$ 及塑料圆柱体放在载物盘上总的转动惯量 $J_0+J_1'=\frac{KT_1^2}{4\pi^2}$,计算扭转常数

$$K=\frac{\pi^2}{2}\frac{m\overline{D}^2}{\overline{T}_1^2-\overline{T}_0^2}=\_\_\_\_\_\_\_\_\times 10^{-2}(\mathrm{N\cdot m})$$

(2) 计算各种物体的转动惯量,并与理论值进行比较,求出百分误差.

已知球支座转动惯量实验值 $J_0'=0.179\times 10^{-4}\,\mathrm{kg\cdot m^2}$,细杆夹具转动惯量实验值 $J_0''=0.232\times 10^{-4}\,\mathrm{kg\cdot m^2}$.

表 3-1　转动惯量测量实验数据记录参考表

物体名称	质量(kg)	几何尺寸(cm)		周期(s)		转动惯量理论值($10^{-4}\mathrm{kg\cdot m^2}$)	转动惯量实验值($10^{-4}\mathrm{kg\cdot m^2}$)	百分误差
金属载物盘	/	/		T_0		/	$J_0=\frac{J_1'\overline{T}_0^2}{\overline{T}_1^2-\overline{T}_0^2}$ =________	/
				$\overline{T}_0$				
塑料圆柱		D		T_1		$J_1'=\frac{1}{8}m\overline{D}^2$ =________	$J_1=\frac{K\overline{T}_1^2}{4\pi^2}-J_0$ =________	/
		$\overline{D}$		$\overline{T}_1$				
金属圆柱		$D_外$		T_2		$J_2'=\frac{1}{8}m(\overline{D}_外^2+\overline{D}_内^2)$ =________	$J_2=\frac{K\overline{T}_2^2}{4\pi^2}-J_0$ =________	
		$\overline{D}_外$						
		$D_内$						
		$\overline{D}_内$		$\overline{T}_2$				
球		D		T_3		$J_3'=\frac{1}{10}m\overline{D}^2$ =________	$J_3=\frac{K\overline{T}_3^2}{4\pi^2}-J_0'$ =________	
		$\overline{D}$		$\overline{T}_3$				

续表

物体名称	质量(kg)	几何尺寸(cm)		周期(s)		转动惯量理论值(10^{-4} kg·m^2)	转动惯量实验值(10^{-4} kg·m^2)	百分误差
金属细杆		L		T_4		$J_4'=\frac{1}{12}mL^2$ $=$______	$J_4=\frac{K\overline{T}_4^2}{4\pi^2}-J_0''$ $=$______	
				$\overline{T}_4$				

【思考题】

1. 物体的转动惯量与哪些因素有关？

2. 摆动角的大小是否会影响摆动周期？在实验过程中要进行多次重复测量，对摆角应作如何处理？

3. 测量转动周期时为什么要采用测量多个周期的方法？此方法叫做什么方法？一般用于什么情况？

实验 4　测定气体导热系数

气体导热系数是气体热学性质的重要参数.在气相色谱分析中,气体导热系数这一热学性质被用来鉴别不同的气体.本实验的测量室可以看作气相色谱一种热导池的原型,它为掌握热导监测器提供了一种简洁、直观的实验装置.

【实验目的】

(1) 掌握低真空系统的基本操作方法,学会正确使用数显式电子真空计.

(2) 掌握用热线法测定气体导热系数的基本原理和正确方法.

(3) 学习应用线性回归和外推法对实验数据进行处理.

【实验原理】

1. 热线法测量气体导热系数的原理

将待测气体置于沿轴线方向张有一根钨丝的圆柱形容器内,如图 4-1 所示,并给钨丝提供一定的电流.由于电流的热效应,其温度为 T_1,设容器内壁的温度近似为室温 T_2.由于 $T_1>T_2$,容器中的待测气体必然形成一个沿径向分布的温度梯度,由于待测气体的热传导,热量必然由钨丝传递给气体,这将迫使钨丝温度下降,因而无法维持测量室中温度梯度的稳定状态.只有设法维持钨丝的温度恒为 T_1,容器内待测气体的温度分布才能保持为稳定的径向分布的温度场.

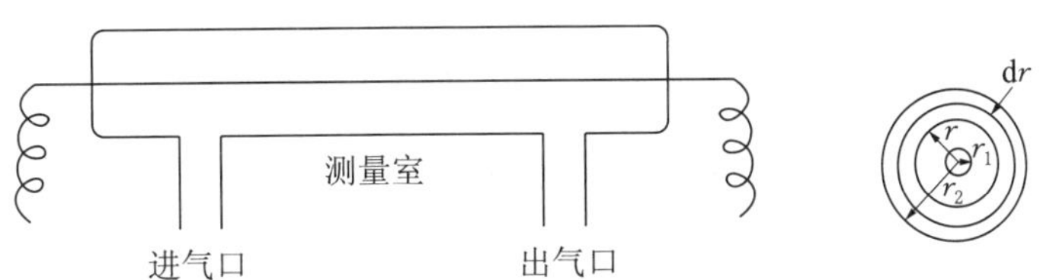

图 4-1　热线法测量气体导热系数

本实验就是用热线恒温自动控制系统来维持钨丝温度恒为 T_1.这样,每秒钟由于气体热传导所耗散的热量就等于维持钨丝的温度恒为 T_1 时所消耗的电功率.不同气体的导热性能(导热系数)不同,则维持钨丝温度恒为 T_1 所消耗的电功率也不同,故可以通过测量钨丝消耗的电功率来计算待测气体的导热系数.

图 4-1 是测量室(盛放待测气体的容器)的示意图.假设钨丝的半径为 r_1,测量室的内半径为 r_2,钨丝的温度为 T_1,长度为 l,室温为 T_2.距热源钨丝 r 处取一薄层圆筒状气体层,设其厚度为 $\mathrm{d}r$,长为 l,内外圆柱面的温差为 $\mathrm{d}T$,每秒钟通过该柱面传输的热量为 Q,根据傅立叶定律,有

$$Q=-K\frac{\mathrm{d}T}{\mathrm{d}r}\times\Delta S=-K\frac{\mathrm{d}T}{\mathrm{d}r}\times 2\pi rl$$

它可改写为

$$Q\frac{\mathrm{d}r}{r}=-K\times 2\pi l\,\mathrm{d}T$$

两边积分得

$$Q\times\int_{r_1}^{r_2}\mathrm{d}r/r=-2\pi lK\int_{T_1}^{T_2}\mathrm{d}T$$

则

$$Q\times\ln(r_2/r_1)=2\pi lK(T_1-T_2)$$

$$K=\frac{Q}{2\pi l}\times\frac{\ln(r_2/r_1)}{T_1-T_2} \tag{4-1}$$

其中，K 就是待求的气体导热系数.在(4-1)式中，l，r_2，r_1 皆为仪器常数，测量室内壁温度 T_2 可以近似地看作等于室温，问题在于如何测定 Q 与 T_1.

只有不断地为钨丝提供电能，才能保持钨丝的温度恒定为 T_1，且每秒钟通过气体圆柱面传输的热量 Q 事实上就等于钨丝所耗散的电功率，而电功率的测定可通过测量钨丝两端的电压和流经钨丝的电流获得：$Q=W=UI$.对于长度为 l 的钨丝而言，在不同温度时，它的电阻值是不相同的，只要预先标定好钨丝的温度，根据材料电阻率与温度的关系，便可通过测量钨丝的电阻值而求出它的温度 T_1.

2. 二项修正

(1) 钨丝耗散的总功率，除气体传导的热量之外，尚有钨丝热辐射以及连接钨丝两端的电极棒的传热损失.倘若将测量室抽成真空(低于 0.133 Pa 或 10^{-3} Torr)，此时为保持钨丝的温度仍为 T_1 所消耗的电功率，将主要用于钨丝的热辐射与电极棒的传热损失，即

$$W_{\text{真空}}=U_{\text{空}}I_{\text{空}}$$

故气体每秒钟所传导的热量 $Q_{\text{低}}$(指低气压条件下气体每秒钟传导的热量)应为

$$Q_{\text{低}}=W-W_{\text{真空}}=UI-U_{\text{空}}I_{\text{空}}$$

在实际测量过程中，由于测量室的外管壁温度会有所提高，带来的系统误差使 $Q_{\text{低}}$ 值偏小.为了消除这一系统误差，经长期实验发现，在以上公式中用乘 1.2 的系数加以修正即可，

$$Q_{\text{低}}=(W-W_{\text{真空}})\times 1.2=(UI-U_{\text{空}}I_{\text{空}})\times 1.2 \tag{4-2}$$

(2) 为了减少气体对流传热的影响，测量应在低气压(133.3～1 333 Pa 或 1～10 Torr)条件下进行.因为在低气压的情况下，通过 $Q_{\text{低}}$ 算出的 $K_{\text{低}}$(低气压下的气体导热系数)和测量的室内压强 P 存在下述关系：

$$\frac{1}{K_{\text{低}}}=\frac{A}{P}+\frac{1}{K} \tag{4-3}$$

从(4-1)式可见,Q 与 K 成正比(因为 r_2, r_1, l 为仪器常数,T_1 和 T_2 在测量中为恒定值),因此,(4-3)式中的 $K_{低}$ 和 K 可以用 $Q_{低}$ 和 Q 来代替,只是系数 A 要转换为另一系数 B,于是,可将(4-3)式改写为如下的形式:

$$\frac{1}{Q_{低}}=\frac{B}{P}+\frac{1}{Q} \tag{4-4}$$

本实验是在不同压强(P)的情况下,测出相应的 $Q_{低}$,然后以 $1/P$ 为横坐标、$1/Q_{低}$ 为纵坐标作图,所得到的实验曲线将近似为一直线,如图 4-2 所示.此直线在纵坐标上的截距即为 $1/Q$,这就是用外推法求 Q 值,将所得的 Q 代入(4-1)式,便得到欲求的气体在 $T_1 \sim T_2$ 之间的平均导热系数.

综上所述,测量气体导热系数的过程,实际上就是测量不同低气压(P)情况下相应的 $Q_{低}$, $Q_{低}=(U_P I_P - U_{空} I_{空})\times 1.2$,通过 $1/P$ 与 $1/Q_{低}$ 作图求出截距 $1/Q$,将 Q 及已知的 l, r_2, T_1, T_2 代入(4-1)式,求出气体在 $T_1 \sim T_2$ 之间的平均导热系数 K.

3. 实验装置

本实验装置如图 4-3 所示,其中各部分的作用如下:

(1) 热线恒温调节电位器:它可以设定钨丝(热线)初始温度的高低,并通过仪器自动恒温控制系统,保证热线在不同气压条件下皆保持同一温度设定值 T_1.

(2) 测量室:作为待测气体的存储与测量空间真空计,用于测量系统的真空度.

(3) 干燥塔:对待测气体干燥除湿,同时,缓冲系统气压变化速率,从而保护电子真空计的压力传感器.

(4) 针阀:调节待测气体的进气速率(注意:该阀仅用于流量的调节,而不可作为截止阀使用).

(5) 三通Ⅰ:用来转换 1 和 2 接通(真空泵对系统抽气状态)或 1 和 3 接通(真空泵进气口通大气状态,以免真空泵回油).

(6) 三通Ⅱ:可转换 4 和 5 接通(针阀控制进气状态)或 4 和 6 接通(系统直接通大气状态).若三通Ⅰ为 1 和 2 接通,三通Ⅱ为关闭状态,此时对测量室及全系统抽气.

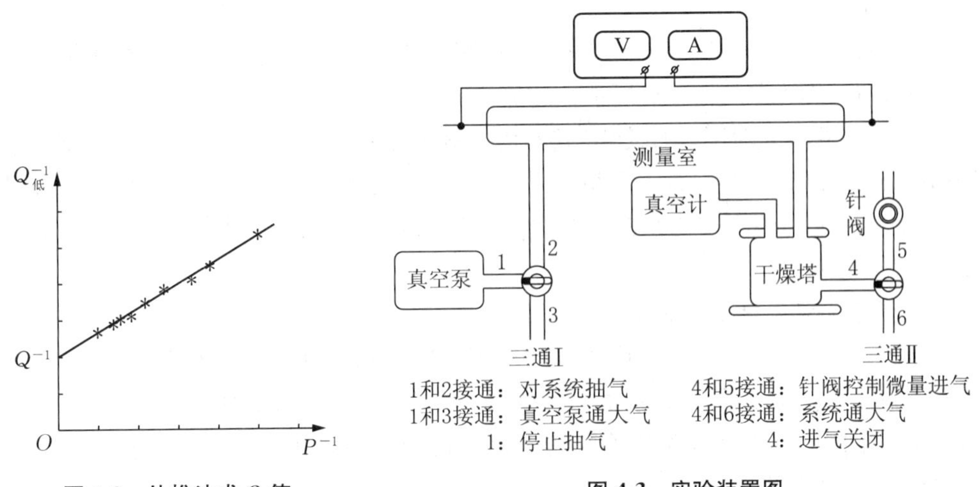

图 4-2 外推法求 Q 值

图 4-3 实验装置图

【实验仪器】

FB-202气体导热系数测定仪、真空泵等.

【实验内容】

1. 熟悉实验装置,选择合适的热线温度

(1) 对照实验装置图,熟悉气体导热系数测定仪的基本结构,了解面板上各开关、旋钮等的功能,特别注意三通Ⅰ和三通Ⅱ的旋转操作.

(2) 接好仪器电源,闭合仪器电源总开关,检查电子真空计是否校准好.若尚未校准好,需要按正确的校准方法进行校准.校准方法如下:先校正满度值,系统通大气,从动槽式气压计读取当时的大气压,对比电子气压计的读数.如有偏差,可按气导仪面板上的真空计校准按钮"+"或"−",直至使数字显示为正确值为止,仪器能自动将校正后的数据存储.

(3) 调节热线的恒温温度 T_1.将测量室的钨丝用导线与气导仪上两个接线柱相连,电表开关打在"开"的位置,缓缓调节钨丝的温度选择旋钮,从电压表及电流表读出钨丝的电压 U 及电流 I,并估算钨丝的电阻值 $R=U/I$,使它的电阻值达到90~100 Ω(对于导热系数特别大的气体,如氢气,电阻值要适当再调低一些,以免测量时超出电表量程).

2. 测量钨丝热辐射与电极棒传热耗散的电功率 $W_{空}$

(1) 预抽真空.

三通Ⅱ旋至4(即旋钮尖端指向关闭),开动真空泵,三通Ⅰ旋至1和2相通(即旋钮尖端指向系统),抽气约20 min,从数字式真空计读数观察系统的真空度,应使真空度达到约0.133 3 Pa或 10^{-3} Torr.此时进行真空计零值校准,零值校准的方法如下:把系统抽到 10^{-3} Torr数量级的低气压,按置零按钮数字显示为零,本系统以此值作为真空看待.(注意:此值为一般机械真空泵的极限真空度).在实际测量时,一般以热丝耗散功率小于0.20 W作为系统的真空对待.例如,在 R_t 的设置值为100 Ω时,只要系统抽气到电压表显示值小于5 V时,系统就基本满足真空要求.如果电压表读数值还可以继续减小,原则上应该抽到越低越好.此时,可按真空计的置零按钮,使真空计"置零".

(2) 测量 $W_{真空}$ 值.

在真空度约0.133 3 Pa(或 10^{-3} Torr)时,测出热线两端的电压 $U_{空}$ 及流过它的电流 $I_{空}$.$W_{空}=U_{空}I_{空}$ 即为非气体导热所消耗的热功率.

注意:如果系统长时间没有使用,或者系统漏气较多,系统不易达到所要求的真空度,应仔细检查系统各气路接口是否有漏气的地方并予以排除,必要时可拔下两个三通阀的阀芯,清洗后涂上新的真空脂,在排除系统内部吸附的气体后,系统应能达到所需的真空度.

3. 测量干燥空气的导热系数

鉴于测量时待测气体的气压应为133.3~1 333 Pa(1~10 Torr)的低气压,实验时应将待测气体注入抽空了的测量室,通过控制针阀的漏气率,注入部分气体来控制气压,使之符合上述范围.实验过程是测出不同气压 P 值时,钨丝两端的电压 U_p 及流经钨丝的电流 I_p.其具体步骤如下.

(1) 测量 $W_{真空}$ 后，测量室处于真空状态，校准好真空计零点后，再把三通Ⅱ调至 4 和 5 连通，把三通Ⅱ至针阀之间管路中的残余气体气压抽到 1 Torr 以下.接着关闭三通Ⅱ.将三通Ⅰ从 1 和 2 连通的位置旋转到 1 和 3 连通，此时关闭真空泵，使真空泵不再对测量室抽气，然后旋转三通Ⅱ至 4 和 5 连通(即旋钮尖头指向针阀)，使干燥空气缓慢地进入抽空了的测量室.注意：漏率的大小要以实验人员在 1～10 Torr 的气压范围内，能及时读取并记录相关数据为宜；该阀非常精密，应在教师指导下进行调节，请同学们自己不要随意调节，以免损坏针阀.

(2) 在三通Ⅱ至 4 和 5 连通，由针阀不断注入的空气(或其他气体)使系统气压缓慢地升高，当气压到达 1 Torr 左右，测定出一组相应的电压值与电流值，以后每间隔 0.5 Torr左右测量一组数据，只要在 1～10 Torr 的范围内，均匀地读取十几组数据，并分别记录到表格内即可.注意：为了避免真空泵回油，在实验过程中或实验结束时，只要真空泵停机，都应该及时使其进气口通大气，即三通Ⅰ转到 1 和 3 连通位置(旋钮尖端指向空气).

(3) 如果不注意(或操作不熟练)，把过多的气体放入系统内，这时，可以参照以上操作步骤，用真空泵把系统内气压抽到实验需要值再继续测量.

【实验结果与数据处理】

1. 记录实验基本参数

热线长度 $L=$________(cm)，热线摄氏零度电阻值 $R_0=$________(Ω).

热线直径 $D_1=$________(mm)，测量室内壁直径 $D_2=$________(mm).

热线恒温为 T_1 时的电阻 $R=$________(Ω)；实验环境室温 $T_2=$________(℃).

2. 记录实验数据(表 4-1)

表 4-1　实验数据

测量次数	气压 P(Torr)	电压 U(V)	电流 I(A)	P^{-1}(Torr^{-1})	$Q_{低}=(UI-U_{空}I_{空})\times1.2$(W)	$Q_{低}^{-1}$(W^{-1})
真空时	0.0					
1	0.5					
2	1.0					
3	1.5					
4	2.0					
5	2.5					
6	3.0					
7	3.5					
8	4.0					
9	4.5					
10	5.0					

续表

测量次数	气压 P(Torr)	电压 U(V)	电流 I(A)	P^{-1}(Torr^{-1})	$Q_{低}=(UI-U_{空}I_{空})\times1.2$(W)	$Q_{低}^{-1}$(W^{-1})
11	5.5					
12	6.0					
13	6.5					
14	7.0					
15	7.5					
16	8.0					
17	8.5					
18	9.0					
19	9.5					
20	10.0					

(1) 外推法求 Q.

鉴于 $Q_{低}^{-1}=BP^{-1}+Q^{-1}$ 是线性方程，故以 $Q_{低}^{-1}$ 为纵坐标、P^{-1} 为横坐标，沿各实验数据点可作出一条最佳直线，该直线在纵轴上的截距即 Q^{-1}，如图 4-2 所示，从而求出 Q 值，它是在常压下 $T_1\sim T_2$ 之间气体耗散的平均热功率.

(2) 求 T_1 与 T_2.实验时的室温可近似地作为测量室的壁温 T_2.热线温度 T_1 可通过 $t_1=\dfrac{R-R_0}{\alpha\cdot R_0}$ 求出，式中，$T_1=273+t_1$，R_0 是钨丝在 0 ℃时的电阻值，它将由实验室给出；R 为实验测量时的热线电阻(即热线恒温为 T_1 时的电阻)，它等于 U/I；温度系数 $\alpha=5.1\times10^{-3}\,\Omega/℃$.

(3) 求 $T_1\sim T_2$ 之间的平均导热系数.依实验室给出的 r_1，r_2 和 l，再根据求出的 Q，T_1，T_2，利用(4-1)式求出空气在 $T_1\sim T_2$ 间的平均导热系数.

(4) 求 $T_1\sim T_2$ 间平均导热系数的理论值，并与实验测得值对比，求实验的相对误差.气体的导热系数与温度有关，从手册中可查出 0 ℃时某些气体的导热系数，如表 4-2 所示.

表 4-2　0 ℃时某些气体的导热系数

气体 / 0 ℃时的导热系数	空气(干燥)	氢气	二氧化碳	氧气	氮气
K_0($\times10^{-4}\,\mathrm{W\cdot cm^{-1}\cdot K}$)	2.38	13.80	1.38	2.34	2.34

由于导热系数 K 和温度 T 的依赖关系比较复杂，要由 K_0 精确计算出各温度下的 K 是比较困难的，但可以近似成立如下的简单关系：

$$K=K_0\times(T/273)^{3/2}$$

由此可以计算出 T_1 和 T_2 间的平均导热系数，

$$\overline{K}=\frac{1}{T_2-T_1}\int_{T_1}^{T_2}K_0\times\left(\frac{T}{273}\right)^{3/2}\mathrm{d}T=\frac{2}{5}\,\frac{1}{(273)^{3/2}}\times\frac{T_2^{5/2}-T_1^{5/2}}{T_2-T_1}\times K_0$$

将所得的 T_1 和 T_2 之间的平均导热系数$\overline{K}$与 K 值比较，即可求出测量的相对误差

$$E=\frac{|K-\overline{K}|}{\overline{K}}\times 100\%=\_\_\_\_\_\_\_\_$$

【思考题】

1. 在开启或停止真空泵之前，应该注意什么问题？

2. 使用电子式真空计应该注意哪些问题？

实验 5　用气垫导轨验证牛顿第二定律

力学实验最困难的问题就是摩擦力对测量的影响.气垫导轨就是为消除摩擦而设计的力学实验仪器.它是利用从气轨表面小孔喷出的压缩空气使安放在导轨上的滑块与导轨之间形成很薄的空气层(这就是所谓的“气垫”),促使滑块从导轨面上浮起,从而避免了滑块与导轨面之间的接触摩擦,仅有微小的空气层粘滞阻力和周围空气的阻力.这样,滑块的运动可近似看成“无摩擦”运动.利用滑块在气垫上的运动可以进行许多力学实验,例如,测定速度、加速度,验证牛顿第二运动定律和守恒定律,研究简谐振动,等等.

【实验目的】

(1) 熟悉气垫导轨的调整和使用以及计数器的使用方法.

(2) 掌握利用气垫导轨测定速度和加速度的方法,并验证牛顿第二定律.

(3) 利用气垫导轨测定重力加速度.

【实验原理】

1. 速度的测定

物体作直线运动时,平均速度为$\bar{v}=\dfrac{\Delta x}{\Delta t}$,时间间隔 Δt 或位移 Δx 越小时,平均速度越接近某点的实际速度,取极限就得到某点的瞬时速度.在实验中直接用定义式来测量某点的瞬时速度是不可能的,因为当 Δt 趋于零时 Δx 也同时趋于零,在测量上有具体困难.但是,在一定误差范围内,仍可取一很小的 Δt 及其相应的 Δx,用其平均速度来近似地代替瞬时速度.

被研究的物体(滑块)在气垫导轨上作“无摩擦阻力”的运动,滑块上装有一个一定宽度的矩形挡光片,当滑块经过光电门时,挡光片前沿挡光,计时仪开始计时;挡光片后沿通过光电门时,计时立即停止.计数器上显示出挡光片通过光电门所用的时间 Δt, Δx 则是挡光片的宽度.由于 Δx 较小,相应的 Δt 也较小,故可将 Δx 与 Δt 的比值看作滑块经过光电门所在点(以指针为准)的瞬时速度.

2. 加速度的测定

当滑块在水平方向上受一恒力作用时,滑块将作匀加速直线运动.其加速度 a 由公式 $v^2-v_0^2=2a(x-x_0)$得到,

$$a=\frac{v^2-v_0^2}{2(x-x_0)} \tag{5-1}$$

根据上述测量速度的方法,只要测出滑块通过第一个光电门的初速度 v_0,以及通过第二个光电门的末速度 v,从光电门的指针读出第一个光电门的位置 x_0 和第二个光电门

的位置 x，这样根据(5-1)式就可算得滑块的加速度 a.

3. 验证牛顿第二定律

牛顿第二定律是动力学的基本定律.其内容是物体受外力作用时，物体获得的加速度的大小与合外力的大小成正比，并与物体的质量成反比.

在图 5-1 中，滑块质量为 m_1，砝码盘和砝码的总质量为 m_2，细线张力为 T.根据牛顿第二定律，则有

$$m_2g - T = m_2a \tag{5-2}$$

$$T = m_1a \tag{5-3}$$

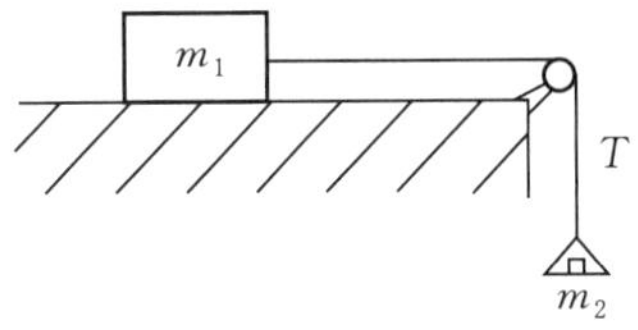

图 5-1　验证牛顿第二定律

由(5-2)式和(5-3)式可得(将 m_1 和 m_2 作为一个系统)

$$F = m_2g = (m_1 + m_2)a \tag{5-4}$$

令 $M = m_1 + m_2$，则

$$F = Ma \tag{5-5}$$

由(5-5)式可以看出：F 越大，加速度 a 也越大，且 F/a 为一常量；在恒力(F 保持不变)作用下，M 大的物体，对应的加速度小；反之亦然.由此可以验证牛顿第二定律，其中，加速度 a 可由(5-5)式求出.

【实验仪器】

气垫导轨、气源、滑块、砝码、MUJ-6B 型电脑通用计数器.

气垫导轨(简称“气轨”)是一种力学实验仪器，它是利用从气轨表面小孔喷出的压缩空气，使安放在导轨上的滑块与导轨之间形成很薄的空气层(这就是所谓的“气垫”)，促使滑块从导轨面上浮起，从而避免了滑块与导轨面之间的接触摩擦，仅有微小的空气层粘滞阻力和周围空气的阻力.这样，滑块的运动可近似看成“无摩擦”运动.

1. 气轨结构

如图 5-2 所示，气轨主要由导轨、滑块和光电门 3 个部分组成.

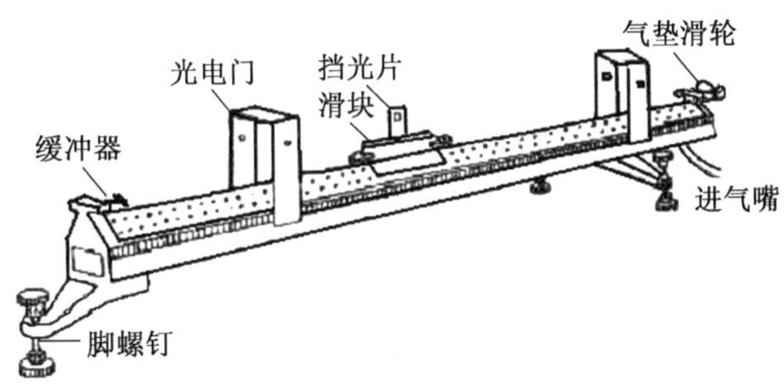

图 5-2　气轨结构

(1) 导轨：由长 1.5 m 的一根非常平直的铝合金管(截面为直角三角形)做成，两侧轨面上均匀分布着两排很小的气孔，导轨的一端封闭，另一端装有进气嘴.当压缩空气经软

管从进气嘴进入导轨后，就从小孔喷出而托起滑块.滑块被托起的高度一般为 0.01～0.1 mm.为了避免碰伤，导轨两端及滑块上都装有缓冲弹簧.导轨的一端还装有气垫"滑轮"，它不转动，只是一个钻有小孔的空心圆柱(或弯管)，当压缩空气从小孔喷出时，可以使绕过它的轻薄尼龙悬浮起来，因此，可当成没有转动也没有摩擦的"滑轮".整个导轨装在横梁上，横梁下面有 3 个底脚螺钉，既作为支承点，也用以调整气轨的水平状态，还可在螺钉下加放垫块，使气轨成为斜面.

(2) 滑块：由角铝做成，是导轨上的运动物体，其两侧内表面与导轨表面精密吻合.两端装有缓冲弹簧或尼龙搭扣，上面安置测时用的窄条形(或 U 形)挡光片.

(3) 光电门：导轨上设置两个光电门，光电门上装有光源(聚光小灯泡或红外发光管)和光敏管，光敏管的两极通过导线和计时器的光控输入端相接.当滑块上的挡光片经过光电门时，光敏管受到的光照发生变化，引起光敏两极间电压发生变化，由此产生电脉冲信号触发计时系统开始或停止计时.光电门可根据实验需要安置在导轨的适当位置，并由定位窗口读出它的位置.

2. 注意事项

(1) 气轨表面的平直度、光洁度要求很高，为了确保仪器精度，决不允许其他东西碰、划伤导轨表面，要防止碰倒光电门损坏轨面.未通气时，不允许将滑块在导轨上来回滑动.实验结束后应将滑块从导轨上取下.

(2) 滑块的内表面经过仔细加工，并与轨面紧密配合，两者是配套使用的，因此，绝对不可将滑块与别的组调换.实验中必须轻拿轻放，严防碰伤变形.拿滑块时，不要拿在挡光片上，以防滑块掉落摔坏.

(3) 气轨表面或滑块内表面必须保持清洁，如有污物，可用纱布沾少许酒精擦净.如轨面小气孔堵塞，可用直径小于 0.6 mm 的细钢丝钻通.

(4) 实验结束后，用盖布将气轨遮好.

【实验内容】

1. 气垫导轨的水平调节

在气垫导轨上进行实验，必须按要求先将导轨调节水平.可按下列任一种方法调平导轨.

(1) 静态调节法：接通气源，使导轨通气良好，然后把装有挡光片的滑块轻轻置于导轨上.观察滑块"自由"运动情况.若导轨不水平，滑块将向较低的一边滑动.调节导轨一端的单脚螺钉，使滑块在导轨上保持不动或稍微左右摆动而无定向移动，则可认为导轨已调平.

(2) 动态调节法：将两光电门分别安装在导轨某两点处，两点之间相距约 50 cm(以指针为准).打开光电计数器的电源开关，导轨通气后滑块以某一速度滑行.设滑块经过两光电门的时间分别为 Δt_1 和 Δt_2.由于空气阻力的影响，对于处于水平的导轨，滑块经过第一个光电门的时间 Δt_1 总是略小于经过第二个光电门的时间 Δt_2(即 $\Delta t_1<\Delta t_2$).因此，若滑块反复在导轨上运动，只要先后经过两个光电门的时间相差很小，且后者略为增加(两者相差 2%以内)，就可以认为导轨已调水平.否则，根据实际情况调节导轨下面的单

脚螺钉，反复观察，直到计算左右来回运动对应的时间差 $\Delta t_2-\Delta t_1$ 大体相同即可.

2. 测定速度

使滑块在导轨上运动，计数器设定在“计时”功能.显示屏上依次显示出滑块经过光电门的时间，以及滑块经过两光电门的速度 v_1 和 v_2.

3. 测定加速度

按下计数器“功能”键，将功能设定在“加速度”位置.

利用图 5-1 装置，在滑块挂钩上系一细线，绕过导轨端部的滑轮，在线的另一端系上砝码盘(砝码盘和单个砝码的质量均为 $m=5$ g)，估计线的长度，使砝码盘在落地前滑块能顺利通过两光电门.

将滑块移至远离滑轮的一端，稍静置后自由释放.滑块在合外力 F 作用下从静止开始作匀加速直线运动.此时，计数器屏上依次显示出滑块经过两光电门的速度 v_1 和 v_2 及加速度 a.

4. 验证牛顿第二定律

如图 5-1 放置滑块，并在滑块上加 5 个砝码，将滑块移至远离滑轮一端，让它从静止开始作匀加速运动，记录先后通过两个光电门的速度和加速度.注意：计数器功能设定在“加速度”位置.再将滑块上 5 个砝码分 5 次从滑块上移至砝码盘中，重复上述步骤，验证物体质量不变时，加速度大小与外力大小成正比.

【实验结果与数据处理】

1. 实验记录基本参数(表 5-1)

表 5-1　基本参数

挡光片宽度 Δx(cm)		两光电门间距 s(cm)	
滑块质量 m(g)		砝码盘质量 m'(g)	
单个砝码质量 m_0(g)		系统总质量 M(g)	

注：$M=m+m'+5m_0$.

2. 测量速度和加速度(表 5-2)

表 5-2　速度和加速度记录

F	Δt_1(s)	v_1(m·s^{-1})	Δt_2(s)	v_2(m·s^{-1})	a(m·s^{-2})	$a_0=F/M$(N·kg^{-1})	E
$m'g$							
$(m'+m_0)g$							
$(m'+2m_0)g$							
$(m'+3m_0)g$							
$(m'+4m_0)g$							
$(m'+5m_0)g$							

注：$a_0=F/M$，$a=(v^2-v_0^2)/2s$，$E=|a_0-a|\times100\%/a_0$.

3. 作 $F \sim a_0$ 和 $F \sim a$ 曲线

以 F 为横坐标，按等精度作图的原则，在同一张坐标纸上作出两条曲线.

【思考题】

1. 如何调整与判断气轨是否水平？其根据是什么？

2. 滑块的初速度不同是否会影响加速度的测定？

3. 在验证牛顿第二定律时，为何将减去的砝码放在砝码盘上？

阅读材料　英国历史上最伟大、最有影响力的科学家牛顿

艾萨克·牛顿（1642 年 12 月 25 日—1727 年 3 月 31 日）爵士，英国皇家学会会员，是一位英国物理学家、数学家、天文学家、自然哲学家和炼金术士（图 5-3）.他在 1687 年发表的论文"自然哲学的数学原理"里，对万有引力和三大运动定律进行了描述.这些描述奠定了此后 3 个世纪物理世界的科学观点，并成为现代工程学的基础.他通过论证开普勒行星运动定律与他的引力理论间的一致性，展示了地面物体与天体的运动都遵循相同的自然定律，从而消除了对太阳中心说的最后一丝疑虑，并推动了科学革命.

图 5-3　牛顿

在力学上，牛顿阐明了动量和角动量守恒原理.在光学上，他发明了反射式望远镜，并基于对三棱镜将白光发散成可见光谱的观察，发展出颜色理论.他还系统地表述了冷却定律，并研究了音速.在数学上，牛顿与戈特弗里德·莱布尼茨分享了发展微积分学的荣誉.他也证明了广义二项式定理，提出了牛顿法以趋近函数的零点，并为幂级数的研究作出了贡献.在 2005 年，英国皇家学会进行了一场"谁是科学史上最有影响力的人"的民意调查，牛顿被认为比阿尔伯特·爱因斯坦更具影响力.

牛顿生活的年代相当于明亡之前1年到清雍正五年,《自然哲学的数学原理》(以下简称《原理》)一书发表的时间相当于康熙二十五年.从牛顿《原理》发表的1687年到1840年的150余年间,牛顿物理学和天文学知识几乎没有被引入中国.《原理》一书的基本内容直到鸦片战争之后才在中国传播.

哥白尼的太阳中心说、开普勒的椭圆轨道、牛顿的万有引力三者相继传入中国,它们和中土奉为圭臬的"天动地静"、"天圆地方"、"阴阳相感"的传统有天壤之别.这就不能不引起中国人的巨大反响.牛顿学说在中国的传播绝不只是影响了学术界,唤醒了人们对于科学真理的认识.更重要的是,也为中国资产阶级改革派发起的戊戌变法(1898年)提供了一种舆论准备.这个运动的主将康有为、梁启超和谭嗣同等人,都毫无例外地从牛顿学说中寻找维新变法的根据,尤其是牛顿在科学上革故图新的精神鼓舞了清代一切希望变革社会的有志之士.

实验 6　拉脱法测液体表面张力系数

液体内部每一分子被其他液体分子所包围，所受到的作用力合力为零.液体表层(厚度约 10^{-10} m)分子由于与气体分子接触，而气体分子密度远小于液体分子密度，因此，液体表层每一分子受到向外的引力比向内的引力要小得多，也就是说，所受的作用力合力不为零.液体表层分子受到的合力沿着液体表面并指向液体内部，该力使液体表面自然收缩，直至达到动态平衡.因此，在宏观上，液体表面好像一张拉紧了的橡皮膜.将这种沿着液体表面并指向液体内部、收缩表面的力称为**表面张力**.表面张力能说明液体所特有的许多现象，如润湿现象、毛细管现象及泡沫的形成等.

表面张力是液体表面的重要特性，类似于固体内部的拉伸应力.表面张力不仅在物理学中是一个很特殊的问题，而且涉及化学和医学等领域，如化工生产中液体的传输过程、药物制备过程、生物工程研究领域中关于动、植物体内液体的运动与平衡等问题.因此，了解液体表面的性质和现象，掌握测定液体表面张力系数的方法，具有重要的意义.

测定液体表面张力系数的方法通常有拉脱法、毛细管升高法和液滴测重法等.本实验仅介绍拉脱法，它是一种直接测定法.

【实验目的】

(1) 了解 FB326 型液体表面张力系数测定仪的基本结构，掌握用标准砝码对测量仪进行定标的方法.

(2) 观察拉脱法测液体表面张力系数的物理过程和物理现象，并用物理学基本概念和定律进行分析和研究，加深对物理规律的认识.

(3) 掌握拉脱法测液体表面张力系数及逐差法处理数据的方法.

【实验原理】

将一洁净的圆筒形吊环浸入液体中，然后缓慢地提起吊环，圆筒形吊环将带起一层液膜，如图 6-1 所示.此时，使液面收缩的表面张力 f 沿液面的切线方向并指向液体内部，

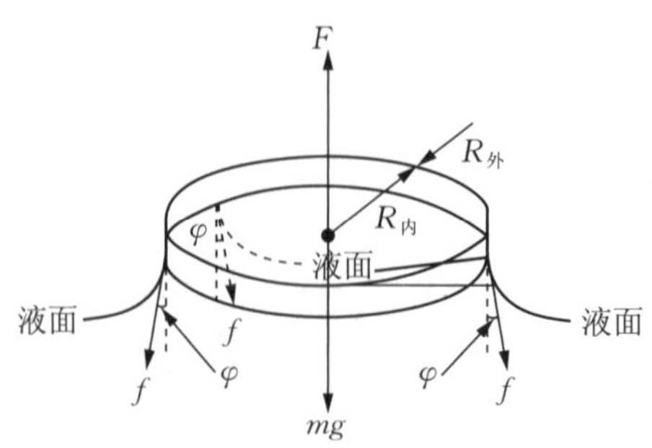

图 6-1　圆形吊环从液面缓慢拉起受力示意图

f 与竖直方向的夹角 φ 称为湿润角(或接触角).当继续向上提起吊环时,φ 角将逐渐变小,直至液膜破裂的瞬间趋于零.在液膜破裂的瞬间,内、外两个液膜的表面张力 f 均竖直向下,此时,向上的拉力为 F,则有

$$F=(m+m_0)g+2f \tag{6-1}$$

上式中,m 为粘附在吊环上的液体的质量,m_0 为吊环质量.因表面张力的大小与接触面的周长成正比,则

$$2f=L\cdot\alpha=\pi(D_{内}+D_{外})\cdot\alpha \tag{6-2}$$

比例系数 α 称为表面张力系数,单位是 $\mathrm{N\cdot m^{-1}}$. α 在数值上等于单位长度上的表面张力.(6-2)式中 L 为圆筒形吊环内、外圆周的周长之和.由(6-1)式和(6-2)式可知,

$$\alpha=\frac{F-(m+m_0)\cdot g}{\pi\cdot(D_{内}+D_{外})} \tag{6-3}$$

由于金属吊环很薄,被拉起的液膜也很薄,m 很小,可以忽略,于是,公式简化为

$$\alpha=\frac{F-m_0 g}{\pi\cdot(D_{内}+D_{外})} \tag{6-4}$$

表面张力系数 α 与液体的种类、纯度、温度及其上方的气体成分有关.实验表明,液体的温度越高,α 值越小;所含杂质越多,α 值也越小.只要上述条件保持一定,α 值就是一个常量.本实验的核心是准确测定 $F-m_0 g$,即圆筒形吊环所受到向下的表面张力.由于这个力数量级很小,因此,本实验采用力敏传感器测定,即通过读出的电压值得到其对应的拉力值,且两者满足如下关系:

$$F=K\cdot(U-U_0) \tag{6-5}$$

式中,K 为力敏传感器的转换系数,单位为 $\mathrm{N\cdot mV^{-1}}$; U_0 为拉力为零时传感器的电压读数,单位为 mV.

【实验仪器】

FB-326 型液体表面张力测定仪如图 6-2 所示,主要包括底座、立柱、横梁、压阻力敏传感器、数字式毫伏表、有机玻璃器皿(连通器)、标准砝码及砝码盘、圆筒形金属吊环.

图 6-2 液体表面张力测定仪

【实验步骤】

1. 将 FB-326 型液体表面张力测定仪开机预热 15 min.

2. 将有机玻璃器皿和金属吊环清洗干净，并在有机玻璃器皿中放入被测液体.

3. 对力敏传感器定标.

将砝码盘挂在力敏传感器上，用镊子夹取砝码放在砝码盘上(注意不要将玻璃器皿的盖子打开).每增加 1 个砝码，记录对应的电压读数 u_i'.当砝码质量增加到 3 500 mg 时，再每减少 1 个砝码，记录对应的电压读数 u_i''.将 u_i' 和 u_i'' 记录到表 6-1 中.用逐差法求力敏传感器的转换系数 K.

4. 测量圆筒形吊环与液体接触面周长 L.

用游标卡尺分别测量吊环的内、外直径，各测量 5 次，并记录到表 6-2 中，则

$$\overline{L}=\pi \cdot (\overline{D}_{内}+\overline{D}_{外}) \tag{6-6}$$

5. 测量液膜破裂瞬间的表面张力.

(1) 将玻璃器皿的盖子打开，把吊环挂在力敏传感器上(注意：调整吊环上 3 根悬线的长度，使吊环平面水平).

(2) 逆时针转动活塞调节旋钮，使液面上升至最高，此时，调整吊环的位置，使吊环部分浸入液体中.

(3) 按下控制面板上的按钮，仪器功能转为“峰值测量”.缓慢地顺时针转动活塞调节旋钮，液面逐渐下降(相对而言，吊环向上提起).观察液面下降过程中的物理过程和现象，以及电压读数的改变.当液膜破裂的瞬间，数字电压表显示拉力峰值对应的电压读数 U_1 并自动保存，将此电压值记录到表 6-3 中.液膜破裂后，释放控制面板上的按钮，数字电压表恢复实时测量功能，静止后电压读数 U_2，对应吊环重力.重复步骤(2)和(3) 5 次.

(4) 液膜破裂瞬间的表面张力 $2f=K\cdot\overline{U}=K\cdot(\overline{U_1-U_2})$.

6. 实验完毕，请将仪器电源关上，仪器、桌椅摆放整齐，请教师检查实验数据及仪器并登记.

【实验结果与数据处理】

1. 用逐差法计算力敏传感器的转换系数 K(表 6-1)

表 6-1　不同砝码质量电子秤读数记录表　　(单位：mV)

砝码质量(mg)	增重读数 u_i'	减重读数 u_i''	$u_i=\frac{u_i'+u_i''}{2}$		$\Delta u_i=(u_{i+4}-u_i)/4$	
0.00			u_1		Δu_1	
500.00			u_2			
1 000.00			u_3		Δu_2	
1 500.00			u_4			
2 000.00			u_5		Δu_3	
2 500.00			u_6			
3 000.00			u_7		Δu_4	
3 500.00			u_8			

(1) 计算每 500.00 mg 砝码对应的电子秤电压读数的改变$\overline{\Delta u}$，

$$\overline{\Delta u}=\frac{1}{4}(\Delta u_1+\Delta u_2+\Delta u_3+\Delta u_4)=\underline{\qquad\qquad}(\mathrm{mV})$$

(2) 计算力敏传感器转换系数 K，

$$K=\frac{g\cdot m}{\overline{\Delta u}}=\underline{\qquad\qquad}(\mathrm{N/mV})$$

$$g=9.793\ \mathrm{m/s^2},\ m=500\ \mathrm{mg}=5\times10^{-4}(\mathrm{kg})$$

2. 计算圆筒形吊环与液体接触面周长 L(表 6-2)

表 6-2　吊环的内、外直径　(单位:mm)

测量次数	1	2	3	4	5	平均值
内径 $D_{内}$						
外径 $D_{外}$						

吊环与液体接触面的周长

$$\overline{L}=\pi\cdot(\overline{D}_{内}+\overline{D}_{外})=\underline{\qquad\qquad}(\mathrm{m})$$

3. 液膜破裂瞬间的表面张力对应的电压读数$\overline{U}$(表 6-3)

表 6-3　液膜破裂瞬间的拉力和吊环重力对应的电子秤读数记录表

水温(室温)________℃　(单位:mV)

测量次数	拉脱时最大读数 U_1	吊环读数 U_2	表面张力对应读数 $U=U_1-U_2$	表面张力对应读数的平均值$\overline{U}$
1				
2				
3				
4				
5				

4. 计算液体表面张力系数 α

$$\alpha=\frac{K\cdot\overline{U}}{\overline{L}}=\underline{\qquad\qquad}(\mathrm{N\cdot m^{-1}})$$

5. 求相对误差

从表 6-4 中查出室温下水的表面张力系数的理论值 α_0，求相对误差，

$$E=\frac{|\alpha-\alpha_0|}{\alpha_0}\times100\%=\underline{\qquad\qquad}$$

表 6-4 不同温度下水的表面张力系数

温度(℃)	$\alpha(10^{-3}N\cdot m^{-1})$	温度(℃)	$\alpha(10^{-3}N\cdot m^{-1})$	温度(℃)	$\alpha(10^{-3}N\cdot m^{-1})$
0	75.62	16	73.34	30	71.15
5	74.90	17	73.20	40	69.55
6	74.76	18	73.14	50	67.90
8	74.48	19	72.89	60	66.17
10	74.20	20	72.75	70	64.41
11	74.07	21	72.60	80	62.60
12	73.92	22	72.44	90	60.74
13	73.78	23	72.28	100	58.84
14	73.64	24	72.12	/	/
15	73.48	25	71.96	/	/

【问题讨论】

1. 什么是表面张力？表面张力系数与哪些因素有关？
2. 拉脱法测量液体表面张力系数时，测量结果是偏大还是偏小？为什么？

阅读材料 小昆虫也会“水上漂”

跨过一个水洼对任何人来说好像都不是什么挑战，对于体形微小的昆虫来说，却犹如“漂洋过海”. 美国科学家最近准确地观察到小昆虫是如何完成此项“壮举”的. 它们能够利用水的表面张力，施展“水上漂”功夫，轻而易举地越过水洼，如图 6-3 所示.

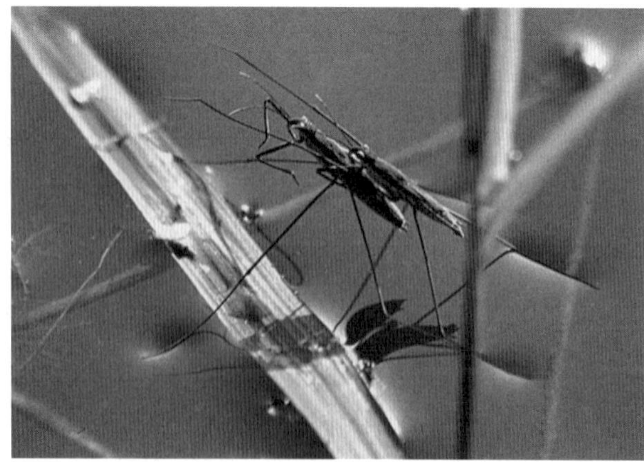

图 6-3 小昆虫“水上漂”

由于毛细压力的作用，水洼边缘与周围土地接触的地方会出现“弯月面”，就像水杯里的水一样.像黾虫这种比较大的昆虫能够很容易地越过弯月面，但是体积小的昆虫就不同了.

美国麻省理工学院的科学家在英国《自然》杂志发表了他们的研究结果，他们对3种身长只有几毫米的昆虫进行观察，用高速摄像机记录它们跨越水洼的行动，然后进行深入分析.

分析结果发现，这些昆虫在越到水洼表面时，都使用前足和后足将水面“提”高，同时，用身体的中段挤压水面.水洼被昆虫“提”起的区域就像水洼边缘的弯月面一样，张力不断增大.而这两个点的张力相互吸引，以降低水面的总张力，同时，这种吸引力将体积微小的昆虫提高，帮助其越过水洼.

研究人员解释，在跨越水洼的过程中，发挥主要作用的是昆虫的前足，它们的中足将水下压，来支撑身体的重量，并防止下沉；后足再往上拉保持平衡，以免身体向后翻筋斗.

实验 7　气体比热容比的测定

比热容是物性的重要参量，在研究物质结构、确定相变、鉴定物质纯度等方面起着重要的作用.本实验将介绍一种较为新颖的测量气体比热容的方法.

【实验目的】

(1) 理解热力学过程中状态变化及基本物理规律.

(2) 掌握用振动法测定空气比热容比的原理与方法.

【实验原理】

气体的定压比热容 C_P 与定容比热容 C_V 之比 $\gamma=C_P/C_V$，在热力学过程特别是绝热过程中是一个很重要的参数，测定的方法有多种.这里介绍一种较为新颖的方法，通过测定物体在特定容器中的振动周期来计算 γ 值.实验基本装置如图 7-1 所示，振动物体小球的直径比玻璃管直径仅小 0.01～0.02 mm.它能在此精密的玻璃管中上下移动，在瓶子的壁上有一小口，并插入一根细管，通过它各种气体可以注入储气瓶Ⅱ中.

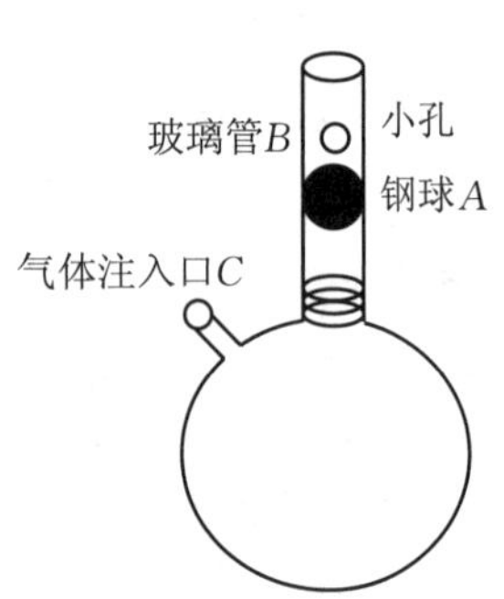

图 7-1　气体比热容比测定实验基本装置

钢球 A 的质量为 m，半径为 r（直径为 d）.当瓶内压强 P 满足下面的条件时，钢球 A 处于力平衡状态，这时 $P=P_L+\dfrac{mg}{\pi r^2}$，式中，$P_L$ 为大气压强.为了补偿由于空气阻尼引起振动导致钢球 A 振幅衰减，通过 C 管一直注入一个小气压的气流，在精密玻璃管 B 的中央开设有一个小孔.当振动钢球 A 处于小孔下方的半个振动周期时，注入气体使储气瓶Ⅱ的内压力增大，推动钢球 A 向上移动，而当钢球 A 处于小孔上方的半个振动周期时，容器内的气体将通过小孔流出，使钢球下沉.重复上述过程，只要适当控制注入气体的流量，钢球 A 能在玻璃管 B 的小孔上下作简谐振动，振动周期可利用光电计时装置测得.

若钢球 A 偏离平衡位置一个较小距离 x，则容器内的压强变化为 $\mathrm{d}p$，钢球 A 的运动方程为

$$m\frac{\mathrm{d}^2x}{\mathrm{d}t^2}=\pi r^2\mathrm{d}p \tag{7-1}$$

因为物体振动过程相当快，所以，可以看作绝热过程，绝热方程

$$pV^r=常数 \tag{7-2}$$

将(7-2)式求导数，可得出

$$dp=-\frac{p\gamma dV}{V},\ dV=\pi r^2 x \tag{7-3}$$

将(7-3)式代入(7-1)式,得

$$\frac{d^2x}{dt^2}+\frac{\pi^2r^4p\gamma}{mV}x=0 \tag{7-4}$$

此式即为熟知的简谐振动的二阶微分方程,它的解为一余弦函数:

$$x=A\cos(\omega t+\varphi)$$

上式中,角频率为

$$\omega=\sqrt{\frac{\pi^2r^4p\gamma}{mV}}=\frac{2\pi}{T} \tag{7-5}$$

由(7-5)式可求得气体比热容比为

$$\gamma=\frac{4mV}{T^2pr^4}=\frac{64mV}{T^2pd^4} \tag{7-6}$$

上式中各量均可方便地由实验测得,因而可算出 γ 值.

由气体运动论可以知道,γ 值与气体分子的自由度数有关.对于刚性单原子气体(如氦气),只有 3 个平动自由度;对于刚性双原子气体(如氢气),除上述 3 个平动自由度外,还有 2 个转动自由度;对于刚性多原子气体(如甲烷),则具有 3 个转动自由度,比热容比 γ 与自由度 f 的关系为 $\gamma=\frac{f+2}{f}$.根据理论公式可以得到下面的理想气体比热容比 γ 的理论值,该数据与测试环境温度无关,如表 7-1 所示.

表 7-1　理想气体比热容比 γ 理论值

理想气体分类	自由度 f	γ 理论值
单原子气体(He, Ar)	3	1.67
双原子气体(N_2, H_2, O_2)	5	1.40
多原子气体(CO_2, CH_4)	6	1.33

本实验装置主要由玻璃制成,而且对玻璃管(钢球简谐振动腔)的要求特别高.振动物体的直径仅比玻璃管内径小 0.01 mm 左右,玻璃管内壁有灰尘微粒,都可能引起不锈钢球不能正常振动,因此,振动物体(不锈钢球)表面不允许擦伤,管内必须保持洁净.不锈钢球静止时停留在玻璃管的下方(用弹簧托住).若要将其取出,只需在它振动时,用手指将玻璃管壁上的小孔堵住,稍稍加大气体流量,不锈钢球便会上浮到管子上方开口处,用手可以方便地取出,也可以将玻璃管从储气瓶Ⅱ上取下,将不锈钢球倒出来.

本实验物体振动过程可近似看作绝热过程.若不是理想的绝热过程,小球的振动周期会变长,实验测得的 γ 值比实际值要小.

振动周期采用可预置测量次数的数字计时仪,采用重复多次测量.振动物体直径采用螺旋测微计测出,质量用物理天平称量,钢球在平衡位置时气体的体积 V 近似等于储气瓶Ⅱ的容积,该值由实验室给出.此时的气压 $P=P_L+\frac{mg}{\pi r^2}\approx P_L\left(因为\ P_L>\frac{mg}{\pi r^2}\right)$,大气压

强 P_L 由气压表自行读出，并将单位换算成 N/m^2（$760\ mmHg=1.013\times10^5\ N/m^2$）.

【实验仪器】

FB-213A 气体比热容比测定仪，其结构和连接方式如图 7-2 所示.

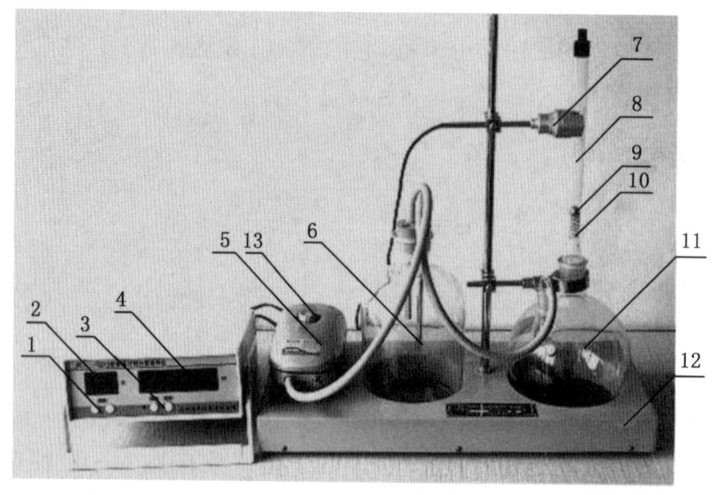

1-周期数设置；2-周期数显示；3-复位及执行键；4-计时显示；5-空压机；6-储气瓶Ⅰ；7-光电门；8-钢球简谐振动腔；9-不锈钢球；10-小弹簧；11-储气瓶Ⅱ；12-仪器底座；13-气压调节器

图 7-2　FB-213A 气体比热容比测定仪

【实验内容】

1. 实验仪器的调整

（1）将气泵、储气瓶用橡皮管连接好，装有钢球的玻璃管插入球形储气瓶.将光电接收装置利用方形连接块固定在立杆上，固定位置于空芯玻璃管的小孔附近.

（2）调整储气瓶Ⅱ，使玻璃管 B 处于竖直状态，以减小钢球振动时与玻璃管壁的摩擦.

（3）接通气泵电源，缓慢调节气泵上的调节旋钮.数分钟后，待储气瓶内注入一定压力的气体后，玻璃管中的钢球离开弹簧，向管子上方移动.此时应调节好进气的大小，使钢球在玻璃管中心，以小孔为中心上下振动.

2. 振动周期的测量

接通 FB-213A 型数显计数计时毫秒仪的电源，把光电接收装置与毫秒仪连接.合上毫秒仪电源开关，预置“转动”周期，测量次数为 50 次（N 次）（可根据实验需要，从 1～99 次任意设置）.设置计数次数时，可分别按“置数”键的十位或个位按钮进行调节（具体操作参看《FB-213A 型数显计时计数毫秒仪使用说明书》），设置完成后自动保持设置值，直到再次改变设置为止.在不锈钢球正常振动的情况下，按“执行”键，毫秒仪即开始计时.每计量一个周期，周期显示数值逐 1 递减，直到递减为 0 时，计时结束，毫秒仪显示出累计 50 个（N 个）周期的时间.（毫秒仪计时范围：0～99.999 s；分辨率：1 ms.）重复以上测量 5 次，将数据记录到表 7-3 中.

3. 其他测量

用螺旋测微计和物理天平分别测出钢球的直径 d 和质量 m，重复测量 5 次，填入表 7-2.

(1) 测量大气压强(实验开始前、结束前各测 1 次,取平均值).

(2) 用螺旋测微器测量备用小球(不可取出管道内的小球,以免损坏仪器)直径 d.

(3) 用物理天平测量备用小球的质量 m.

【注意事项】

(1) 为确保光电门正常工作,小球运动过程中必须能遮挡光电门间隙内的红外线发射管和红外线接收管之间的红外线,且确保光电门不在强光环境下工作.

(2) 为确保小球平衡位置以下的气体体积 $V=V_0$,小球运动必须以通气孔为平衡位置.

(3) 为确保小球作简谐振动,必须尽量使玻璃管竖直,从而减小小球和玻璃管内壁之间的摩擦力.

(4) 为确保小球不从玻璃管内冲出而损坏实验仪器,请在打开电源前先将空气泵调至通气速率最小,然后根据实验需要细心调节空气泵.

(5) 装有钢球的玻璃管上端有一黑色护套,防止实验时气流过大,导致钢球冲出.如需测钢球的质量应先拨出护套,等测量完毕,钢球放入后,仍需套入护套.

【实验结果与数据处理】

1. 测量钢珠质量、直径,并计算其平均值和不确定度,见表 7-2.

实验开始时的大气压值 $P_1=$________Pa;

实验结束后的大气压值 $P_2=$________Pa.

表 7-2　钢珠质量、直径及其平均值和不确定度

次数 / 项目	1	2	3	4	5	$\bar{x}$	$\Delta_{x仪}$	$S_x=\sqrt{\frac{\sum(x_i-\bar{x})^2}{n-1}}$	$\Delta_x=\sqrt{\Delta_{x仪}^2+S_x^2}$
质量 m ($\times10^{-3}$ kg)									
直径 d ($\times10^{-3}$ m)									

结果表达:$m=\bar{m}\pm\Delta_m=$________(kg);

$d=\bar{d}\pm\Delta_d=$________(m).

2. 测量钢球的振动周期 T,并计算其平均值和不确定度,见表 7-3.

表 7-3　钢球的振动周期 T 及其平均值和不确定度

$V=$________cm^3,周期个数 $N=$________

次数 / 项目	1	2	3	4	5	$\bar{T}$	$\Delta_x=\sqrt{\frac{\sum(x_i-\bar{x})^2}{n-1}}$
N 次周期 t(s)							
单次周期 T(s)							

结果表达：$T=\overline{T}\pm\Delta_T=$________(s).

3. 在忽略储气瓶Ⅱ体积V、大气压P测量误差的情况下，估算空气的比热容及其不确定度.

$$\overline{P}=\frac{(P_1+P_2)}{2}=\_\_\_\_\_\_\_\_(\mathrm{Pa});$$

$$\overline{\gamma}=\frac{64\,\overline{m}V}{\overline{T}^2\overline{P}\overline{d}^4}=\_\_\_\_\_\_\_\_;$$

$$E_\gamma=\frac{\Delta_\gamma}{\overline{\gamma}}=\sqrt{\left(\frac{\Delta_m}{\overline{m}}\right)^2+\left(2\frac{\Delta_T}{\overline{T}}\right)^2+\left(4\frac{\Delta_d}{\overline{d}}\right)^2}=\_\_\_\_\_\_\_\_;$$

$$\Delta_\gamma=E_\gamma\cdot\overline{\gamma}=\_\_\_\_\_\_\_\_;$$

$$\gamma=\overline{\gamma}\pm\Delta_\gamma=\_\_\_\_\_\_\_\_\_\_.$$

【思考题】

1. 注入气体量的多少对小球的运动情况有没有影响？

2. 在实际问题中，物体振动过程并不是理想的绝热过程，这时测得的值比实际值大还是小？为什么？

附　FB-213A 型数显计时计数毫秒仪使用说明书

(1) FB-213A 计时仪采用编程单片机，具有多功能计时、存储和查询功能.可用于单摆、气垫导轨、马达转速测量及车辆运动速度测量等诸多与计时相关的实验(图 7-3).

(2) 该毫秒仪通用性强，可以与多种传感器连接，用不同的传感器控制毫秒仪的启动和停止，从而适应不同实验条件下计时的需要.

(3) 毫秒仪“量程”按钮可根据实验需要切换两挡：“s”(99.999 s，分辨率 1 ms)；“ms”(9.999 9 s，分辨率 0.1 ms)，对应的指示灯点亮.

(4) 毫秒仪“功能”按钮可根据实验需要切换 5 个功能：

① 计时：“单 ⎍ U”；“双 ⎍⎍ (t t t) U”；“双计 ⎍⎍ (t) 时”.

② 周期：摆动(用于单摆、三线摆、扭摆等实验)；转动(用于简谐运动、转动等实验).

转换至某个功能下，该功能对应的指示灯点亮.

切换到两种“周期”，左窗口二位数码管点亮，可“预置”测量周期个数并显示，随计数进程逐次递减至“1”，计数停止，恢复显示预置数.

切换到 3 种“计时”，左窗口二位数码管熄灭.

(5) 在两种“周期”方式下：

按“执行”键，“执行”工作指示亮(等待测量状态)，由传感器启动测量，灯光闪烁，表示毫秒仪进入测量状态.在每个周期结束时，显示并存储该周期对应的时间值，在预设周期数执行完后，显示并存储总时间值，然后退出执行状态.

(6) 在 3 种“计时”方式的符号意义：

① “单 ⎍ U 计时”：按执行键，执行灯亮(等待测量状态).当 U 型挡光片从单个光电门通过，执行灯灭，存下第一个通过时间数据.按相同步骤可存下第二个数据、第三个数据

等.一共可存 20 个数据,存满后若继续操作,将从第一个数据起逐个被覆盖.

② “双$\underset{t\ t\ t}{\sqcap\sqcap}$ U 计时”:按执行键,执行灯亮.当 U 型挡光片从第一光电门通过,显示其通过时间的第一个数据,执行灯开始闪烁.U 型挡光片移动到第二光电门,显示第一至第二光电门间通过时间的第二个数据.再从第二光电门通过,显示其通过时间的第三个数据,执行灯灭.查询时,“1”显示 t_1 时间,“2”显示 t_2 时间,“3”显示 t_3 时间,“4”显示 t_1 速度(5 cm/ms),“5”显示 t_3 速度(5 cm/ms).

③ “双$\underset{t}{\sqcap\sqcap}$计时”:按执行键,执行灯亮.当 U 型挡光片由第一光电门移至第二光电门,显示第一至第二光电门间通过时间.

注意:双 U 计时和双计时方式,必须把毫秒仪背后第一、第二传感器插头互换插座插入.(小车先通过传感器 2,再通过传感器 1.)

(7) 毫秒仪“查询”按钮可查询 5 个功能工作方式下存储的数据.

在“周期”方式下,逐次按“查询”键,依次显示出各周期对应的时间值,在最后周期显示出总时间值,在预设周期结束后,则停止查询.

在“计时”方式下,逐次按“查询”键,依次显示出各对应的数据:其中,双 U 计时方式可查询 4 组存储数据,每组 5 个.(如在按执行键后发现周期窗口有数值,按复位后再按执行键.)

查询完毕后,一定要按下复位键退出查询.在查询时可按量程键,得到更高的分辨率数值.

(8) 同时按“复位”和“功能”键 5 s 以上,则存储的数据全部清零,但仍然保留预设周期数(直至重新设置新的周期数值才会改变).

(9) 周期方式或计时方式在执行中,均可按“复位”键退出执行.

(10) 断电后保留上次执行功能.

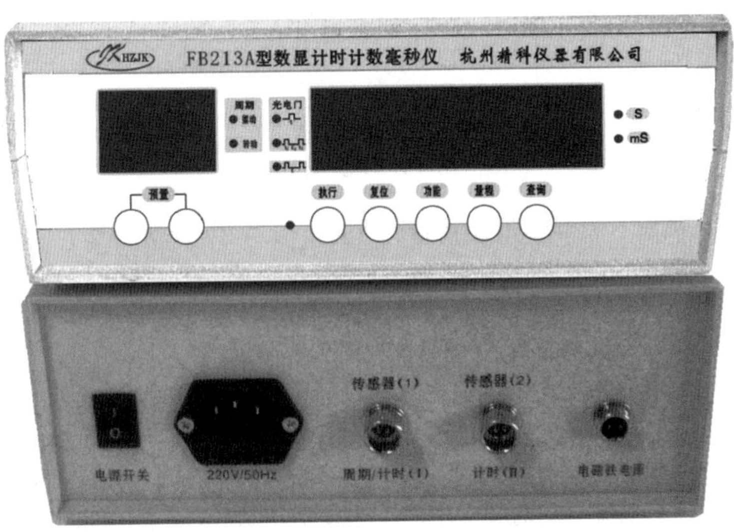

图 7-3　FB-213A 型数显计时计数毫秒仪

实验 8　电学元件伏安特性的测量

电路中有各种电学元件，如线性电阻、半导体二极管和三极管，以及光敏、热敏和压敏元件等.知道这些元件的伏安特性，对正确地使用它们是至关重要的.利用滑线变阻器的分压接法，通过电流和电压表正确地测出它们的电压与电流的变化关系，称为伏安测量法(简称伏安法).伏安法是电学中常用的一种基本测量方法.

【实验目的】

(1) 了解分压器电路的调节特性.

(2) 掌握测量伏安特性的基本方法、线路特点及伏安法测量电阻的误差估计.

(3) 学习用回路接线法看图接线.

【实验原理】

1. 分压电路

变阻器的分压器接法如图 8-1 所示.

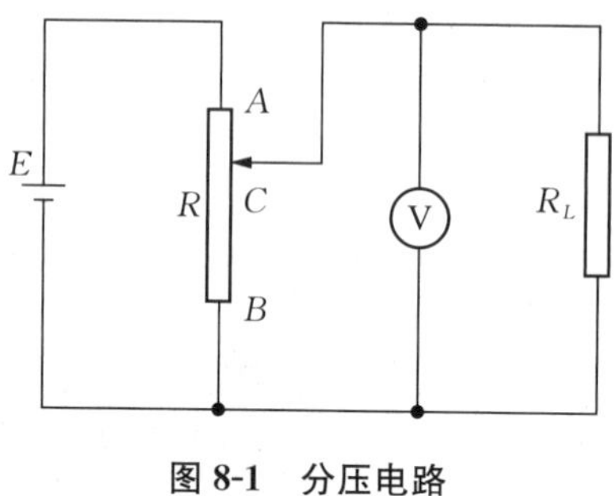

图 8-1　分压电路

将变阻器 R 的两个固定端 A 和 B 接到直流电源 E 上，将滑动端 C 接到负载 R_L 上，则负载 R_L 两端的电压 U 为

$$U=\frac{R_{BC}R_L}{RR_L+R_{BC}(R-R_{BC})}E \tag{8-1}$$

$$0\leqslant R_{BC}\leqslant R,\ 0\leqslant U\leqslant E \tag{8-2}$$

2. 电学元件的伏安特性

通过电学元件的电流与其两端电压之间的关系，称为该电学元件的伏安特性.以电压为横坐标、电流为纵坐标的电压—电流关系曲线，称为该电学元件的伏安特性曲线.

对于碳膜电阻、线绕电阻等电学元件，在通常情况下，其伏安特性曲线是一直线，如图 8-2(a)所示.这类元件称为线性元件，其电阻称为线性电阻，它的电阻值等于该直线斜率的倒数$\left(R=\frac{U}{I}\right)$.

晶体二极管有正负两个极，正极由 p 型半导体引出，负极由 n 型半导体引出，其 p-n 结具有单向导电的特性.当二极管加上正向电压时，电路中有较大电流；当二极管接反向电压时，电路中的电流很微弱，电流大小都不随电压成正比变化，其伏安特性曲线如图 8-2(b)所示.伏安特性曲线为非直线的元件称为非线性元件，其电阻称为非线性电阻.

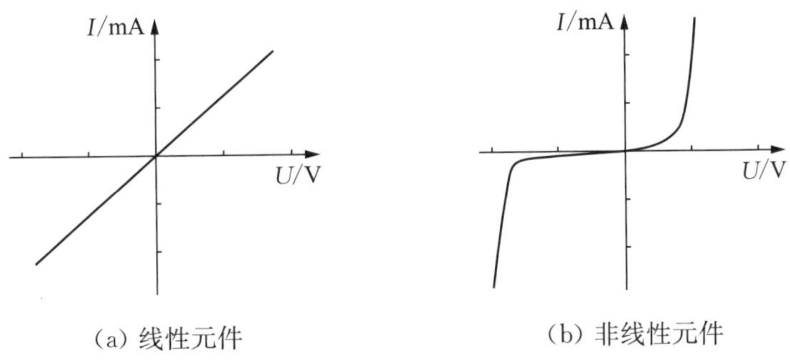

图 8-2　线性元件和非线性元件的伏安特性

3. 实验线路的比较和选择

采用伏安法测量电阻 R 的伏安特性的线路中，通常有电流表内接法和电流表外接法两种，如图 8-3 所示.电压表和电流表的内阻分别为 R_V 和 R_I，电压表和电流表的读数分别为 V 和 I.如果不忽略电压表和电流表的内阻，则电流表内接时，

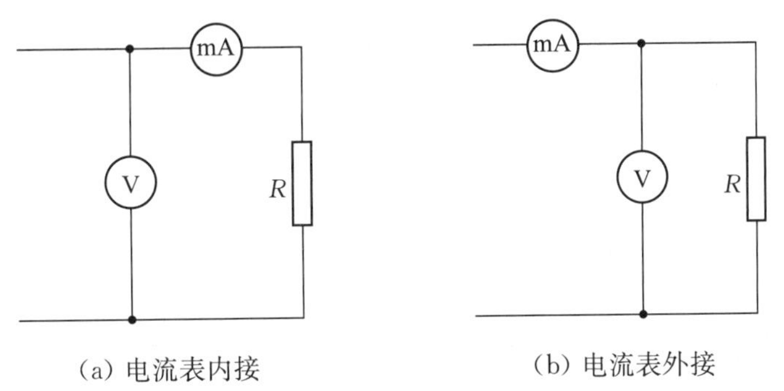

图 8-3　电流表的内接和外接

$$R=\frac{U}{I}-R_I \tag{8-3}$$

电流表外接时，

$$\frac{1}{R}=\frac{I}{U}-\frac{1}{R_V} \tag{8-4}$$

从上面两式可以看出：电流表内接法结果偏大，电流表外接法结果偏小.因此，在实验中为了减小实验误差，测电阻的方案可以这样选择：比较

$$\lg(R/R_I) \tag{8-5}$$

和

$$\lg(R_V/R) \tag{8-6}$$

如果

$$\lg(R/R_I)>\lg(R_V/R) \tag{8-7}$$

则选用电流表内接法；
如果

$$\lg(R_V/R)>\lg(R/R_I) \tag{8-8}$$

则选用电流表外接法.

4. 误差估计

当电压表(电流表)的内阻值 $R_V(R_I)$ 及其不确定度大小 $\Delta R_V(\Delta R_I)$ 已知时，利用(8-3)式或者(8-4)式计算被测电阻值 R，R 的不确定度 ΔR 计算如下：
电流表内接时，

$$\frac{\Delta R}{R}=\frac{\sqrt{\left(\frac{\Delta U}{U}\right)^2+\left(\frac{\Delta I}{I}\right)^2+\left(\frac{\Delta R_I}{R_I}\right)^2\left(\frac{R_I}{U/I}\right)^2}}{1-\frac{R_I}{U/I}} \tag{8-9}$$

电流表外接时，

$$\frac{\Delta R}{R}=\frac{\sqrt{\left(\frac{\Delta U}{U}\right)^2+\left(\frac{\Delta I}{I}\right)^2+\left(\frac{\Delta R_V}{R_V}\right)^2\left(\frac{U/I}{R_V}\right)^2}}{1-\frac{U/I}{R_V}} \tag{8-10}$$

【实验仪器】

FB-321B 型电阻元件 V-A 特性实验仪 1 台，包括采集仪(共享)、测试元件、专用连接线等.

【实验内容】

(1) 采用电流表内接法测量阻值为 10 kΩ 电阻的伏安特性.
(2) 采用电流表外接法测量阻值为 10 Ω 电阻的伏安特性.
(3) 测量半导体二极管(本实验中采用稳压二极管)的正向和反向伏安特性.

【实验步骤】

一、测绘线性电阻的伏安特性曲线

1. 电流表外接法测量阻值为 10 Ω 电阻的伏安特性

(1) 按图 8-4(a)采用回路接线法接线.

(2) 调节变阻器的滑动端 C,使电压从零开始逐步增大,读出相应的电压、电流值,并记入表 8-1(a)中.

(3) 以电压 U 为横坐标、电流 I 为纵坐标,作出电阻的伏安特性曲线.用图解法求电阻值 R,并与其准确值 R_0 比较,计算相对误差.

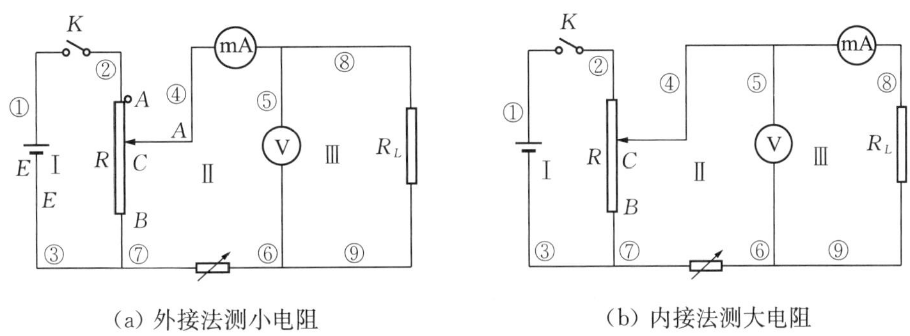

(a) 外接法测小电阻　　(b) 内接法测大电阻

图 8-4　测量线性电阻的伏安特性

2. 电流表内接法测量阻值为 10 kΩ 电阻的伏安特性

(1) 按图 8-4(b)采用回路接线法接线.

(2) 调节变阻器的滑动端 C,使电压从零开始逐步增大,读出相应的电压、电流值,并记入表 8-1(a)中.

(3) 以电压 U 为横坐标、电流 I 为纵坐标,作出电阻的伏安特性曲线.用图解法求电阻值 R,并与其准确值 R_0 比较,计算相对误差.

二、测绘晶体二极管的伏安特性曲线

1. 测二极管的正向伏安特性

按图 8-5(a)连接线路,电压从零缓慢增加,每隔 0.1 V 读数 1 次,将相应的电压、电流值记入表 8-2 中.

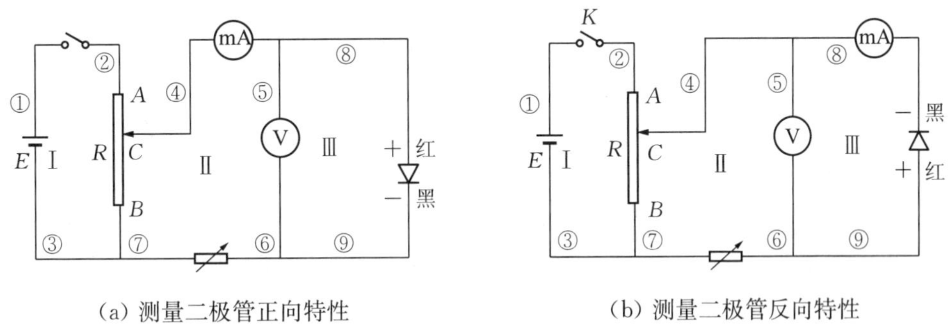

(a) 测量二极管正向特性　　(b) 测量二极管反向特性

图 8-5　测量晶体二极管的伏安特性

2. 测二极管的反向伏安特性

按图 8-5(b)连接线路,调节滑线变阻器,逐步增大电压,从零开始每隔 1 V 读数 1 次,将相应的电压、电流值记入表 8-3 中.

3. 绘制晶体二极管的伏安特性曲线

以电压 U 为横坐标、电流 I 为纵坐标,作出二极管的伏安特性曲线.

【实验结果和数据处理】

1. 线性元件

表 8-1　线性电阻的伏安特性

(a) 10 Ω 电阻(电流表外接法)

U(V)										
I(mA)										

(b) 10 kΩ 电阻(电流表内接法)

U(V)										
I(mA)										

2. 非线性元件

表 8-2　二极管的正向特性

U(V)										
I(mA)										

表 8-3　二极管的反向特性

U(V)										
I(mA)										

(注:将正反向伏安特性曲线绘在同一个坐标图上,特性曲线上反向的 U 和 I 取负值).

在坐标值的伏安特性曲线上求出待测电阻的阻值 $R=$________Ω.

【注意事项】

(1) 在实验中,测电阻时,电源电压取为 5 V;测二极管正向特性时,电源电压取为 2 V;测二极管反向特性时,电源电压取为 20 V.

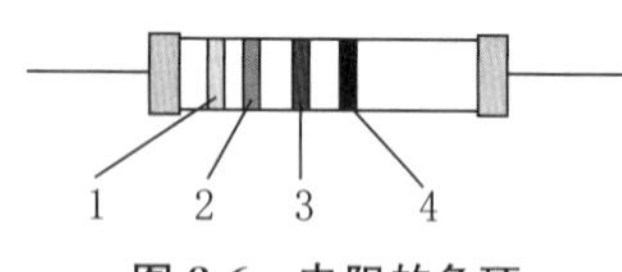

图 8-6　电阻的色环

(2) 电阻上的颜色表示:第一道色环表示阻值的最大一位数字,第二道色环表示第二位数字,第三道色环表示阻值末应该有几个零,第四道色环表示阻值的误差,如图 8-6 所示.色环颜色所代表的数字如表 8-4 所示.

表 8-4　电阻上的颜色表示

棕	红	橙	黄	绿	蓝	紫	灰	白	黑
1	2	3	4	5	6	7	8	9	0

(3) 在本实验中,检测稳压二极管是否被击穿,可以用数字万用表的测短路档“.)))”来测量其电阻值.若正向显示在 0.7～0.8 之间,反向显示为“1.”(即无穷大)的时候,说明二极管良好;若反向显示在 0.6～0.8 之间,则说明二极管已经被击穿,需要更换.

（4）本实验室所用的电压表和电流表的内阻值和测量精度如表 8-5 所示.

表 8-5　电压表和电流表的内阻值及测量精度

电压表			电流表		
量程	内阻值(MΩ)	相对误差(%)	量程	内阻(Ω)	相对误差(%)
200 mV	11	3	2 mA	100	0.3
2 V	10.1	3	20 mA	10	0.3
20 V	10.01	3	200 mA	1	0.3

【思考题】

1. 如图 8-7 所示的分压电路中，取滑动端 C 和固定端 A 作为分压输出端接至负载，C 滑向哪端负载 R_L 两端电压高，滑向哪端负载 R_L 两端电压低？分压输出为零时，C 端应在什么位置？

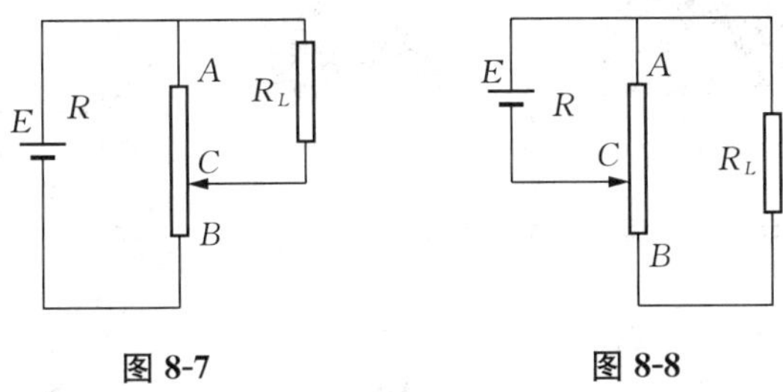

图 8-7　　　图 8-8

2. 半导体二极管的正向电阻小而反向电阻很大，在测定其伏安特性时，在线路设计时应该注意哪些问题？

3. 如果分压电路误接，如图 8-8 所示，将会发生什么问题？

附 1　FB-321B 型电阻元件 V-A 特性测试仪使用说明书

一、实验仪概述

本实验仪由直流稳压电源、可变电阻器、电流表、电压表及被测元件、采集仪等 6 个部分组成，电压表和电流表采用四位半数显表头，可以独立完成对线性电阻元件、半导体二极管、钨丝灯泡等电学元件的伏安特性测量.必须合理配接电压表和电流表，才能使测量误差最小，这样可使初学者在实验方案设计中得到锻炼.

多台实验仪的实验数据可通过各台实验仪的无线发射系统传输给连接电脑的采集仪（共享），各台实验仪都有编号，电脑接收到实验数据同编号.

二、直流稳压电源技术指标

（1）输出电压：0～2 V、0～10 V 两档（连续可调）.

（2）负载电流：0～200 mA.

（3）输出电压稳定性：优于 1×10^{-4} V/小时.

（4）输出波纹：≤1 mV · rms.

(5) 负载稳定性::优于 $1\times10^{-3}\,\Omega$.

(6) 输出设有短路和过流保护电路,输出电流≤200 mA.

(7) 输出电压调节:分粗调、细调配合使用.

(8) 输入电源:(220±10%)V, 50 Hz;耗电≤20 W.

三、电阻箱结构和技术指标

1. 整机结构

可变电阻箱由(0~10)×1 kΩ, (0~10)×100 Ω, (0~10)×10 Ω 3 位可变电阻开关盘构成,如图 8-9 所示.

2. 技术指标

(1) 电阻变化范围:0~11 100 Ω,最小步进量为 10 Ω.

(2) 电阻的功耗值:(1~10)×1 kΩ, 0.5 W; (1~10)×100 Ω, 1 W; (1~10)×10 Ω, 5 W.

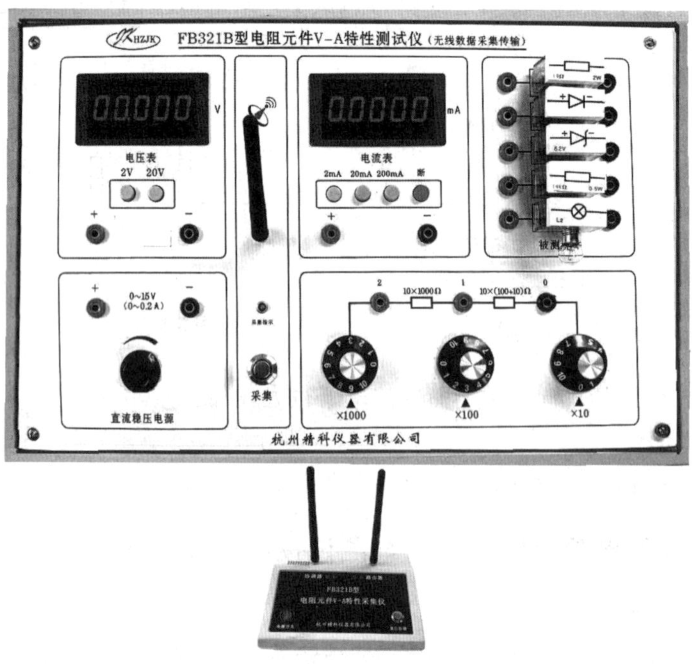

图 8-9 FB-321B 型电阻元件 V-A 特性测试仪

3. 使用说明

(1) 作变阻器使用.

0 号和 2 号端之间电阻等于 3 个位电阻盘电阻值之和,电阻值为 0~11 100 Ω,最小步进值为 10 Ω; 0 号和 1 号端之间电阻值为 0~1 100 Ω,最小步进量为 10 Ω; 1 号和 2 号端之间电阻值为 0~10 kΩ,最小步进量为 1 kΩ.

(2) 构成分压器.

当电源正极接于 2 号端,负极接于 0 号端,从 0 号端、1 号端获得电源电压的分压输出,由电压表显示出分电压值.其接线图如图 8-10 所示.可得

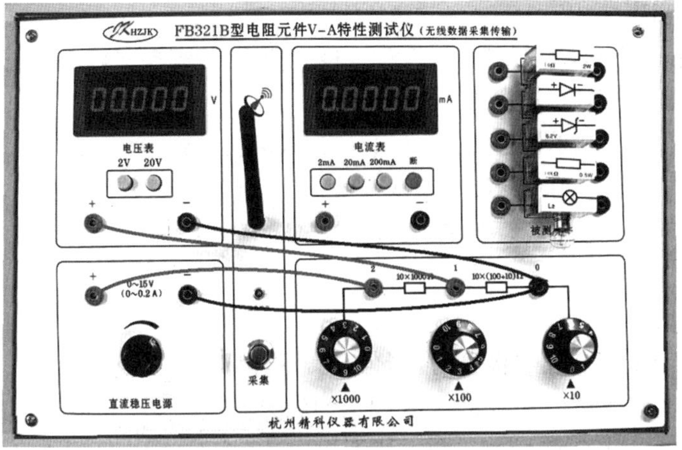

图 8-10　构成分压器的接线示意图

$$U_0 = E \cdot \frac{R_0 + R_1}{R_0 + R_1 + R_2}$$

上式中，U_0 为分压电压输出值；E 为电源电压；R_2 是“×1 kΩ”电阻盘示值电阻，可由电阻盘旋钮调节阻值；“$R_1 + R_0$”是“×100 Ω”与“×10 Ω”电阻盘总电阻，其阻值不超过 1 100 Ω.

四、电压表

(1) 满量程电压分别为 2 V、20 V，量程变换由调节转换开关完成.

(2) 表头最大显示：19 999.

(3) 各量程内阻值如表 8-6 所示.

表 8-6　电压表各量程内阻

电压表量程(V)	2	20
电压表内阻(MΩ)	1	10

五、电流表

(1) 满量程电流分别为 2 mA、20 mA、200 mA，量程变换由调节转换开关完成.

(2) 各量程内阻值如表 8-7 所示.

(3) 表头最大显示：19 999.

表 8-7　电流表各量程内阻

电流表量程(mA)	2	20	200
电流表内阻(Ω)	100	10	1

六、被测元件

仪器设计时，被测元件采用标准化插件方式接入仪器，使用和更换待测元件十分便利，而且用户可根据实验需要增加测试内容.

1. 随机测件参数

(1) 电阻器：RJ-2W-(10±5%)Ω，安全电压：20 V.

(2) 电阻器:RJ-0.5W-(10±5%)kΩ,安全电压:10 V.

(3) 二极管:由 NPN9013 型三极管作二极管使用,最高反向峰值电压 10 V,正向最大电流不超过 0.2 A(正向压降 0.8 V).

(4) 稳压管二极管:1N4735,稳定电压 6.2 V,最大工作电流 35 mA,工作电流 5 mA 时动态电阻为 20 Ω,正向压降不超过 1 V.

(5) 钨丝灯泡:冷态电阻为 10 Ω 左右(室温下), 12 V, 0.1 A 时热态电阻约 80 Ω,安全电压≤13 V.

2. 被测元件使用说明

(1) 稳压二极管和普通二极管的正向特性大致相同,测量时要限制正向电流,一般不要超过正向额定电流值的 75%,正向最大电流按给定的工作电流.稳压管反向击穿电压即稳压值,此时要串入电阻箱,限制工作电流不超过最大额定工作电流(如不超过 100 mA),否则稳压二极管将从齐纳击穿转变为不可逆转的热击穿,此时稳压二极管将损坏!

(2) 钨丝灯泡冷态电阻较低(约 10 Ω),如果电压增加太快,容易造成过载,提高电压时要缓慢一些,避免灯丝烧毁.

七、采集仪

采集仪与电脑用 USB 线连接,在电脑中安装所附软件,先“安装一”(USB 设备适配),再“安装二”(数据采集、数据查看),设备会自动识别连接.(系统验证密码:222222.)

八、成套性

(1) FB321 型电阻 V-A 特性测试仪 1 台采集仪(共享);

(2) 产品合格证 1 份;

(3) 实验讲义、采集仪软件 1 份;

(4) 专用连接线 8 根;

(5) 电源线、USB 连接线各 1 根;

(6) 保险丝(1 A,已在电源插座中)2 支.

附 2　电工仪表的准确度

一、电工仪表的分类

电工仪表可分为两大类:一类是直读式仪表,能直接指示被测量的数值,如常用的电流表、电压表以及功率表;另一类是比较式仪表,需要将被测量与标准量进行比较后才能得知其大小,如电位差计.另外,按被测量的种类,电工仪表可分为电流表、电压表、功率表、频率表、相位表、功率因数表、磁强计等;按仪表作用原理,可分为磁电系、电磁系、电动系、感应系、整流系以及数字系等.

大学物理实验中采用的大部分是磁电系仪表.磁电系仪表具有刻度均匀、灵敏度和准确度高、阻尼性能好、功耗小、不易受外界磁场和温度影响等优点.但过载能力差,价格较高.磁电系电表可用于直流电的测量.万用表的表头就是一个磁电系的直流微安表.磁电系电表的测量机构不能直接用于测量交流电,测交流电时必须附加整流装置.

二、仪表表面的符号含义

仪表表面通常都有一些符号,这些符号显示了仪表的工作方式、使用条件、测量对象和范围,以及准确度等级等仪表的主要参数.表 8-8 中给出其中一些常用符号的说明.

表 8-8　仪表表面的符号的含义

⋂ 磁电式	— 直流	☆ 绝缘试验电压 500 V
⊓ 水平放置	≃ 交直流两用	[Ⅱ] Ⅱ级防外磁场
⊥ 竖直放置	(0.5) 准确度等级	Ω/V 内阻表示法

三、电工仪表的准确度

电工仪表测量结果的准确度与很多因素有关,如电工仪表本身的准确度级别、测量场所的环境、测量者的操作水平、电工仪表的量程等.选择准确度较高的电测仪表,对提高测量的精确程度是有好处的.但是,并不是电表的准确度级别越高,测量结果就一定越准确.单纯追求电表的准确度等级,而忽视其他因素,往往使测量结果达不到要求.有时使用准确度级别较低的仪表,也能得到较准确的测量结果.全面了解和掌握影响电测仪表准确度的各种因素,是进行有效测量的关键.

1. 电表的准确度

电表的准确度等级通常以"引用误差 δ"来表示,即选取电表指示值的最大绝对误差 Δ_{max}与电表测量程的满刻度值 A 的比,用百分数表示,

$$\delta=\frac{\Delta_{max}}{A}\times 100\%$$

引用误差是专门用来定义仪表准确度级别的.根据引用误差的定义,它只与最大绝对误差和电表量程的上限这两个因素有关,和其他因素没有关系.

根据国家 GB776-76 标准,电测仪表按准确度划分为 7 个级别:

$$0.1,\ 0.2,\ 0.5,\ 1.0,\ 1.5,\ 2.5,\ 5.0$$

分别对应的基本误差限是

$$\pm 0.1\%,\ \pm 0.2\%,\ \pm 0.5\%,\ \pm 1.0\%,\ \pm 1.5\%,\ \pm 2.5\%,\ \pm 5\%$$

通常 0.1 级和 0.2 级仪表作为标准表,0.5 级至 1.5 级仪表用于实验,1.5 级至 5.0 级仪表用于工程.这里要强调说明的是,基本误差是测量值的绝对误差在量程中所占的百分数.

2. 测量结果与电表准确度级别的关系

在排除人为、环境(温度、磁场等)因素干扰的前提下,测量某一个物理量时,如果电表的量程相同,准确度高的电表测量结果准确.

例如,被测量电压近 100 V,用两个量程都是 100 V、准确度分别是 0.5 级和 1.0 级的电表去测量,它们的相对误差分别是 0.5%和 1%,当然是准确度高的电表(0.5 级)测量结果准确.

当电表的准确度级别给定时,电表的量程决定测量结果的准确度.

因为测量结果的准确度(相对误差 Δx)等于绝对误差 Δ 除以真值 N 乘百分之百,

$$\Delta x=\frac{\Delta}{N}\times 100\%$$

而绝对误差 Δ 等于引用误差 δ 乘以量程 A，所以，测量结果的准确程度（相对误差）就不仅和电表的准确度级别有关，而且和电表的量程 A 有关，

$$\Delta x=\frac{\delta A}{N}\times 100\%$$

上式表明，测量时要尽量选择较小的量程.当所选电表的准确度级别相同时，电表的上限量程越接近被检测量的值，则测量结果的最大相对误差就越小，即测量结果愈准确.

例如，用量程为 0～10 V、准确度为 0.5 级的电压表分别测量 10.00 V 和 5.00 V 的电压.测量的绝对误差都是 0.5%×10 V=±0.05 V（引用误差×最大量程），测量的最大相对误差分别是±0.5%（绝对误差/真值，0.05 V/10 V）和±1.0%（绝对误差/真值，0.05 V/5.00 V），即：后一种的相对误差大.这就说明，用同一准确度的电表，量程越靠近所测量的值，测量结果准确度就越高.选用不同的量程，测量结果的准确度是不一样的.反过来讲，只要选用合适量程的电表，即使电表的准确等级差一些，也可获得更准确的测量结果.例如，被测量电压近 100 V，用量程为 0～300 V、0.5 级和量程为 0～100 V、1.0 级的两个电表分别测量.测量结果的最大相对误差分别为±1.5%和±1%，后一个结果更准确些，即：用准确度级别较差（1.0 级）的表反比用准确度级别较好（0.5 级）的表来得精确，这就是选用合适量程的缘故.为加深理解，再用一个具体例子作为补充说明.

例 如图 8-11 所示安培表，其量程 $I_e=200$ A，相对额定误差 $\beta_e=\pm 1.5\%$，则该表测出的电流可能具有的最大绝对误差为

$$\Delta I_{\max}=I_e\beta_e=200\times(\pm 1.5\%)=\pm 3(\text{A})$$

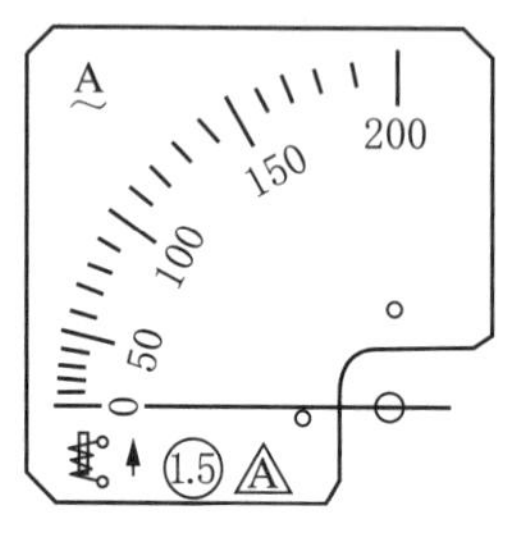

图 8-11 安培表

若待测电流的实际值 $I_1=150$ A，则最大相对误差为

$$\beta_{\max}=\beta_e\frac{I_e}{I_1}=\pm 1.5\%\times\frac{200}{150}=\pm 2\%$$

若用于测量实际值 $I_2=30$ A 的电流，则最大相对误差为

$$\beta_{\max}=\beta_e\frac{I_e}{I_2}=\pm 1.5\%\times\frac{200}{30}=\pm 10\%$$

由此可见，为了减小测量的相对误差，应根据被测量的实际值合理地选择仪表的量程.一般要选择待测量的实际值约为仪表量程的 $\frac{1}{3}$ 以上为宜.

3. 其他

电测仪表测量结果的准确度不仅和电表准确度级别、量程有关，还和一些其他因素有关，如电表内的磁场不均匀、转轴的摩擦等，特别是一些使用时间过长的电表，这种影响不可低估.外界磁场的干扰也是影响测量结果的一个重要因素.特别是在实验室中大量使用的磁电式电测仪表，对外界的磁场特别敏感.环境温度、湿度也有一些影响，空气的湿度对测量绝缘电阻的影响最大.

实验9　电压补偿及电流补偿实验

电位差计是一种精密测量电位差(电压)的仪器,它的原理是使被测电压和一已知电压相互补偿(即达到平衡),其准确度可高达0.001%.它还常被用以间接测量电流、电阻和校正各种精密电表.在科学研究和工程技术中,广泛利用电子电势差计进行自动控制和自动检测.

【实验目的】

(1) 掌握补偿法测电动势的基本原理.

(2) 用UJ-31型低电势电位差计校准电流表.

【实验原理】

1. 补偿原理

图9-1中用已知可调的电信号 E_0 去抵消未知被测电信号 E_x.当完全抵消时(检流计 G 指零),可知信号 E_0 和被测信号 E_x 的大小相等,此方法为补偿法,其中,可知信号称为补偿信号.

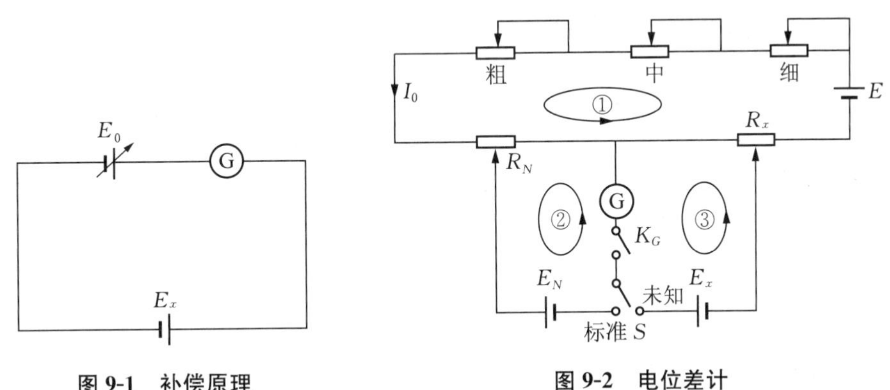

图9-1　补偿原理　　**图9-2　电位差计**

2. 电位差计的原理

图9-2是UJ-31型电位差计的原理简图.UJ-31型电位差计是一种测量直流低电位差的仪器,量程分为17 mV(最小分度1 μV,倍率开关旋至“×1”)和170 mV(最小分度10 μV,倍率开关旋到“×10”)两档.该电路共有3个回路组成:①工作回路;②校准回路;③测量回路.

(1) 校准:为了得到一个已知的“标准”工作电流 $I_0=10$ mA.将开关 S 合向“标准”处,E_N 为标准电动势1.018 6 V,则取 $R_N=101.86\ \Omega$,调节“电流调节”旋钮,使检流计 G 指

零，显然

$$I_0=\frac{E_N}{R_N}=10(\mathrm{mA}) \tag{9-1}$$

(2) 测量：将开关 S 合向“测量”处，E_x 是未知待测电动势.保持 $I_0=10\ \mathrm{mA}$，调节 R_x 使检流计 G 指零，则有

$$E_x=I_0R_x \tag{9-2}$$

I_0R_x 是测量回路中一段电阻上的分压，称为补偿电压.

被测电压 E_x 与补偿电压极性相反、大小相等，因而相互补偿（平衡）.这种测量未知电压的方式叫补偿法.补偿法具有以下优点：

(1) 电位差计是一个电阻分压装置，它将被测电压 U_x 和一标准电动势接近于直接加以并列比较.U_x 值仅取决于电阻比及标准电动势，因而能够达到较高的测量准确度.

(2) 在上述“校准”和“测量”两个步骤中，检流计两次均指零，表明测量时既不从标准回路内的标准电动势源（通常用标准电池）中、也不从测量回路中吸取电流.因此，不改变被测回路的原有状态及电压等参量，同时，可避免测量回路导线电阻、标准电阻的内阻及被测回路等效内阻等对测量准确度的影响.这是补偿法测量准确度较高的另一个原因.

3. 电流表的校准

所谓校准，是使被校电流表与标准电流表同时测量一定的电流，看其指示值与相应的标准值（从标准电表读出）相符的程度.校准的结果得到电表各个刻度的绝对误差.选取其中最大的绝对误差除以量程，即得该电表的标称误差，即

$$标称误差=\frac{最大绝对误差}{量程}\times 100\% \tag{9-3}$$

根据标称误差的大小，将电表分为不同的等级，常记为 K.例如，若 $0.5\%<$标称误差$\leqslant 1.0\%$，则该电表的等级为 1.0 级.

【实验仪器】

UJ-31 型电位差计、毫安表、平衡指示仪（检流计）、直流稳压电源、滑线变阻器、模拟标准电阻、导线、开关等.

【实验步骤】

1. 预热

先将 AC5 型检流计电源打开，预热 5 min.

2. 连接电路

按照图 9-3 所示连接好电路.图中 E' 是 TH-SS3022 型数显直流稳压电源，ACB 是滑线变阻器，R 是电阻箱，R_0 是模拟标准电阻，(mA) 是被校电流表.

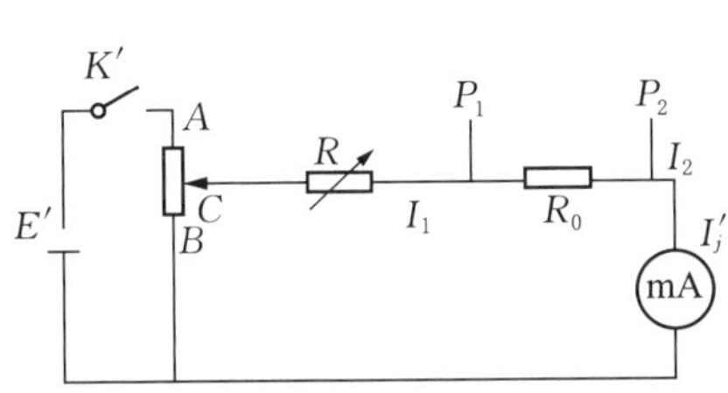

图 9-3　电流表校正电路图

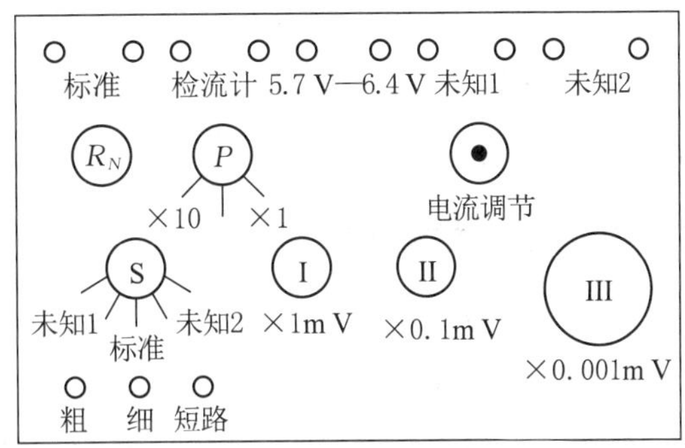

图 9-4　UJ-31 型电位差计面板示意图

如图 9-4 所示，电位差计上的“标准”接线柱接 FB204 型标准电势，“检流计”接线柱接 AC5 型检流计，“5.7～6.4”接线柱接晶体管稳压电源，“未知 1”接线柱接模拟标准电阻. **注意：各接线柱的极性不能接反.**

3. 调零

将 AC5 型检流计开关打到“调零”处，调节“调零”旋钮，直到指针指零. **再将开关打到“1 μA”处.**

4. 校准电位差计

先将电阻 R_N 设置为 101.86 Ω，就是将电位差计面板上 R_N 置于 1.018 6 V 处；倍率开关置于“×10”档（不能置于中间空档处），转换开关 K 置于“校准”，检流计开关 K_G（粗、细、短路）都弹起.

然后，开启晶体管稳压电源和 FB204 型标准电势，调节“电流调节”旋钮，直至检流计指零. 此时，$I_0=10$ mA，**以后不得再转动“电流调节”旋钮.** 关闭 FB204 型标准电势. 工作电流校准后，开关 S 置于“断”档！

5. 校准电流表

（1）首先，开启 TH-SS3022 型数显直流稳压电源，输出电压调至 6 V. 若被校电流表量程为 100 mA，则模拟标准电阻设为 1 Ω，电阻箱设为 50 Ω；若被校电流表量程为 100 μA，则模拟标准电阻设为 1 kΩ，电阻箱设为 40 kΩ. 滑线变阻器 ACB 触头移至 B 处.

（2）然后闭合开关 K'，移动滑线变阻器触头，调节被检电流值 $I_j'=10$ mA，将转换开关 S 置于测量回路“未知 1”，开始测量. 按照“×1，×0.1，×0.001”的顺序调节测量盘，直检流计指零，将 3 个测量盘上的读数相加，即为 R_0 两端的电压. 根据欧姆定理，求出流经被校电流表的电流大小 I_j. 用同样的方法依次校准 20 mA，30 mA，40 mA，50 mA，60 mA，70 mA，80 mA，90 mA，100 mA；90 mA，80 mA，70 mA，60 mA，50 mA，40 mA，30 mA，20 mA，10 mA. **注意：R_0 的正负端千万不能接错！每次改变被校电流值 I_j' 时，转换开关 S 必须置于“断”档！**

（3）将测量数据填入表 9-1，并计算 $\Delta I_j=I_j'-I_j$.

（4）在坐标纸上画出 $\Delta I_j \sim I_j'$ 折线图. 在以后使用这个电表时，根据校准曲线可以修正电表的读数.

（5）从 ΔI_j 中找出绝对值最大的一个 ΔI_{jm}，从其绝对值 $\Delta I_m=|\Delta I_{jm}|$ 计算被校表的最大基本误差 $\Delta I_m/I_m$，I_m 是电流表的量程. 校准电表的首要任务是：根据 $\Delta I_m/I_m$ 是否

不大于表的基本误差极限(准确度等级指数/100),作出被校表是否“合格”的结论.

(6) 估算电表校验装置的误差,并判断它是否小于电表基本误差极限的 1/3,进而得出校验装置是否合理的初步结论.

【实验结果与数据处理】

1. 数据记录及处理

(1) 参数记录如下:

电位差计倍率:__×10__ $\Delta U=$__5__(μV);

被校电流表量程:________(mA);

被校电流表精度等级:__0.5__;

$E_N=$__1.018 6__(V);

$R_0=$__1__(Ω);

$\Delta R_0/R_0=$__0.01%__.

(2) 数据记录(若被校准表是微安表,则表 9-1 内电流的单位均改为 μA).

表 9-1

被检表示值 I_j'(mA)	U_x 读数(mV)			电流表实际值 $I_j=\left(\frac{\overline{U}_x}{R_0}\right)$(mA)	$(\Delta I_j=I_j'-I_j)$(mA)
	增加	减少	平均		
10.0					
20.0					
30.0					
40.0					
50.0					
60.0					
70.0					
80.0					
90.0					
100.0					

2. 判断电流表是否合格

将$\frac{|\Delta I_j|_{max}}{\text{电流表量程}}$值与 1.5%比较得出结论.

3. 估算电表校验装置误差

将

$$\frac{\Delta_I}{I}=\sqrt{\left(\frac{\Delta_{U_x}}{U_x}\right)^2+\left(\frac{\Delta_{R_0}}{R_0}\right)^2}=\sqrt{\left[0.05\%+\frac{\Delta U}{\overline{U}_x|_{min}}\right]^2+\left(\frac{\Delta_{R_0}}{R_0}\right)^2}$$

所得结果与$\frac{1.5\%}{3}$进行比较，判断此校验装置是否合格.上式中，ΔU 的取值当倍率为"×10"时，取 5 μV；当倍率为"×1"时，取 0.5 μV).

4. 作出校正曲线 $\Delta I_j \sim I_j'$

【思考题】

1. 用电位差计测量时，为什么要估算并预置测量盘的电位差值？接线时为什么要特别注意电压极性是否正确？

2. 试从电位差计基本线路一般应包含的 3 个回路的作用，简述什么是电压补偿，电压补偿法的优点是什么.

3. 简述补偿法测量未知电动势的优点.

4. 直流电位差计校准的基本意义是什么？

实验 10　示波器的原理和使用

示波器是一种用途广泛的基本电子测量仪器，用它能观察电信号的波形、幅度和频率等电参数.用双踪示波器还可以测量两个信号之间的时间差，一些性能较好的示波器甚至可以将输入的电信号存储起来以备分析和比较.在实际应用中，凡是能转化为电压信号的电学量和非电学量都可以用示波器来观测.

【实验目的】

(1) 了解示波器的基本结构和工作原理，掌握使用示波器和信号发生器的基本方法.

(2) 学会使用示波器观测电信号波形和电压幅值以及频率.

(3) 学会使用示波器观察李萨如图并测频率.

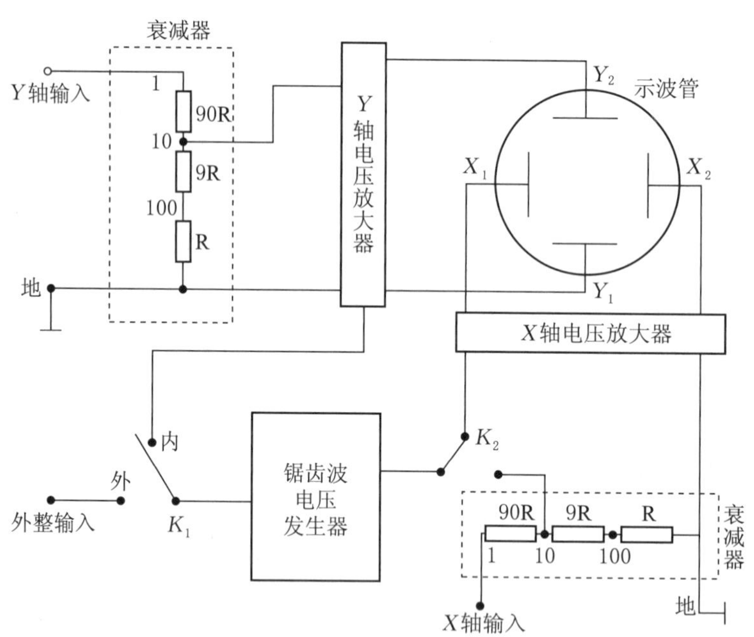

图 10-1　示波器结构图

【实验原理】

不论何种型号和规格的示波器都包括如图 10-1 所示的几个基本组成部分：示波管(又称阴极射线管 cathode ray tube，简称 CRT)、垂直放大电路(Y 放大)、水平放大电路(X 放大)、扫描信号发生电路(锯齿波发生器)、自检标准信号发生电路(自检信号)、触发同步电路、电源等.

1. 示波管的基本结构

示波管的基本结构如图 10-2 所示.主要由电子枪、偏转系统和荧光屏 3 个部分组成,全都密封在玻璃壳体内,里面抽成高真空.

(1) 电子枪:由灯丝、阴极、控制栅极、第一阳极和第二阳极 5 个部分组成.灯丝通电后加热阴极.阴极是一个表面涂有氧化物的金属圆筒,被加热后发射电子.控制栅极是一个顶端有小孔的圆筒,套在阴极外面.它的电位比阴极低,对阴极发射出来的电子起控制作用,只有初速度较大的电子才能穿过栅极顶端的小孔,然后在阳极加速下"奔"向荧光屏.示波器面板上的"辉度"调整就是通过调节电位以控制射向荧光屏的电子流密度,从而改变屏上的光斑亮度.阳极电位比阴极电位高很多,电子被它们之间的电场加速形成射线.当控制栅极、第一阳极与第二阳极电位之间的电位调节合适时,电子枪内的电场对电子射线有聚集作用,所以,第一阳极也称聚集阳极.第二阳极电位更高,又称加速阳极.面板上的"聚集"调节,就是调第一阳极电位,使荧光屏上的光斑成为明亮、清晰的小圆点.有的示波器还有"辅助聚集",实际是调节第二阳极电位.

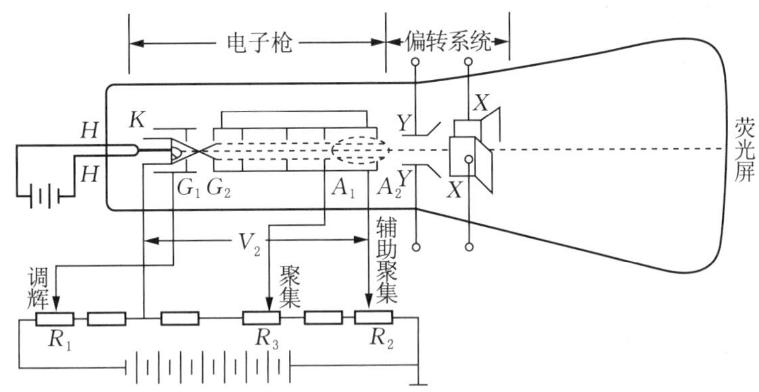

H-灯丝;K-阴极;G_1,G_2-控制栅极;A_1-第一阳极;A_2-第二阳极;Y-竖直偏转板;X-水平偏转板

图 10-2　示波管结构图

(2) 偏转系统:它由两对互相垂直的偏转板组成,一对是竖直偏转板,一对是水平偏转板.在偏转板上加以适当电压,当电子束通过时,其运动方向发生偏转,从而使电子束在荧光屏上产生的光斑位置也发生改变.

(3) 荧光屏:屏上涂有荧光粉,电子打上去它就发光,形成光斑.不同材料的荧光粉发光的颜色不同,发光过程的延续时间(一般称为余辉时间)也不同.荧光屏前有一块透明的、带刻度的坐标板,供测定光点的位置使用.在性能较好的示波管中,将刻度线直接刻在荧光屏玻璃内表面上,使之与荧光粉紧贴在一起以消除视差,光点位置可测得更准.

2. 波形显示原理

(1) 仅在垂直偏转板(Y 偏转板)加一正弦交变电压:如果仅在 Y 偏转板加一正弦交变电压,则电子束所产生的亮点随电压的变化在 y 方向来回运动.如果电压频率较高,由于人眼的视觉暂留现象,看到的是一条竖直亮线,其长度与正弦信号电压的峰-峰值成正比,如图 10-3 所示.

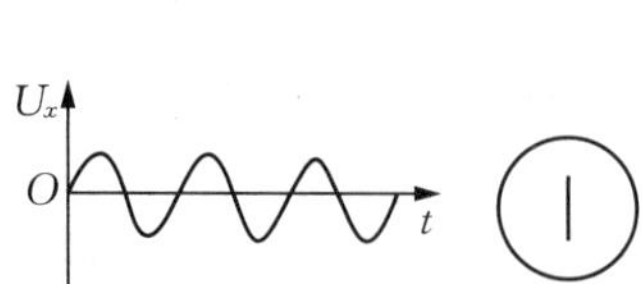

图 10-3　在垂直偏转板加一正弦交变电压

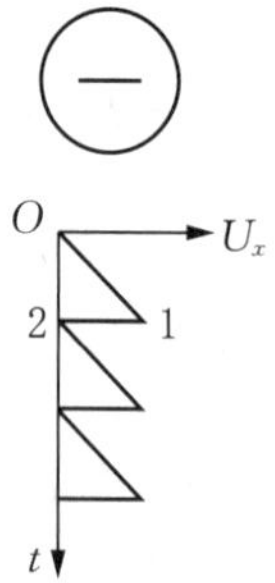

图 10-4　在水平偏转板加一扫描(锯齿)电压

(2) 仅在水平偏转板加一扫描(锯齿)电压:为了能使 y 方向所加的随时间 t 变化的信号电压 $u_y(t)$ 在空间展开,需在水平方向形成一时间轴.这一 t 轴可通过在水平偏转板加一如图 10-4 所示的锯齿电压 $u_x(t)$,由于该电压在 0 至 1 时间内电压随时间呈线性关系、达到最大值,使电子束在屏上产生的亮点随时间线性水平移动,最后到达屏的最右端.在 1 至 2 时间内(最理想情况是该时间为零),u_x 突然回到起点(即亮点回到屏的最左端).如此重复变化,若频率足够高的话,则在屏上形成一条如图 10-4 所示的水平亮线,即 t 轴.

(3) 常规显示波形:如果在 Y 偏转板加一正弦电压(实际上任何所想观察的波形均可),同时在 X 偏转板加一锯齿电压,电子束受竖直、水平两个方向的力的作用,电子的运动是两个相互垂直运动的合成.当两个电压周期具有合适的关系时,在荧光屏上将能显示出所加正弦电压完整周期的波形图,如图 10-5 所示.

3. 同步原理

(1) 同步的概念:为了显示如图 10-5 所示的稳定图形,只有保证正弦波到 I_y 点时,锯齿波正好到 I_x 点,从而亮点扫完了一个周期的正弦曲线.由于锯齿波这时马上复原,亮点又回到 A 点,再次重复这一过程,光点所画的轨迹和第一周期的完全重合,所以,在屏上显示出一个稳定的波形,这就是同步.

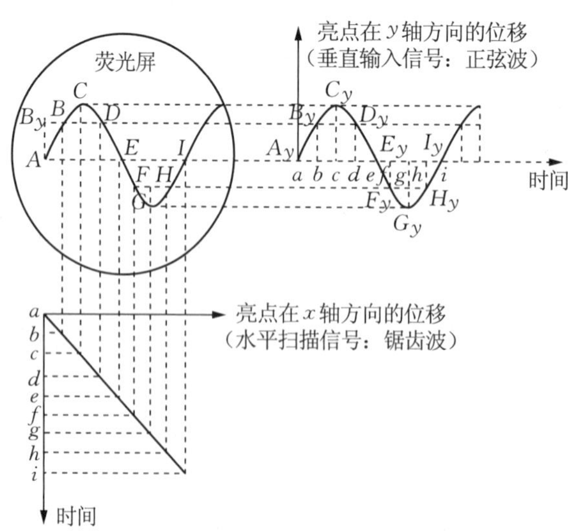

图 10-5　波形显示原理图

由此可知同步的一般条件为

$$T_x = nT_y, \qquad n=1, 2, 3, \cdots \tag{10-1}$$

其中，T_x 为锯齿波周期，T_y 为正弦周期.若 $n=3$，则能在屏上显示出 3 个完整周期的波形.

如果正弦波和锯齿波电压的周期稍微不同，屏上出现的是一移动着的不稳定图形.这种情形可以用图 10-6 说明.设锯齿波形电压的周期 T_x 比正弦波电压周期 T_y 稍小，如 $T_x = nT_y$，$n=7/8$.在第一扫描周期内，屏上显示正弦信号 0～4 点之间的曲线段；在第二周期内，显示 4～8 点之间的曲线段，起点在 4 处；在第三周期内，显示 8～11 点之间的曲线段，起点在 8 处.这样，屏上显示的波形每次都不重叠，好像波形在向右移动.同理，如果 T_x 比 T_y 稍大，则好像在向左移动.以上描述的情况在示波器使用过程中经常会出现.其原因是扫描电压的周期与被测信号的周期不相等或不成整数倍，以致每次扫描开始时波形曲线上的起点均不一样所造成的.

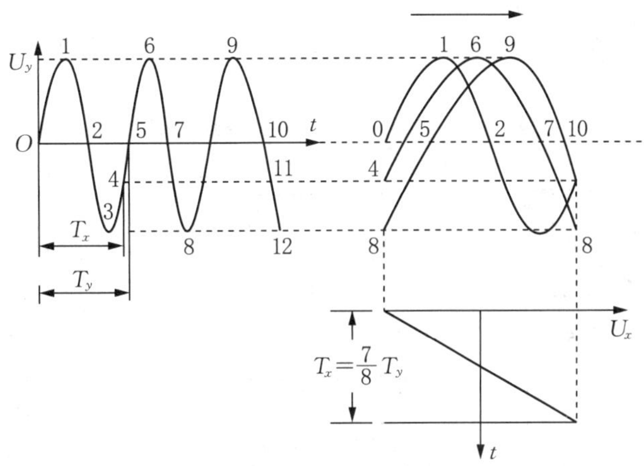

图 10-6　$T_x = \frac{7}{8}T_y$ 时的波形

(2) 手动同步的调节：为了获得一定数量的稳定波形，示波器设有“扫描周期”、“扫描微调”旋钮，用来调节锯齿波电压的周期 T_x(或频率 f_x)，使之与被测信号的周期 T_y(或频率 f_y)成整数倍关系，从而在示波器屏上得到所需数目的完整被测波形.

(3) 自动触发同步调节：输入 Y 轴的被测信号与示波器内部的锯齿波电压是相互独立的.由于环境或其他因素的影响，它们的周期(或频率)可能发生微小的改变.这时虽通过调节扫描旋钮使它们之间的周期满足整数倍关系，但过了一会可能又会变，使波形无法稳定下来.这在观察高频信号时尤其明显.为此，示波器内设有触发同步电路，它从垂直放大电路中取出部分待测信号，输入到扫描发生器，迫使锯齿波与待测信号同步，此称为“内同步”.操作时，首先使示波器水平扫描处于待触发状态，然后使用“电平”(LEVEL)旋钮，改变触发电压大小，当待测信号电压上升到触发电平时，扫描发生器才开始扫描.若同步信号是从仪器外部输入时，则称“外同步”.

4. 李萨如图形的原理

如果示波器的 X 和 Y 输入是频率相同或成简单整数比的两个正弦电压，则屏上将呈现特殊的光点轨迹，这种轨迹图称为李萨如图.图 10-7 所示的为 $f_y : f_x = 2 : 1$ 的李萨如图形.频率比的不同将导致形成不同的李萨如图形.图 10-8 所示的是频率比成简单整数比值的 6 组李萨如图形.从中可总结出如下规律：如果作一个限制光点 x，y 方向变化范围的假想方框，则图形与此框相切时，横边上切点数 n_x 与竖边上的切点数 n_y 之比恰好等于 Y 和 X 输入的两正弦信号的频率之比，即 $f_y : f_x = n_x : n_y$.但若出现图 10-8(b)或图 10-8(f)所示的图形，有端点与假想边框相接时，应把一个端点计为 1/2 个切点.所以，利用李萨如图形能方便地比较两正弦信号的频率.若已知其中一个信号的频率，数出图上的切点数 n_x 和 n_y，便可计算另一待测信号的频率.

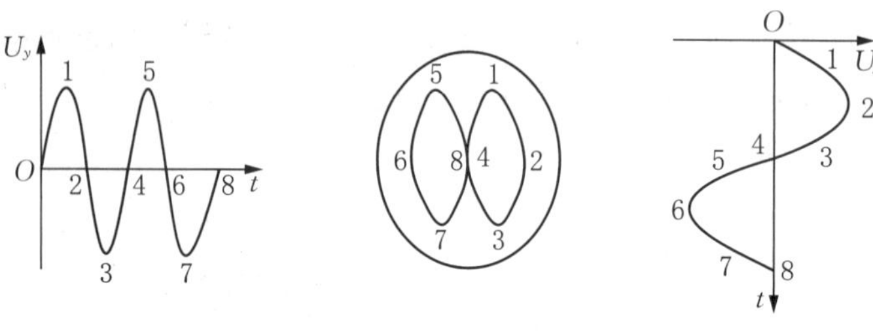

图 10-7　$f_y : f_x = 2 : 1$ 的李萨如图形

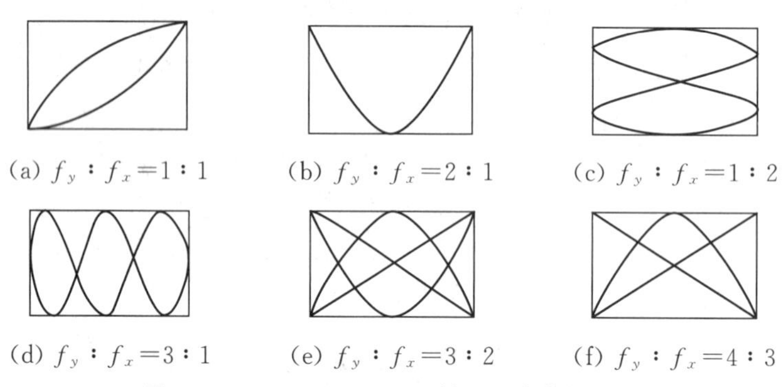

(a) $f_y : f_x = 1 : 1$　(b) $f_y : f_x = 2 : 1$　(c) $f_y : f_x = 1 : 2$

(d) $f_y : f_x = 3 : 1$　(e) $f_y : f_x = 3 : 2$　(f) $f_y : f_x = 4 : 3$

图 10-8　$f_y : f_x = n_x : n_y$ 的 6 组李萨如图形

【实验仪器】

数字式示波器(面板分布见图 10-9)、函数信号发生器(面板分布见图 10-10).

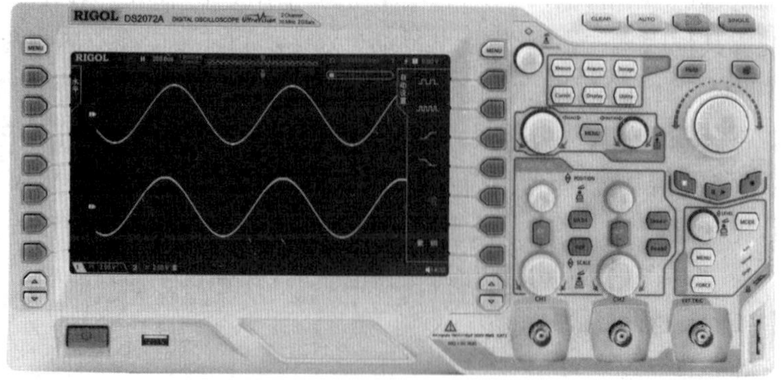

图 10-9　DS-2072A 数字示波器面板分布图

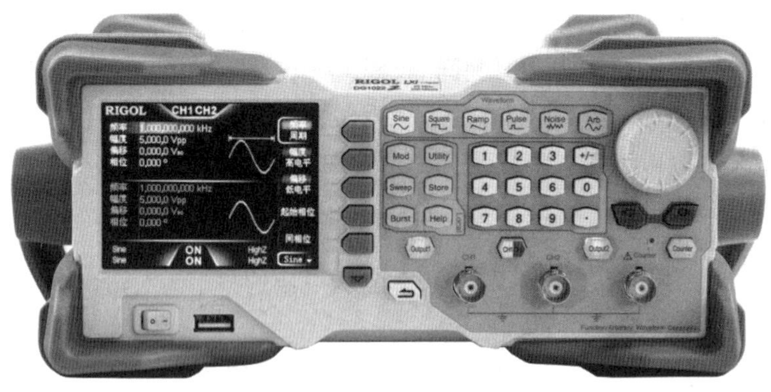

图 10-10 DG-1022 函数信号发生器面板分布图

【实验内容】

1. 观测信号波形

(1) 打开数字示波器电源开关后，自动调节“聚焦”、“亮度”、“扫描间隔”、“中心位置”。如单通道显示波形，屏幕中心显示一条水平直线；如双通道波形同时显示，则屏幕 1/4 至 3/4 处显示两条水平直线.

(2) 调节信号发生器产生所需正弦信号，输入示波器“CH1”或“CH2”通道，调节信号水平参数旋钮“扫描时间”(TIME/div)及垂直参数旋钮“幅值”(VOLT/div)，使波形在屏幕中显示合适大小(屏幕水平宽度显示 1～5 个周期，信号高度占屏幕垂直宽度 1/2 至 3/4).

提示：数字示波器可以点击面板“AUTO”功能键，示波器内部自动快速调节，得到实验所需波形.

2. 测量峰-峰电压值和频率

设屏幕上的波形如图 10-11 所示，根据屏幕 y 轴坐标的刻度，读得信号波形的峰-峰值所占格数 D_y(div)(图 10-11 中的 $D_y=4.0$). 如果 V/div 档为 0.2 V/div，则待测信号电压峰-峰值为

$$V_{\text{p-p}}=0.2(\text{V/div})\cdot D_y(\text{div})=0.2\times4.0(\text{V})=0.80(\text{V}) \tag{10-2}$$

电压峰值的测量要注意选择适当的 V/div，使其在满足测量范围前提下，V/div 值应尽可能选小些，以使所显示的波形尽可能大一些，以提高测量精度.

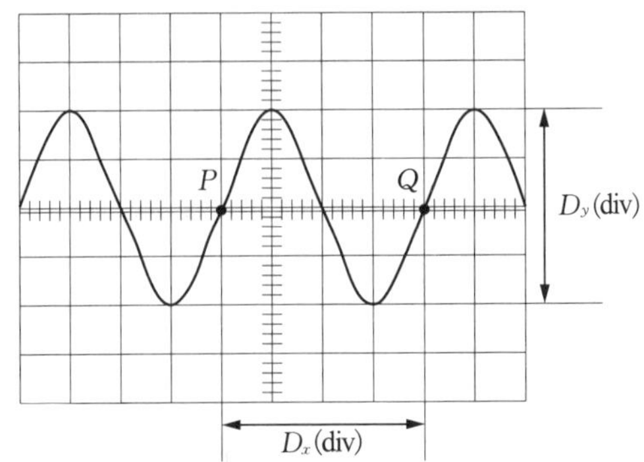

图 10-11 $V_{\text{p-p}}$ 值和时间的测量

根据屏幕上刻度的情况，试考虑如何调节波形的位置，以便准确地读出 D_y 值.

在图 10-11 中，P 和 Q 两点的时间间隔 t 就是正弦电压的周期 T_y.根据屏幕上 x 轴的坐标刻度，读得信号波形 P 和 Q 两点的水平距离为 D_x div(图 10-11 中的 $D_x=4.0$).如果"t/div"扫描开关档为 0.5 ms/div，则 P 和 Q 两点的时间间隔为

$$t=0.5(\text{ms/div})\cdot D_x(\text{div})=0.5\times4.0(\text{ms})=2.0(\text{ms}) \tag{10-3}$$

因为正弦电压的周期 $T_y=2.0$ ms，所以，正弦电压的频率为

$$f_y=\frac{1}{T}=\frac{1}{2.0(\text{ms})}=5.0\times10^2(\text{Hz}) \tag{10-4}$$

当正弦波观测完毕，可继续观测三角波、方波等波形，并分别测量它们的电压峰-峰值及周期、频率等.

3. 观察李萨如图形，测量正弦信号频率

(1) 通道"CH1"的输入信号为李萨如图形 x 轴信号，通道"CH2"的输入信号为李萨如图形 y 轴信号(已知信号输入"CH1"，未知信号输入"CH2").

(2) 示波器同时显示两个通道信号，在屏幕上观测两个待测信号.

(3) 利用示波器叠加通道 1(即"CH1")及通道 2(即"CH2")信号，显示李萨如图形.

(4) 调节已知信号 f_x，屏幕出现图 10-8 中的李萨如图形.分别观察 $f_y:f_x=1:1$、$1:2$、$2:3$ 的李萨如图形，描绘 $f_y:f_x=4:1$ 的李萨如图形.

【实验结果与数据处理】

1. 校准示波器，观察波形，测量电压和频率(表 10-1)

表 10-1 电压和频率的测量

测试波形	幅值			频率			
	"Volts/div"(____)	"Y 格数"(____)	$V_{p\text{-}p}$(____)	"A Time/div"(____)	"X 格数"(____)	T(____)	$f=1/T$(____)
校正波							
(正弦波)							
(方波)							
(三角波)							

2. 在作图纸上描绘 $f_y:f_x=4:1$ 的李萨如图形

【思考题】

1. 如果被观测的图形不稳定，出现向左移或向右移的原因是什么？该如何使之稳定？

2. 观察李萨如图形时，能否用示波器的"同步"把图形稳定下来？李萨如图形为什么

一般都在动？主要原因是什么？

3. 什么是同步？实现同步有几种调整方法？如何操作？

4. 若被测信号幅度太大(在不引起仪器损坏的前提下)，在示波器上看到什么图形？要完整显示，应如何调节？

5. 示波器能否用来测量直流电压？如果能测，应如何进行？

6. 如果 Y 轴信号的频率 f_y 比 X 轴信号的频率 f_x 大很多，示波器上会看到什么情形？相反，f_y 比 f_x 小很多，又会看到什么情形？

7. 若被测信号幅度太大(在不引起仪器损坏的前提下)，在屏幕上会看到什么情形？

实验 11　霍尔效应及其应用

置于磁场中的载流体,如果电流方向与磁场垂直,则在垂直于电流和磁场的方向会产生一附加的横向电场,这个现象是霍普金斯大学研究生霍尔于 1879 年发现的,后被称为霍尔效应.霍尔效应不仅可用于测量磁场,还可用于判断半导体材料的类型(是 P 型还是 N 型),用于检测非电量(如测量微小位移和机械振动),还可用于隔离传送和检测直流电压、电流等.

霍尔效应的研究一直在发展,量子霍尔效应的发现是 20 世纪凝聚态物理学的一项辉煌成就.1980 年和 1982 年,德国物理学家冯·克利青及美籍华裔物理学家崔琦等人,在强磁场和极低温条件下先后发现了整数量子霍尔效应和分数量子霍尔效应,并取得了重要应用,如用于确定电阻的自然基准、精确测量光谱精细结构常数等.冯·克利青和崔琦等人分别获得了 1985 年度和 1998 年度诺贝尔物理学奖.

如今霍尔效应不但是测定半导体材料电学参数的主要手段,而且利用该效应制成的霍尔器件已广泛用于非电量的电测量、自动控制和信息处理等方面.在工业生产要求自动检测和控制的今天,作为敏感元件之一的霍尔器件,将有更广泛的应用前景.掌握这一富有实用性的实验,对日后的工作将有益处.

【实验目的】

(1) 了解霍尔效应实验原理.

(2) 学习用"对称测量法"消除副效应的影响,测量试样的 U_{H}-I_S 和 U_{H}-I_M 曲线.

(3) 确定试样的导电类型、载流子浓度以及迁移率.

【实验原理】

1. 霍尔效应

霍尔效应从本质上讲是运动的带电粒子在磁场中受洛仑兹力作用而引起的偏转.当带电粒子(电子或空穴)被约束在固体材料中,这种偏转就导致在垂直电流和磁场方向上产生正负电荷的聚积,从而形成附加的横向电场,即霍尔电场 E_{H}.如图 11-1 所示的半导体试样,若在 X 方向通以电流 I_S,在 Z 方向加磁场 B,则在 Y 方向即试样 A-A'电极两侧就开始聚集异号电荷而产生相应的附加电场.电场的指向取决于试样的导电类型.对图 11-1(a)所示的 N 型试样,霍尔电场逆 Y 方向,图 11-1(b)所示的 P 型试样则沿 Y 方向,即有

$$E_{\mathrm{H}}(Y)<0\Rightarrow \text{N 型}$$
$$E_{\mathrm{H}}(Y)>0\Rightarrow \text{P 型}$$

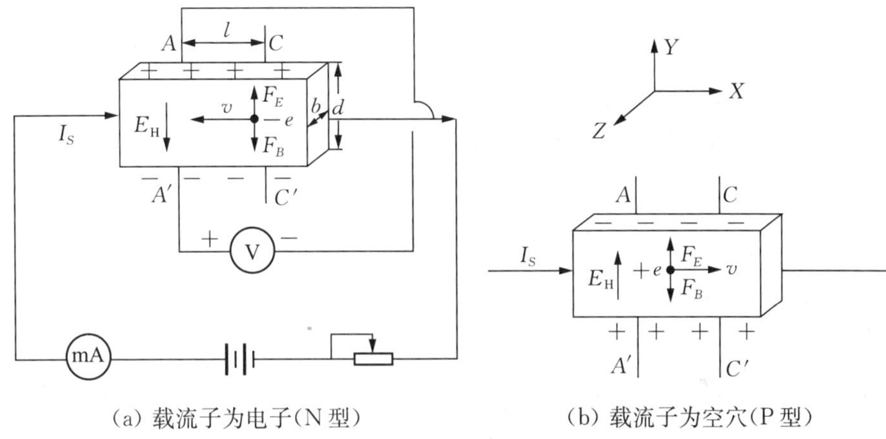

(a) 载流子为电子(N 型)　　(b) 载流子为空穴(P 型)

图 11-1　霍尔效应实验原理示意图

显然,霍尔电场 E_H 阻止载流子继续向侧面偏移,当载流子所受的横向电场力 eE_H 与洛仑兹力 $e\bar{v}B$ 相等,样品两侧电荷的积累就达到动态平衡,故

$$eE_H = e\bar{v}B \tag{11-1}$$

其中,E_H 为霍尔电场,$\bar{v}$ 是载流子在电流方向上的平均漂移速度.

设试样的宽为 b,厚度为 d,载流子浓度为 n,则

$$I_S = ne\bar{v}bd \tag{11-2}$$

由(11-1)和(11-2)两式可得

$$U_H = E_H b = \frac{1}{ne}\frac{I_S B}{d} = R_H \frac{I_S B}{d} \tag{11-3}$$

即:霍尔电压 U_H(A 和 A' 电极之间的电压)与 $I_S B$ 乘积成正比,与试样厚度 d 成反比.比例系数 $R_H = \frac{1}{ne}$ 称为霍尔系数,它是反映材料霍尔效应强弱的重要参数.只要测出 U_H,已知 I_S, B 和 d,可按下式计算 R_H:

$$R_H = \frac{U_H d}{I_S B} \tag{11-4}$$

各量均采用 CGS 实用单位而引入.

2. 霍尔系数 R_H 与其他参数之间的关系

根据 R_H 可进一步确定以下参数:

(1) 由 R_H 的符号(或霍尔电压的正负)判断样品的导电类型.判别的方法是按图 11-1 所示的 I_S 和 B 的方向,若测得的 $U_H = U_{A'A} < 0$,即 A 点电位高于 A' 点的电位,则 R_H 为负,样品属型;反之则为 P 型.

(2) 由 R_H 求载流子浓度 n,即 $n = \frac{1}{|R_H|e}$.应该指出,这个关系式是假定所有载流子

都具有相同的漂移速度而得到的，严格来讲，如果考虑载流子的速度统计分布，需引入$\frac{3\pi}{8}$的修正因子(可参阅黄昆、谢希德著《半导体物理学》).

(3) 结合电导率的测量，求载流子的迁移率μ.电导率σ与载流子浓度n以及迁移率μ之间有如下关系：

$$\sigma = ne\mu \tag{11-5}$$

即$\mu = |R_H\sigma|$，测出σ值即可求μ.

3. 霍尔效应与材料性能的关系

根据上述可知，要得到大的霍尔电压，关键是要选择霍尔系数大(即迁移率高、电阻率ρ亦较高)的材料.因$|R_H| = \mu\rho$，就金属导体而言，μ和ρ均很低，而不良导体ρ虽高，但μ极小，因而上述两种材料的霍尔系数都很小，不能用来制造霍尔器件.半导体μ高，ρ适中，是制造霍尔元件较理想的材料，由于电子的迁移率比空穴迁移率大，霍尔元件多采用N型材料.其次，霍尔电压的大小与材料的厚度成反比，因此，薄膜型霍尔元件的输出电压较片状要高得多.就霍尔器件而言，其厚度是一定的，实际采用$K_H = \frac{1}{ned}$来表示器件的灵敏度，K_H称为霍尔灵敏度，单位为mV/(mA・T).

4. 实验方法

(1) 霍尔电压U_H的测量方法.

值得注意的是，在产生霍尔效应的同时，因伴随各种负效应，以致实验测得的A、A'两极间的电压并不等于真实的霍尔电压U_H值，而是包含各种负效应所引起的附加电压，因此必须设法消除.根据负效应产生的机理可知，采用电流和磁场换向的对称测量法，基本上能把负效应的影响从测量结果中消除.在规定了电流和磁场正、反方向后，分别测量由下列4组不同方向的I_S和B组合的$U_{AA'}$(A和A'两点的电位差)，即：

$$\begin{aligned}
&+B,\ +I_S, \quad U_{A'A} = U_1 \\
&-B,\ +I_S, \quad U_{A'A} = U_2 \\
&-B,\ -I_S, \quad U_{A'A} = U_3 \\
&+B,\ -I_S, \quad U_{A'A} = U_4
\end{aligned}$$

然后，求U_1，U_2，U_3和U_4的代数平均值

$$U_H = \frac{U_1 - U_2 + U_3 - U_4}{4} \tag{11-6}$$

通过上述测量方法，虽然还不能消除所有的负效应，但其引入的误差不大，可以忽略不计.

(2) 电导率σ的测量.

σ可以通过图11-1所示的A和C(或A'和C')电极进行测量，设A和C间的距离为l，样品的横截面积为$S = bd$，流经样品的电流为I_S.在零磁场下，若测得A和C间的电位差为U_σ(即U_{AC})，可由下式求得：

$$\sigma = \frac{I_S l}{U_\sigma S} \tag{11-7}$$

【实验仪器】

BEX-8508A 型霍尔效应实验组合仪.

【实验内容】

1. 了解实验仪器,连接测试仪与实验仪之间的各组连线(图 11-2).

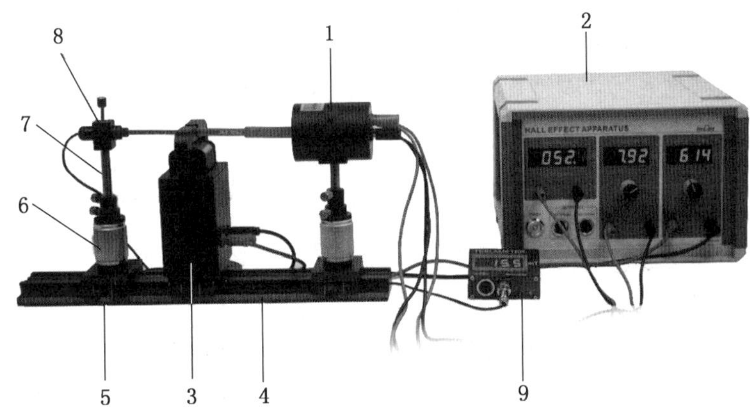

1-霍尔效应探测单元;2-霍尔效应实验仪;3-U 形磁场线圈;4-导轨;5-托板;6-升降调节架;7-连接杆;8-特斯拉计固定座;9-特斯拉计

图 11-2 BEX-8508A 型霍尔效应实验组合仪

(1) 霍尔效应实验仪面板介绍(图 11-3).

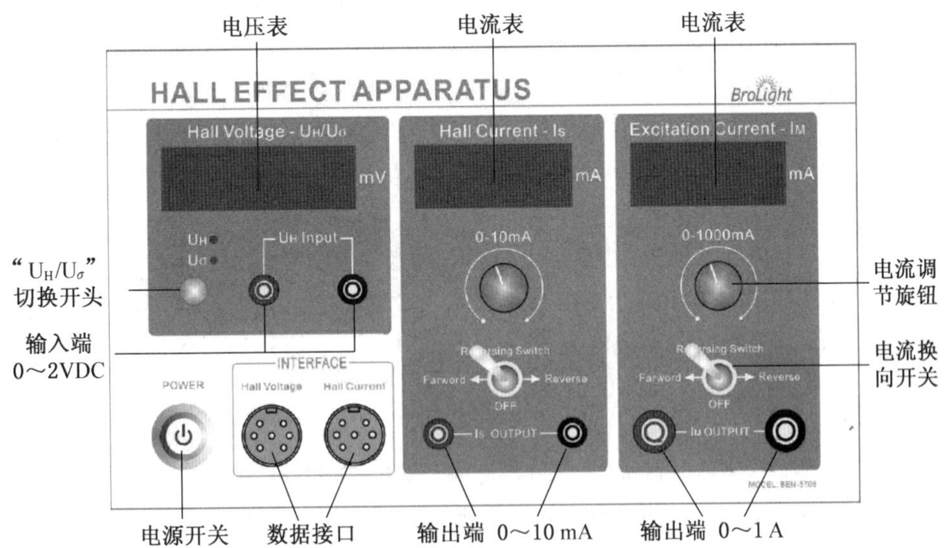

图 11-3 BEX-8508A 型霍尔效应实验组合仪面板

电源开关:控制设备电源的开和关.

电流调节旋钮:调节输出电流大小.

电流换向开关:改变输出电流的方向.

“U_H/U_σ”切换开关：切换电压表显示的电压为 U_H 或 U_σ.

输出端：输出工作电源.

输入端：输入霍尔电压.

电流表：显示输出端口的电流值.

电压表：显示输入端口的电压值.

数据接口：连接到 PASCO 850/550 数据采集端口，霍尔电压(Hall Voltage)0～2 V VS 0～2 V；霍尔电流(Hall Current)0～10 mA VS 0～1.0 V.

(2) 霍尔效应实验仪器连线介绍.

用护套连接线把磁场线圈连接到霍尔效应实验仪“Excitation Current/I_M”0～1 000 mA 的输出端.

(3) 用香蕉插头线连接霍尔效应实验仪“Hall Current/I_S”0～10 mA 电流输出端到霍尔效应探测单元的“I_S”端口.

(4) 用香蕉插头线连接霍尔效应实验仪的霍尔电压输入端口“U_H Input”到霍尔效应探测单元的“U_H”端口.

(5) 把特斯拉计探头连接到 BEM-5032A 仪表的“PROBE”上.没有配特斯拉计时请跳过此步.

(6) 连接各个设备时，用电源线连接设备后面的“AC POWER CORD, AC 110—120 V～/220—240 V～, 50/60 Hz”插口和市电插座.

注意：请选择正确的输入电压 110—120 V/220—240 V～.

2. 测绘 $U_H \sim I_S$ 曲线.

按要求连接导线，轻轻地把霍尔探头移动到电磁场的磁隙中间，打开所有电源开关.

将“U_H/U_σ”切换开关设置为“霍尔电压 U_H 测量”，霍尔电流 I_S 和励磁电流 I_M 全部调到零，2 个电流换向开关均置于正向“Forward”.设置励磁电流 I_M(0～1 000 mA 电流)到某个值(如 500 mA)，并且记录此时磁场 B 的大小.慢慢地增大霍尔电流 I_S，通过换向开关改变 I_S 和 I_M 的输出电流方向，将实验数据记录到表 11-1.

3. 测绘 $U_H \sim I_M$ 曲线.

将“U_H/U_σ”切换开关设置为“霍尔电压 U_H 测量”，霍尔电流 I_S 和励磁电流 I_M 全部调到零，2 个电流换向开关均置于正向“Forward”.设置霍尔电流 I_S(0～10 mA)到某个固定的值(如 5 mA)，慢慢增大励磁电流 I_M(0～1 000 mA 电流)，通过换向开关改变 I_S 和 I_M 的输出电流方向，记录实验数据到表 11-2.

4. 测量 U_σ 值.

将“U_H/U_σ”切换开关设置为“电压 U_σ 测量”，霍尔电流 I_S 和励磁电流 I_M 全部调到零，2 个电流换向开关均置于正向“Forward”，调节霍尔电流 $I_S=2.00$ mA，记录电压表显示的电压 U_σ.根据公式计算电导率.霍尔元件尺寸如下：长 $l=3.9$ mm，宽 $b=2.3$ mm，厚 $d=1.2$ mm.

5. 确定样品导电类型.

将“U_H/U_σ”切换开关设置为“电压 U_H 测量”，霍尔电流 I_S 和励磁电流 I_M 全部调到零，2 个电流换向开关均置于正向“Forward”，调节 $I_S=2.00$ mA，$I_M=500$ mA，测量 U_H

大小及极性，由此判断样品导电类型.

6. 求样品的 R_H，n，σ 和 μ 值.

【实验结果与数据处理】

1. 将实验数据记录于表 11-1 和表 11-2.

表 11-1 测绘 $U_H \sim I_S$ 实验曲线数据记录表

I_M＝500 mA，磁场强度 B＝_______mT

I_S(mA)	U_1(mV)	U_2(mV)	U_3(mV)	U_4(mV)	$U_H=\frac{U_1-U_2+U_3-U_4}{4}$(mV)
	$+B$，$+I_S$	$-B$，$+I_S$	$-B$，$-I_S$	$+B$，$-I_S$	
1.00					
1.50					
2.00					
2.50					
3.00					
3.50					
4.00					

表 11-2 测绘 $U_H \sim I_M$ 实验曲线数据记录表

I_S＝5.00 mA

I_M(A)	U_1(mV)	U_2(mV)	U_3(mV)	U_4(mV)	$U_H=\frac{U_1-U_2+U_3-U_4}{4}$(mV)
	$+B$，$+I_S$	$-B$，$+I_S$	$-B$，$-I_S$	$+B$，$-I_S$	
0.300					
0.400					
0.500					
0.600					
0.700					
0.800					

2. 用毫米方格纸画绘 $U_H \sim I_S$ 曲线和 $U_H \sim I_M$ 曲线.

3. 记下样品的相关参数 b，d，l 值，根据在零磁场下，I_S＝2.00 mA 时测得的 U_{AC}(即 U_σ)值计算电导率 σ.

4. 确定样品的导电类型是 P 型还是 N 型.

5. 根据实验数据与公式，计算 R_H(I_S＝2.00 mA，I_M＝0.500 A)，n 和 μ 值.

【思考题】

1. 霍尔电压是怎么形成的？它的极性与磁场和电流方向(或载子浓度)有什么关系？

2. 如何观察不等位效应？如何消除它？

3. 在测量过程中哪些量要保持不变？为什么？

实验 12 用霍尔法测磁场

磁场测量是电磁测量技术的一个重要分支.在工业生产和科学研究的许多领域都涉及磁场测量问题,如磁探矿、磁悬浮列车、地质勘探、磁导航、导弹磁导、同位素分离、质谱仪、电子束和离子束加工装置、受控热核反应以及人造地球卫星等,甚至在医学和生物学方面也有应用.例如,磁场疗法治病,用心磁图、脑磁图来诊断疾病,环境磁场对生物和人体的作用,以及磁现象与生命现象的研究等,都需要应用磁场测量技术.

数十年来,磁场测量技术发展很快,目前常用的磁场测量方法有不下十余种,如电磁感应法、核磁共振法、霍尔效应法、磁通门法、光泵法、磁光效应法以及超导量子干涉法等.在实际工作中,将根据待测磁场的类型和强弱来确定采用何种方法.其中,应用较广的是霍尔效应法.

【实验目的】

(1) 了解用霍尔效应法测量磁场的原理,掌握 DH4501D 型亥姆霍兹线圈磁场实验仪的使用方法.

(2) 了解亥姆霍兹线圈产生的均匀磁场的特性.

(3) 测量载流圆线圈和亥姆霍兹线圈轴线上的磁场分布.

(4) 两平行线圈的间距改变为 $d=R/2$ 和 $d=2R$ 时,测定其轴线上的磁场分布.

【实验原理】

1. 载流圆线圈与亥姆霍兹线圈的磁场

(1) 载流圆线圈磁场.

一半径为 R、通以直流电流 I 的圆线圈,其轴线上离圆线圈中心距离为 X m 处的磁感应强度的表达式为

$$B=\frac{\mu_0 N_0 IR^2}{2(R^2+X^2)^{3/2}} \tag{12-1}$$

式中,N_0 为圆线圈的匝数,X 为轴上某一点到圆心 O'的距离,$\mu_0=4\pi\times10^{-7}$ H/m,磁场的分布如图 12-1 所示,是一条单峰的关于 Y 轴对称的曲线.

本实验取在圆心 O'处,$X=0$, $N_0=500$ 匝,$I=320$ mA, $R=100$ mm.可算得磁感应强度为 $B=1.005\,3\times10^{-3}$ T.

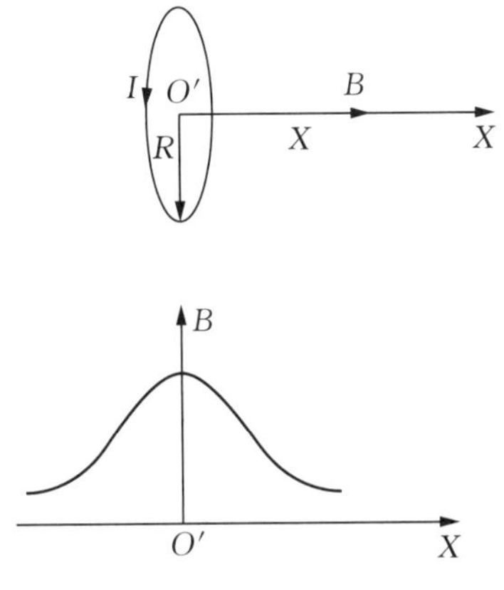

图 12-1 载流圆线圈磁场分布

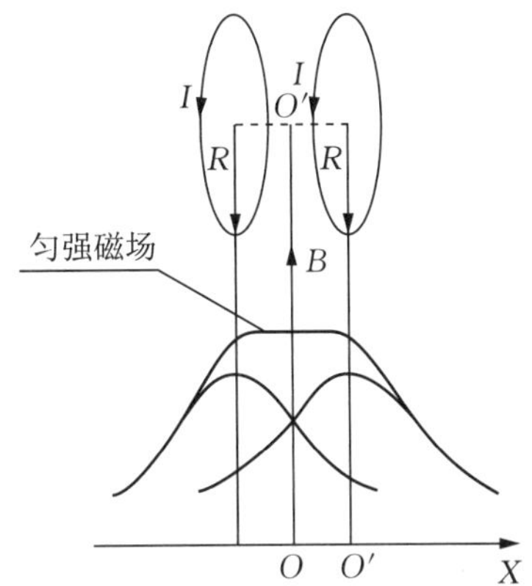

图 12-2 亥姆霍兹线圈磁场分布

(2) 亥姆霍兹线圈.

两个完全相同的圆线圈彼此平行且共轴，通以同方向电流 I，当线圈间距等于线圈半径 R 时，从磁感应强度分布曲线可以看出(理论计算也可以证明)：两线圈合磁场在中心轴线(两线圈圆心连线)附近较大范围内是均匀的，这样一对线圈称为亥姆霍兹线圈，如图 12-2 所示.从分布曲线可以看出，在两线圈中心连线一段出现一个平台，这说明该处是匀强磁场，这种匀强磁场在科学实验中应用十分广泛.例如，显像管中的行偏转线圈和场偏转线圈就是根据实际情况经过适当变形的亥姆霍兹线圈.

2. 利用霍尔效应测磁场的原理

霍尔元件的作用如图 12-3 所示.若电流 I 流过厚度为 d 的矩形半导体薄片，且磁场 B 垂直作用于该半导体，由于洛伦兹力的作用，电流方向会发生改变，这一现象称为霍尔效应，在薄片两个横向面 a 和 b 之间产生的电势差称为霍尔电势.该电势同时垂直于电流 I 及磁场 B 的方向.

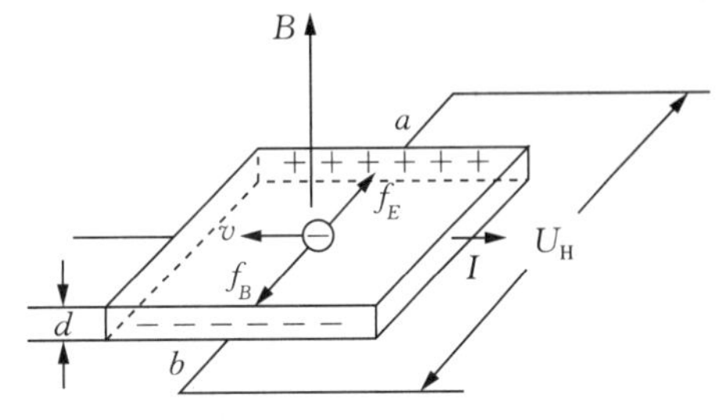

图 12-3 霍尔效应原理图

霍尔电势差是这样产生的：当电流 I_H 通过霍尔元件(假设为 P 型)时，空穴有一定的漂移速度 v，垂直磁场对运动电荷产生一个洛仑兹力，其大小为

$$F_B = qvB \tag{12-2}$$

式中，q 为电子电荷，洛仑兹力使电荷产生横向偏转，由于样品有边界，偏转的载流子将在边界积累起来，产生一个横向电场 E，直到电场对载流子的作用力 $F_E = qE$ 与磁场作用的洛仑兹力相抵消为止，即

$$qvB = qE \tag{12-3}$$

这样电荷在样品中流动时不再偏转，霍尔电势差就是由这个电场建立起来的.

如果是 N 型样品，则横向电场与前者相反，所以，N 型样品和 P 型样品的霍尔电势差有不同的符号，据此可以判断霍尔元件的导电类型.

设P型样品的载流子浓度为 p，宽度为 b，厚度为 d，通过样品的电流为 $I_H=pqvbd$，则空穴的速度为 $v=I_H/(pqbd)$，代入(2-3)式，有

$$E=vB=\frac{I_H B}{pqbd} \tag{12-4}$$

上式两边各乘以 ω，便得到

$$U_H=E\omega=\frac{I_H B}{pqd}=R_H\frac{I_H B}{d} \tag{12-5}$$

其中，$R_H=\frac{1}{pq}$ 称为霍尔系数，在应用中一般写成

$$U_H=K_H I_H B \tag{12-6}$$

比例系数 $K_H=R_H/d=1/(pqd)$，称为霍尔元件的灵敏度，单位为 mV/(mA · T).一般要求 K_H 愈大愈好.K_H 与载流子浓度 p 成反比，半导体内载流子浓度远比金属载流子浓度小，所以，都用半导体材料作为霍尔元件.K_H 与材料片的厚度 d 成反比，为了增大 K_H 值，霍尔元件都做得很薄，一般只有 0.2 mm 厚.由(12-5)式可以看出，知道霍尔片的灵敏度 K_H，只要分别测出霍尔电流 I_H 及霍尔电势差 U_H，就可以算出磁场强度 B 的大小，这就是霍尔效应测量磁场的原理.

【实验仪器】

DH-4501D 型亥姆霍兹线圈磁场实验仪(图 12-4).

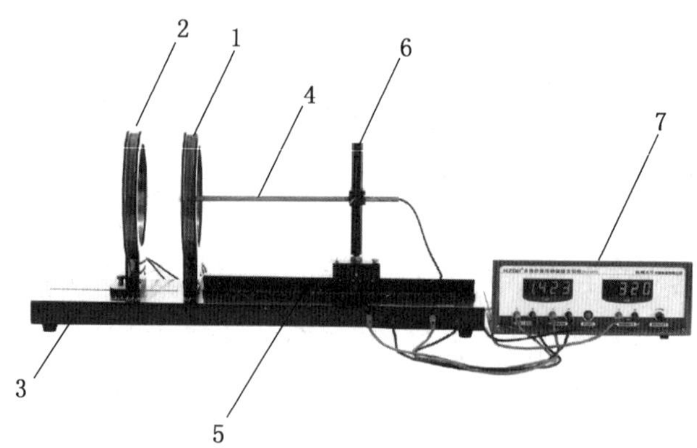

1-固定的亥姆霍兹线圈；2-移动的亥姆霍兹线圈；3-测试架底板；4-传感器探头和固定铜杆；5-导轨；6-标杆；7-亥姆霍兹线圈磁场实验仪

图 12-4　亥姆霍兹线圈磁场实验仪

【实验内容】

1. 测量载流圆线圈轴线上磁场的分布

(1) 在开机前先将励磁电流调节到最小，即：按照面板上指示方向，将电位器调节到最小，以防止冲击电流将霍尔传感器损坏.仪器使用前，先开机预热 10 min.在这段时

间内，请使用者熟悉亥姆霍兹线圈测试架和磁场测量仪的构成、各个接线端子的正确连线方法，以及仪器的正确操作方法.集成霍尔传感器探头固定在测试架移动平台上.出厂时霍尔片平面已调到与线圈轴线垂直，调节 DH-4501D 型亥姆霍兹线圈磁场实验仪的电流，使励磁电流 $I=0.000$ A.在线圈磁场强度等于零的条件下，把微特斯拉计调零(目的是消除地磁场和其他环境杂散干扰磁场以及不平衡电势的影响)，这样微特斯拉计就校准好了.**注意：如果测量过程中改变了测试架方向，需重复调零步骤.**

(2) DH-4501D 型亥姆霍兹线圈磁场实验仪测试架上两个线圈均可以移动，将铜管位置放在 R 处；Y 轴向坐标置于标尺"0"处，并紧固螺母，这样使霍尔元件位于亥姆霍兹线圈轴线上.

(3) 使励磁电流 $I=0.320$ A.以圆电流线圈中心为坐标原点，每隔 1.0 cm 测一个 B 值，在测量过程中注意保持励磁电流值不变.

(4) 把测试数据记录到表 12-1 中.在方格纸上画出 $B\sim X$ 曲线.

2. 测量亥姆霍兹线圈轴线上磁场的分布

(1) 参照上面步骤，测量前将亥姆霍兹线圈的距离设为 R(即 100 mm 处)；铜管位置放在 R 处；Y 向导轨置于"0"，并紧固相应的螺母，这样使霍尔传感器位于亥姆霍兹线圈轴线上.

(2) 把两个圆电流线圈串联起来(注意极性不要接反)，接到磁场测试仪的输出端钮.调节电流输出，使励磁电流 $I=0.320$ A.以两个圆线圈中心连线上的中点为坐标原点，每隔 1.0 cm 测一个 B 值.

(3) 把测试数据记录到表 12-2 中.在方格纸上画出 $B\sim X$ 曲线.

【数据与结果】

1. 载流圆线圈轴线上磁场分布的测量数据记录

设载流圆线圈中心为坐标原点.列表记录实验数据，表 12-1 中包括测试点位置、数字式微特斯拉计读数 B 值，并在表 12-1 中表示出各测试点对应的理论值.在同一坐标纸上画出实验曲线与理论曲线.

表 12-1　载流圆线圈(左)轴线上磁场分布的数据记录(左线圈位于 $R/2$ 处，探测器位于 R 的位置)

刻度尺读数(10^{-2} m)	−12.0	−11.0	−10.0	−9.0	−8.0	−7.0	−6.0
磁感应强度 B(μT)							
$B=\frac{\mu_0 N_0 IR^2}{2(R^2+X^2)^{3/2}}$($\mu$T)							
相对误差(%)							
刻度尺读数(10^{-2} m)	−5.0	−4.0	−3.0	−2.0	−1.0	0.0	1.0
磁感应强度 B(μT)							
$B=\frac{\mu_0 N_0 IR^2}{2(R^2+X^2)^{3/2}}$($\mu$T)							
相对误差(%)							

续表

刻度尺读数(10^{-2} m)	2.0	3.0	4.0	5.0	6.0	7.0	8.0
磁感应强度 B(μT)							
$B=\frac{\mu_0 N_0 IR^2}{2(R^2+X^2)^{3/2}}$($\mu$T)							
相对误差(%)							
刻度尺读数(10^{-2} m)	9.0	10.0	11.0	12.0	/	/	/
磁感应强度 B(μT)					/	/	/
$B=\frac{\mu_0 N_0 IR^2}{2(R^2+X^2)^{3/2}}$($\mu$T)					/	/	/
相对误差(%)					/	/	/

2. 亥姆霍兹线圈轴线上磁场分布的测量数据记录

设两线圈圆心连线中点为坐标原点.列表记录实验数据，表 12-2 中包括磁场分布.在方格坐标纸上画出 $B \sim X$ 实验曲线.

表 12-2　亥姆霍兹线圈轴线上磁场分布数据记录(左线圈位于 R 处，探测器位于 R 的位置)

刻度尺读数(10^{-2} m)	−12.0	−11.0	−10.0	−9.0	−8.0	−7.0	−6.0	−5.0	−4.0
磁感应强度 B(μT)									
刻度尺读数(10^{-2} m)	−3.0	−2.0	−1.0	0.0	1.0	2.0	3.0	4.0	5.0
磁感应强度 B(μT)									
刻度尺读数(10^{-2} m)	6.0	7.0	8.0	9.0	10.0	11.0	12.0	/	/
磁感应强度 B(μT)								/	/

【思考题】

1. 为什么在测量直流磁场时，必须考虑地球磁场对被测磁场的影响?

2. 亥姆霍兹线圈是怎样组成的? 有哪些基本条件? 磁场分布特点是什么样的? 改变两圆线圈间距后，线圈轴线上的磁场分布情况如何?

3. 试分析载流圆线圈磁场分布的理论值与实验值误差产生的原因.

实验 13　直流电桥测电阻

电学中电阻按阻值的大小一般分为 3 类:阻值在 1 Ω 以下的称为低值电阻;在 1 Ω 到 1 MΩ 之间的为中值电阻;1 MΩ 以上的为高值电阻.阻值范围不同的电阻,测量方法也有所不同.例如,直流单电桥(又称惠斯通电桥)测中值电阻时,可以忽略导线本身的电阻和接点处的接触电阻(称为附加电阻)的影响,但用它测低值电阻时,这一附加电阻就不能忽略了.一般来说,这种附加电阻值约为 10^{-3} Ω,若所测低值电阻为 0.01 Ω,则附加电阻的影响可达 10%左右.如果低值电阻在 0.001 Ω 以下,就无法得出正确的测量结果.开尔文对直流单电桥加以改进而形成的直流双电桥(又称开尔文电桥),消除了这种附加电阻的影响.

电桥是一种利用电位比较的方法进行测量的仪器,因为具有很高的灵敏度和准确性,在电测技术和自动控制测量中应用极为广泛.电桥可分为直流电桥与交流电桥.直流电桥又分直流单电桥和直流双电桥.直流单电桥(惠斯通电桥)适于测量 10～10^6 Ω 的中值电阻;直流双电桥(开尔文电桥)适于测量 10^{-5}～10 Ω 的低值电阻.

【实验目的】

(1) 了解直流单电桥和双电桥的结构及工作原理.

(2) 掌握直流单电桥和双电桥测电阻的方法.

【实验原理】

1. 用直流单电桥测电阻的原理

直流单电桥是最常用的直流电桥,由 3 个精密电阻及 1 个待测电阻组成 4 个桥臂,如图 13-1 所示.对角 A 和 C 两端接电源,B 和 D 之间连接一个检流计作"桥",直接比较两端的电位.当电桥达到平衡时,桥两端 B 和 D 的电位相等,流过检流计的电流 $I_g=0$. 此时可得到如下两个电路方程:

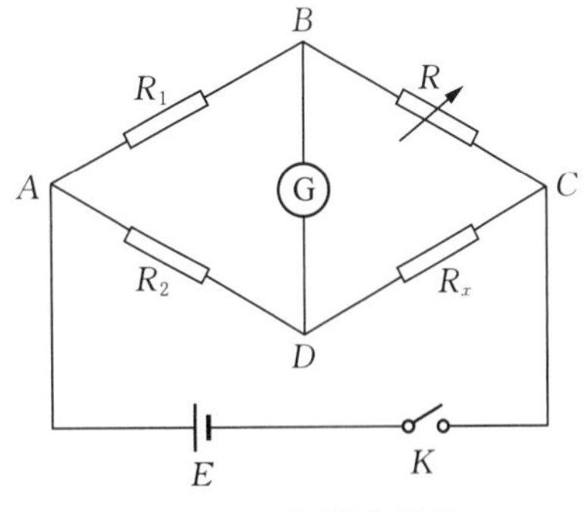

图 13-1　单臂电桥原

$$I_1R_1=I_2R_2$$
$$I_1R=I_2R_x$$

解得$\dfrac{R_x}{R}=\dfrac{R_2}{R_1}$.

若已知其中 3 个臂的电阻,就可以计算出第 4 个桥臂的电阻,

$$R_x=\frac{R_2}{R_1}R=CR$$

2. 用直流双电桥测低电阻的原理

用单电桥测几欧姆以下的低电阻时，由于引线电阻和接触电阻 $r(1\times10^{-2}\sim1\times10^{-4}\ \Omega)$ 不可忽略，致使测量值误差较大.改进办法是将其中的低电阻桥臂改为四线接法，并增接一对高电阻，如图 13-2 所示.

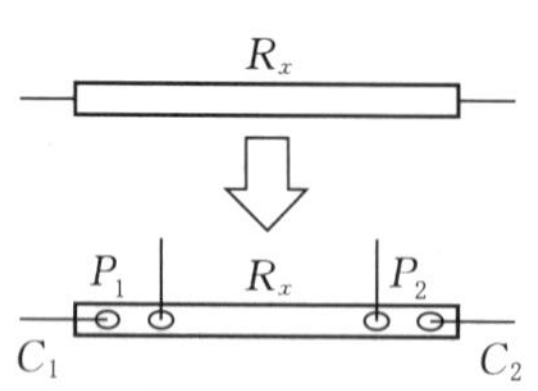

图 13-2　四线接法

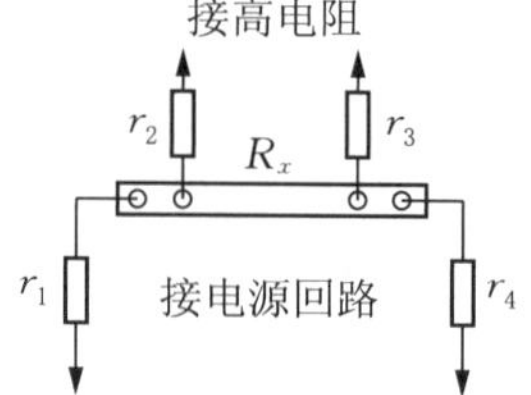

图 13-3　四线接法等效电路图

改用四线接法后的等效电路如图 13-3 所示.r_1 和 r_4 串联在电源回路中，其影响可忽略；r_2 和 r_3 接高电阻，其影响也可忽略.

实际的电路如图 13-4 所示.当电桥达到平衡时，桥两端的电位相等，流过检流计的电流 $I_g=0$，此时可得到如下 3 个电路方程：

$$I_3R_x+I_2R_2'=I_1R_2$$
$$I_3R+I_2R_1'=I_1R_1$$
$$I_2(R_2'+R_1')=(I_3-I_2)r$$

由电路方程解得

$$R_x=\frac{R_2}{R_1}R+\frac{rR_1'}{R_1'+R_2'+r}\left(\frac{R_2}{R_1}-\frac{R_2'}{R_1'}\right)$$

与高值电阻相比，为了使 r 尽量小，将两对比率臂做成联动机构，尽量使 $\frac{R_2'}{R_1'}=\frac{R_2}{R_1}$.

$$R_x=\frac{R_2}{R_1}R=CR,\qquad C=\frac{R_2}{R_1}$$

经过以上改进，双臂电桥巧妙地将待测电阻 R_x 和标准电阻 R 的接触电阻转移到电源内阻和桥臂电阻上，尽量消除引线接触电阻产生的系统误差，保证了测量低阻值电阻时的准确度.

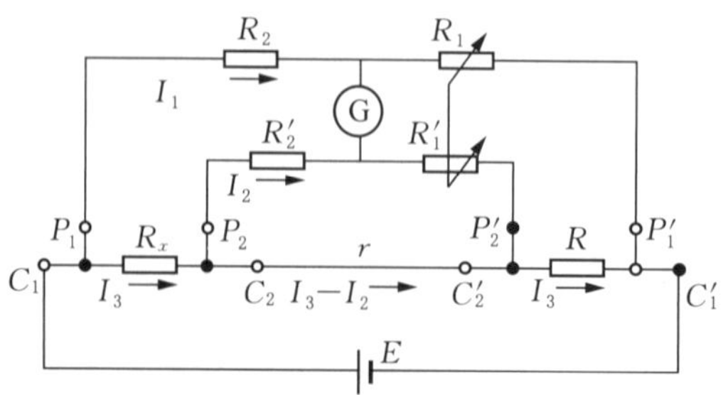

图 13-4　双臂电桥原理图

【实验仪器】

1. QJ-23 型携带式直流单电桥

QJ-23 型携带式直流单电桥的外形及其内部结构电路分别如图 13-5 和图 13-6 所示.

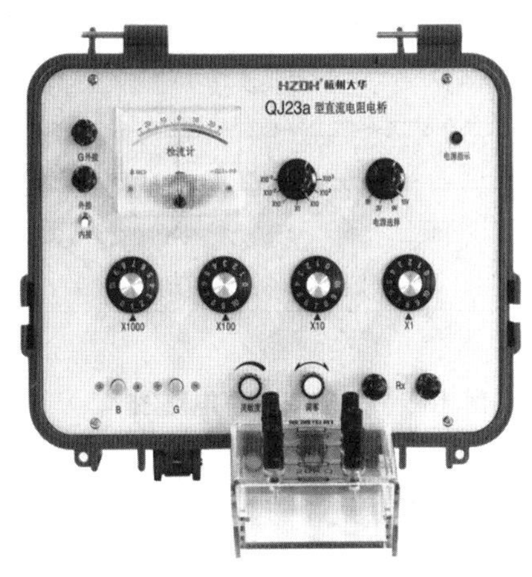

图 13-5　QJ-23a 型直流单电桥

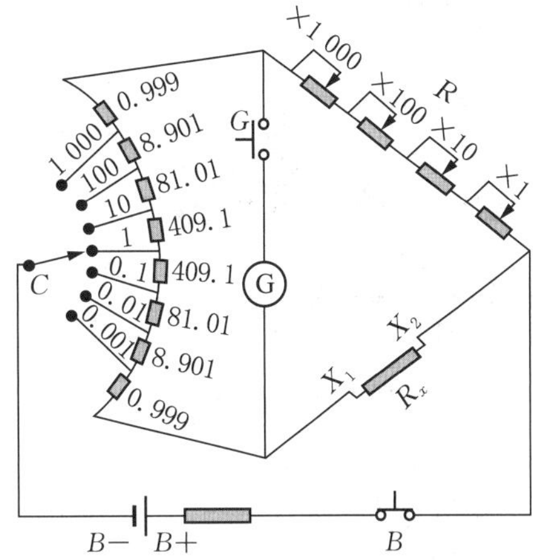

图 13-6　直流单电桥电路图

(1) 比率臂 $C=R_2/R_1$，分为 0.001，0.01，0.1，1，10，100，1 000 共 7 档.

(2) 测量盘 R 由 4 个十进位电阻盘组成，分别为×1 000，×100，×10，×1.

(3) 端钮 R_x 接被测电阻.G 为外接检流计接线端，若使用内置检流计，则应将相应的转换开关打向“内接”.

(4) 检流计 G 用作电桥平衡指示器，在使用前应先调零.

(5) 若长时间通电对电阻有热效应；非瞬时过载对检流计也易造成损坏.所以，在实验中应先按电源开关 B 按钮后，再按检流计开关 G 按钮.断开时，必须先断开 G 后断开 B，并应跃按，以尽量避免按钮 B 和 G 被锁住.

QJ-23a 型直流单电桥的面板如图 13-7 所示.

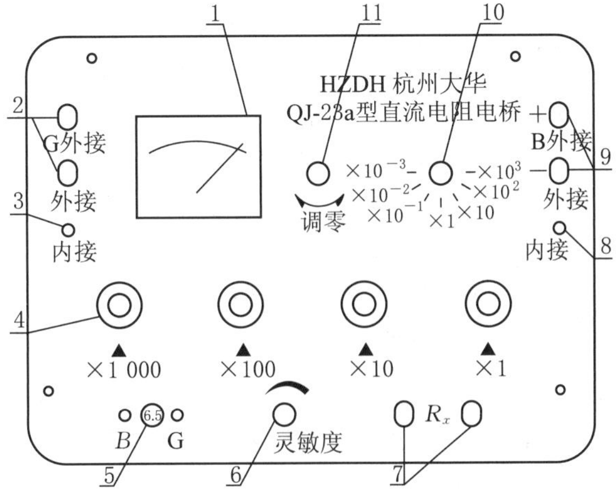

1-指零仪；2-外接指零仪接线端钮；3-内外接指零仪转换开关；4-测量盘；5-电源按键(B)，检流计按键(G)；6-指零仪灵敏度调节；7-被测电阻接线端钮(R_x)；8-内、外接电源转换开关；9-外接电源接线端钮；10-量程倍率开关；11-指零仪零位调整器

图 13-7　QJ-23a 型直流单电桥面板图

2. QJ-44 型携带式直流双电桥

QJ-44 型携带式直流双电桥的外形及其内部结构分别如图 13-8 和图 13-9 所示.

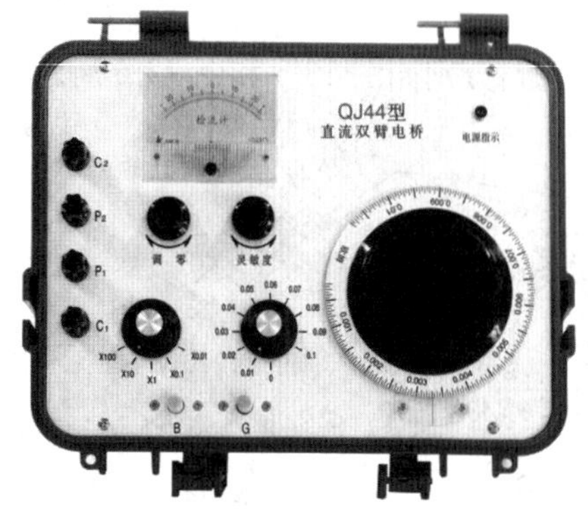

图 13-8　QJ-44 型直流双电桥

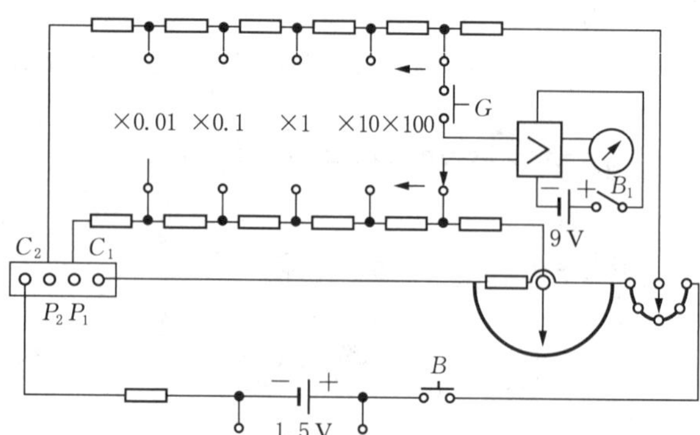

图 13-9　直流双电桥电路图

(1) 比率 $C=R_2/R_1$,分为×0.01, ×0.1, ×1, ×10, ×100 共 5 档.

(2) 测量盘 R 的粗调盘有 0.01~0.1 共 10 档,细调盘从 0.000 0~0.001 连续可调,平衡后读数应再估读 1 位,读到小数点后第 5 位数字.

(3) 高灵敏度检流计由放大器和电流表组成.灵敏度旋钮逆时计转到头为迟钝位置,顺时针转到头为最灵敏位置.测量前检流计先调整零点.

(4) 本实验采用外接市电供电,电源开关 B 和检流计开关 G 按钮宜跃按,使用方式同直流单电桥.

(5) 待测低电阻必须采用四端接法,C_1, C_2, P_1, P_2 一一对应连接.

QJ-44 型直流双电桥的面板如图 13-10 所示.

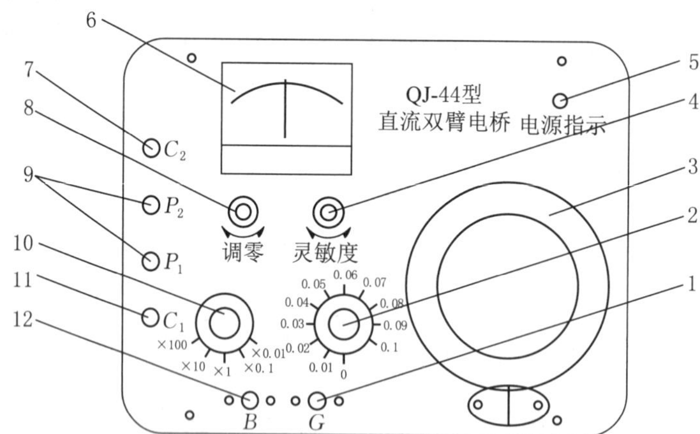

1-检流计按钮开关;2-步进读数开关;3-滑线读数盘;4-检流计灵敏度调节旋钮;5-电源指示灯;6-检流计;7 和 11-被测电阻电流端接线柱;8-检流计电气调零旋钮;9-被测电阻电位端接线柱;10-倍率开关;12-电桥工作电源按钮开关.

图 13-10　QJ-44 型直流双臂电桥面板图

【实验内容】

1. 直流单电桥测电阻

(1) 测量前接好电源,调节检流计零点,连接好待测电阻.

(2) 预置 C 和 R.根据待测电阻的标称值(或大约值)及 $R_x=CR$ 的关系,将 R 盘置为千位数,再确定 C 的大小.如欲测 100 Ω 的电阻,将 R 置于“1 000”, C 选“0.1”,可测出 4 位有效位数.

(3) 跃按 B 和 G 按钮,调节测量盘 R 直到平衡,记录下测量盘 R 值.

(4) 稍微改变 R 值,记下 ΔR,同时,观察检流计并记下指针偏转的格数 Δd.

(5) 将所得数据填入表 13-3.

(6) 实验完毕,切断电源,整理还原好仪器.

2. 直流双电桥测低电阻

(1) 测量前接好电源,灵敏度旋钮逆时针调到最小,调节检流计零点.

(2) 预置 C 和 R.选择原则也是使有效位数尽量多,并且使 $R_x=CR$.

(3) 从灵敏度最迟钝位置测起,跃按 B 和 G 按钮,先调节 R 粗调盘,再调细调盘,逐步提高灵敏度,使检流计偏转到 10～20 左右,再调整细调盘使之平衡,直到最大灵敏度时测得平衡值 R 为准确值.同时,注意检查此时的检流计零点.

(4) 实验完毕,切断电源,整理还原好仪器.

【实验结果与数据处理】

1. 电桥测量电阻的不确定度

单、双电桥的准确度等级指数 α,主要反映电桥中各种标准电阻的准确度,还与电桥测量电阻时的测量范围、工作电源电压和比率臂倍率等条件有关.具体取值见表 13-1 和表 13-2.

(1) 用 QJ-23 型单电桥测量电阻时,在其规定的使用条件下,电桥的基本误差限为

$$E_{\lim}=\alpha\%C(R+1)$$

表 13-3 QJ-23 型单电桥各测量范围的准确度等级及工作电压选取参考表

倍率 C	量　程	准确度等级(%)		电源电压(V)
		α	α_1	
×0.001	(1～11.11)Ω	0.5	0.5	3～4.5
×0.01	(10～111.1)Ω	0.2	0.2	
×0.1	(100～1 111)Ω	0.1	0.1	
×1	(1～5)kΩ	0.1		
	(5～11.11)kΩ	0.1		
×10	(10～50)kΩ	0.2		9
	(50～111.1)kΩ	1		
×100	(100～500)kΩ	2	0.2	15
	(500～1 111)kΩ	5		
×1 000	(1～11.11)MΩ	20	0.5	

注:α 用内附检流计测量时的准确度等级;α_1 用外接检流计测量时的准确度等级.

用电桥测电阻时,如果不符合测量范围或电源、检流计等条件,电桥测量判断平衡时不“灵敏”,测量不确定度会增大.所以,电桥测量电阻时的误差还应包括电桥的灵敏阈.在实验中,能够引起仪表显示值发生可觉察变化的被测物理量的最小变化量叫做仪器的灵敏阈(也叫分辨率).本实验以检流计偏转 0.2 分格所对应的待测电阻变化值作为电桥的灵敏阈,当所用电桥灵敏阈越低时,测量的精度越高.单电桥灵敏阈计算公式为

$$\Delta_s = 0.2C\Delta R/\Delta d$$

式中,ΔR 为电桥调试测量盘达到平衡后,人为地使测量盘改变的电阻值(一般改变几欧到几十欧),此时检流计指针所对应的偏转格数为 Δd.

所以,单电桥测量电阻的总不确定度为

$$\Delta_{R_x} = \sqrt{E_{\lim}^2 + \Delta_s^2}$$

(2) 用 QJ-24 型双电桥测量电阻时,在其规定的使用条件(表 13-1)下,双电桥的基本误差限为

$$E_{\lim} = \pm \alpha\%(CR + 0.01C)$$

表 13-1 QJ-24 型双电桥各测量范围的准确度等级及比率臂倍率选取参考表

比率臂倍率 C	测量范围	准确度等级
×100	(1～11)Ω	0.2
×10	(0.1～1.1)Ω	0.2
×1	(0.01～0.11)Ω	0.2
×0.1	(0.001～0.011)Ω	0.5
×0.01	(0.000 1～0.001 1)Ω	1

用双电桥在测量电阻时,其检流计是通过放大电路工作的,具有很高的灵敏度,由灵敏阈所引起的测量误差可以忽略,即

$$\Delta_s \approx 0$$

所以,双电桥测量电阻时的总不确定度为

$$\Delta_{R_x} \approx E_{\lim} = \pm \alpha\%(CR + 0.01C)$$

2. 数据处理样表

(1) 直流单电桥(表 13-2).

表 13-2 直流单电桥实验数据

电阻标称值(Ω)			
电源电压 E(V)			
比率臂读数 C			
准确度等级指数 α			

续表

平衡时测量盘读数 $R(\Omega)$			
平衡后将测量盘的示值变化 $\Delta R(\Omega)$			
与 ΔR 对应的检流计偏转格数 $\Delta d(\mathrm{div})$			
测量值"CR"(Ω)			
$[E_{\mathrm{lim}}=(\alpha\%)C(R+1)](\Omega)$			
$(\Delta_s=0.2C\Delta R/\Delta d)(\Omega)$			
$(\Delta_{Rx}=\sqrt{E_{\mathrm{lim}}^2+\Delta_s^2})(\Omega)$			
$(R_x=CR\pm\Delta_{Rx})(\Omega)$			

(2) 直流双电桥(表 13-3).

表 13-3　直流双电桥实验数据

电阻标称值(Ω)			
比率臂读数 C			
准确度等级指数 α			
平衡时测量盘读数 $R(\Omega)$			
测量值"CR"(Ω)			
$\Delta_{Rx}=(\alpha\%)(CR+0.01C)(\Omega)$			
$(R_x=CR\pm\Delta_{Rx})(\Omega)$			

【思考题】

1. 为什么用单电桥测电阻一般比伏安法测量的准确度高?

2. 为什么单电桥测电阻选取比率臂的时候,应该尽可能用上"×1 000 Ω"的测量盘?

3. 直流双电桥和直流单电桥在结构上有什么不同? 为什么前者更适合低值电阻的测量?

实验 14　RC 串联电路暂态过程的研究

RC 串联电路在接通或断开直流电源的瞬间，相当于受到阶跃电压的影响，电路对此要作出响应，会从一个稳定态转变到另一个稳定态，这个转变过程称为暂态过程.此过程变化快慢是由电路中各元件的量值和特性决定的，描述暂态变化快慢的特性参数是放电电路的时间常数或半衰期.

一个实际电路总可简化成某种等效电路，常见的等效电路有 RC 或 RLC 电路.本实验研究 RC 串联电路在暂态过程中，不同参数对电流、电压的影响.通过对暂态过程的研究，可以积极控制和利用暂态现象.

研究 RC 串联电路暂态过程通常用直流法或交流法.直流法包括冲击法和电压法，交流法中有示波器观测法.

RC 串联电路的暂态特性在电路中有许多用途，如可起延迟作用、积分作用、耦合作用、隔直作用等.

【实验目的】

(1) 学习如何通过实验方法研究有关 RC 串联电路的暂态过程.

(2) 通过研究 RC 串联电路暂态过程，加深对电容特性的认识，以及对 RC 串联电路特性的理解.

(3) 提高对 RC 串联电路暂态过程的分析技能.

【实验原理】

1. RC 串联电路的充放电过程

在由电阻 R 及电容 C 组成的直流串联电路(图 14-1)中，暂态过程即电容器的充放电过程.当开关 K 打向位置 1 时，电源对电容器 C 充电，直到其两端电压等于电源 E.这个暂态变化的具体数学描述为 $q=CU_C$，而 $i=\mathrm{d}q/\mathrm{d}t$，故

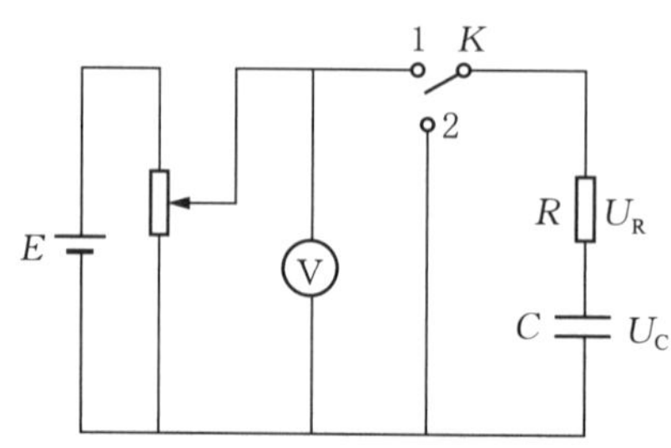

图 14-1　**RC 串联电路**

$$i=\frac{\mathrm{d}q}{\mathrm{d}t}=C\frac{\mathrm{d}U_C}{\mathrm{d}t} \tag{14-1}$$

$$U_C+iR=E \tag{14-2}$$

将(14-1)式代入(14-2)式,得

$$\frac{\mathrm{d}U_C}{\mathrm{d}t}+\frac{1}{RC}U_C=\frac{1}{RC}E \tag{14-3}$$

考虑到初始条件 $t=0$ 时,$U_C=0$,得到方程的解:

$$\begin{cases}U_C=E[1-\mathrm{e}^{(-t/RC)}]\\ i=\dfrac{E}{R}\mathrm{e}^{(-t/RC)}\\ U_R=E-U_C=E\mathrm{e}^{(-t/RC)}\end{cases} \tag{14-4}$$

上式表示电容器两端的充电电压是按指数增长的一条曲线,稳态时电容两端的电压等于电源电压 E,如图 14-2(a)所示.式中 $RC=\tau$ 具有时间量纲,称为电路的时间常数,是表征暂态过程进行快慢的一个重要物理量,电压 U_C 上升到 $0.63E$,所对应的时间即为 τ.

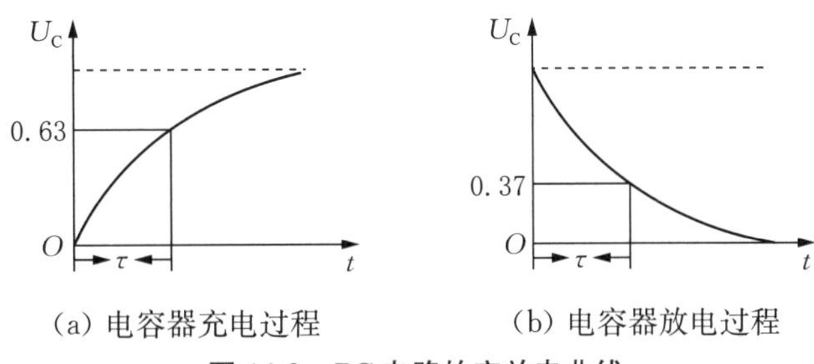

(a) 电容器充电过程　　(b) 电容器放电过程

图 14-2　*RC* 电路的充放电曲线

当把开关 K 打向位置 2 时,电容 C 通过电阻 R 放电,放电过程的电路方程为

$$U_C+iR=0 \tag{14-5}$$

将 $i=C\dfrac{\mathrm{d}U_C}{\mathrm{d}t}$ 代入上式得

$$\frac{\mathrm{d}U_C}{\mathrm{d}t}+\frac{1}{RC}U_C=0 \tag{14-6}$$

由初始条件 $t=0$ 时,$U_C=E$,解方程得

$$\begin{cases}U_C=E\mathrm{e}^{(-t/RC)}\\ i=-\dfrac{E}{R}\mathrm{e}^{(-t/RC)}\\ U_R=-E\mathrm{e}^{(-t/RC)}\end{cases} \tag{14-7}$$

表示电容器两端的放电电压按指数规律衰减到零,τ 也可由此曲线衰减到 $0.37E$ 所对应的时间来确定.充放电曲线如图 14-2 所示.

2. 半衰期 $T_{1/2}$

与时间常数 τ 有关的另一个在实验中较容易测定的特征值称为半衰期 $T_{1/2}$，即：当 $U_C(t)$ 下降到初值(或上升至终值)一半时所需要的时间，它同样反映了暂态过程的快慢程度，与 t 的关系为

$$T_{1/2}=\tau\ln 2=0.693\tau(\text{或 }\tau=1.443T_{1/2})$$

【实验仪器】

各种不同量值的电阻和电容、数字电压表、稳压电源、示波器、开关、秒表等.

【实验内容】

根据实验室提供的电学元件和仪器(秒表、电压表等)，按电路图 14-1 连线，测量 RC 串联电路暂态特性.

(1) 用电压表测 $U_C(t)$(或 $U_R(t)$)来研究 RC 串联电路充放电电压(或电流)曲线.

(2) 研究不同 R(或 C)的 RC 串联电路的各种特性.

(3) 由实验测量 $T_{1/2}$，并计算时间常数 τ，将此值与由理论公式求得的 τ 值进行比较.

(4) 用示波器观察 RC 串联电路的充放电电压曲线和时间常数.

(5) 用示波器观察方波作用下的 RC 串联电路波形，进一步研究电容的充放电特性.

(6) 用计算机进行辅助设计，选择最佳的实验方案，最终由实验验证设计的合理性和正确性.

【实验结果与数据处理】

1. 记录实验电路中所使用的电阻和电容的标称值，利用理论公式求 τ.

$R_{标称}=$________，　$C_{标称}=$________，　$\tau_{标称}=$________.

2. 测量并绘制 RC 串联电路中电容的充、放电电压曲线 $U_C\sim t$，将实验数据填入表 14-1.

表 14-1　*RC* 直流充、放电过程电压数据表

充电	t(s)									
	U_C(V)									
放电	t(s)									
	U_C(V)									

3. 测量并绘制 RC 串联电路中电容的充、放电电流曲线 $I\sim t$，将实验数据填入表 14-2.

表 14-2　*RC* 直流充、放电过程电流数据表

充电	t(s)									
	I(A)									
放电	t(s)									
	I(A)									

4. 利用图解法求充、放电时间常数 τ_1 和 τ_2.

5. 绘制 $\ln(E-U_C)\sim t$ 曲线,根据直线斜率 $K=\frac{1}{\tau}$,求出时间常数 τ_1 和 τ_2.

6. (设计拓展试验)用示波器观察输入方波时的暂态过程:在计算机上模拟不同的方波频率作用下,不同电路参数时的充放电曲线.根据输出信号的要求,选择适当的参数输入计算机进行模拟,直至选出最佳的参数.

【实验思考题】

1. τ 值的物理意义是什么? 如何测量 RC 串联电路的 τ 值?

2. 什么叫半衰期 $T_{1/2}$?

3. 根据电压表、秒表测出的 $T_{1/2}$ 计算 τ 值,与由理论方法算得的 τ 值进行比较,分析其误差较大的原因.

4. 选用示波器研究 RC 串联电路暂态过程特性的电路应如何连接?

实验15　声速的测量

声波是一种在弹性媒质中传播的纵波.对超声波(频率超过 2×10^4 Hz 的声波)传播速度的测量,在超声波测距、测量气体温度瞬间变化等方面具有重大意义.

【实验目的】

(1) 了解声波在空气中传播速度与气体状态参量的关系.

(2) 了解超声波的产生和接收原理.

(3) 学习用相位法测量超声波在空气中传播速度的方法.

【实验原理】

声波的传播速度 v 与声波频率 f 及波长 λ 的关系为

$$v=f\cdot\lambda \tag{15-1}$$

测出声波的频率和波长,就可以求出声速,其中,超声波的频率可从信号发生器中的频率显示读出,超声波的波长可用相位法测出.

产生和接收超声波是用超声波传感器,其中的压电陶瓷晶片是传感器的核心,声速测量仪的发射器和接收器都是超声波传感器.当一交变正弦电压信号加在发射器上时,由于压电晶片的逆压电效应,产生机械振动,发生超声波.可移动的压电超声波接收器,由于压电晶片的正压电效应,将接收的声振动转化为电振动信号.本实验中压电陶瓷晶片的固有频率约为 37 kHz,当正弦电压信号的频率调节到 37 kHz 时,传感器发生共振,输出的超声波能量最大.在 37 kHz 附近微调外加电信号的频率,当接收传感器输出的电信号幅度达到最大时,可以判断电信号与发射传感器已达到共振.

沿着波的传播方向上任何两个相位差为 2π 的整数倍位置之间的距离等于波长的整数倍,即 $l=n\lambda$(n 为正整数).沿传播方向移动接收器,总可以找到一个位置,使得接收器的信号与发射器的激励信号同相.继续移动接收器,接收的信号再一次和发射器的激励信号同相时,移过的这段距离必然等于超声波的波长.

为了判断相位差,可根据两个相互垂直的简谐振动的合成所得到的李萨如图形来测定.将正弦电压信号加在发射器上的同时,接入示波器的 X 输入端,将接收器接收到的电振动信号接到示波器的 Y 输入端.

根据振动和波的理论,设发射器 S_1 处的声振动方程为

$$y_1=A_1\cos(\omega t+\varphi_1) \tag{15-2}$$

若声波在空气中的波长为 λ,则声波沿波线传到接收器 S_2 处的声振动方程为

$$y_2 = A_2\cos(\omega t+\varphi_2) = A_2\cos\left[\omega t+\varphi_1-\frac{2\pi(x_2-x_1)}{\lambda}\right] \tag{15-3}$$

S_1 处和 S_2 处声振动的相位差为

$$\Delta\varphi = \varphi_2-\varphi_1 = -\frac{2\pi(x_2-x_1)}{\lambda} \tag{15-4}$$

负号表示 S_2 处的相位比 S_1 处落后，其值决定于发射器与接收器之间的距离 (x_2-x_1).

示波器 Y 轴和 X 轴的输入信号是两个频率相同、有一定相位差的正弦波，荧光屏上光点的运动则是频率相同、振动方向相互垂直的两个简谐振动的合运动，合运动的轨迹方程为

$$\frac{x^2}{A_1^2}+\frac{y^2}{A_2^2}-\frac{2xy}{A_1A_2}\cos(\varphi_1-\varphi_2) = \sin^2(\varphi_2-\varphi_1) \tag{15-5}$$

该方程是椭圆方程，椭圆的图形由相位差决定.

图 15-1 给出了相位差从 0 到 2π 之间几个特殊值的图形. 假如初始时的图形如图 15-1(a)所示；接收器移动距离为半波长 $\frac{\lambda}{2}$ 时，图形变化为图 15-1(c)；接收器移动距离为一个波长 λ 时，图形变化为图 15-1(e). 所以，通过对李萨如图形的观测，就能确定声波的波长. 在两个信号同相或反相时呈斜直线，可以用来判断相位差的大小，其优点是根据斜直线情况判断相位差最为敏锐.

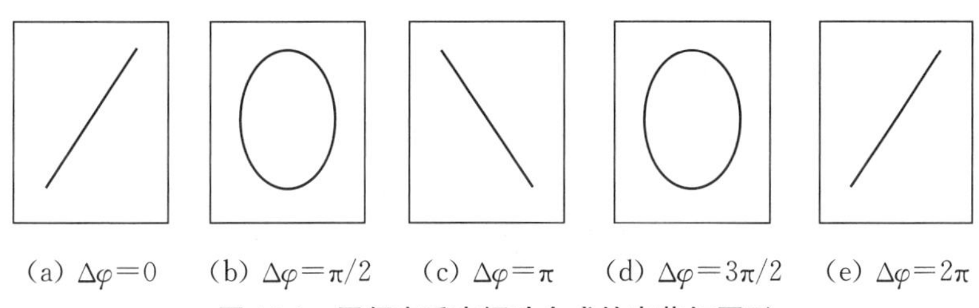

(a) $\Delta\varphi=0$　(b) $\Delta\varphi=\pi/2$　(c) $\Delta\varphi=\pi$　(d) $\Delta\varphi=3\pi/2$　(e) $\Delta\varphi=2\pi$

图 15-1　同频率垂直振动合成的李萨如图形

声速的理论值由下式决定：

$$v_t = \sqrt{\frac{\gamma RT}{\mu}} \tag{15-6}$$

式中，γ 为空气定压比热容与定容比热容之比，R 为摩尔气体常数，μ 为气体的摩尔质量，T 为热力学绝对温度. 在 0 ℃时，声速 $v_0=331.45\ \text{m}\cdot\text{s}^{-1}$，显然在 t ℃时声速的理论计算公式应为

$$v_t = v_0\sqrt{\frac{T}{273.15}} = v_0\sqrt{1+\frac{t}{273.15}} \tag{15-7}$$

【实验仪器】

声速测量仪、示波器、专用信号源、温度计(公用)、导线若干.

（1）声速测量仪.如图 15-2 所示，声速测定仪由发射器、接收器、主尺和带刻度手轮组成.当一交变正弦电压信号加在发射器上时，由于压电晶片的逆压电效应，产生机械振动，发生超声波.可移动的接收器将接收的声振动转化为电振动信号，并输至示波器.转动手轮可移动接收器，接收器的位置由主尺上的读数与手轮上的读数之和决定.

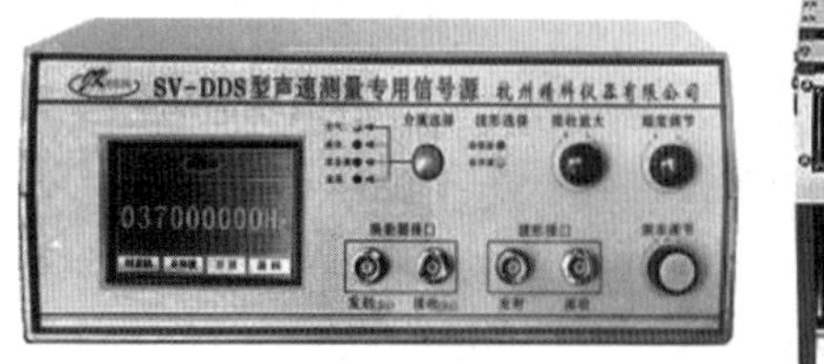

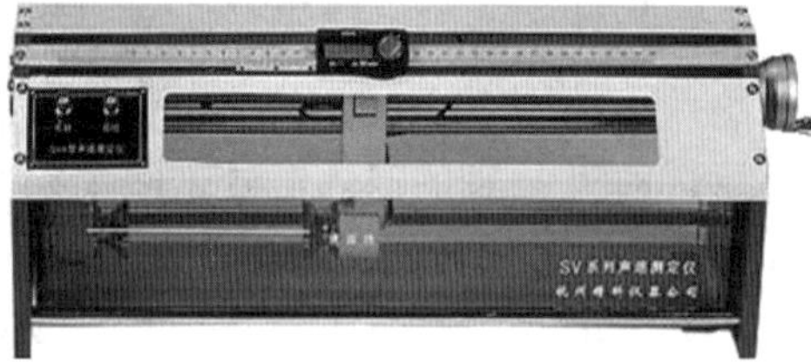

图 15-2　SV-DOS 型声速测定仪

（2）专用信号源.它是一种多功能信号发生器，信号频率范围为 0.001～999 999.999 Hz.只要快速点击屏幕需调整的数字位，或者向里按一下“频率调节”旋钮，再以旋转方式选择调节.

（3）示波器.相关知识参看实验 10“示波器的原理和使用”.

【实验步骤】

1. 声速测量系统的连接.

声速测量时专用信号源、SV4 型声速测定仪、示波器之间的连接方法见图 15-3.

2. 共振频率的调节.

（1）将示波器打到“Y-T”档.

（2）将“发射波形”端接至示波器.调节示波器，能清楚地观察到同步的正弦波信号.

（3）调节专用信号源上的“幅度调节”旋钮，使其输出电压在 $20V_{p\text{-}p}$ 左右.然后将换能器的接收信号接至示波器，在 37 kHz 附近调节频率，观察接收波的电压幅度变化.若接收信号偏小，可调节“接收放大”旋钮，在某一频率点处(34.5～39.5 kHz，因不同的换能器或介质而异)电压幅度最大，此频率即共振频率 f，记录下此频率.

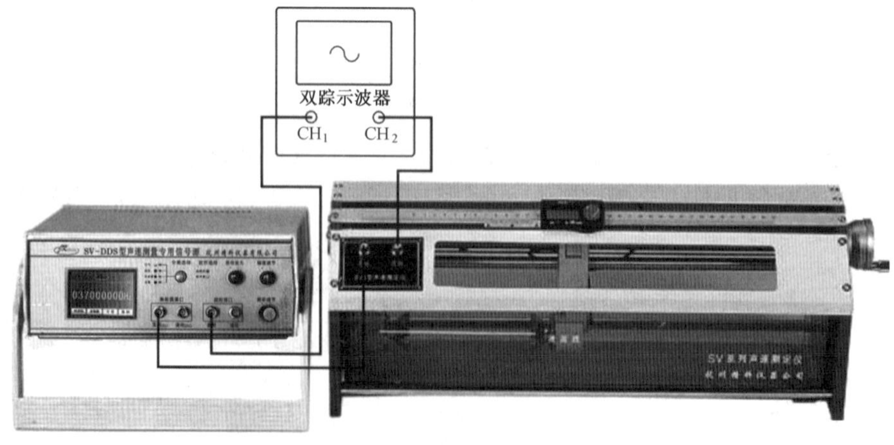

图 15-3　共振法、相位法测量声速线路连接

3. 专用信号源的“连续波”方式.

确定最佳工作频率，双踪示波器接收波接到“CH_1”(X 端)，发射波接到“CH_2”(Y 端)，打到“X-Y”显示方式，适当调节示波器，出现李萨如图形.把移动接收器靠近发射器，然后缓慢向外移动，直至示波器上的李萨如图形呈现一条斜直线为止，记下接收器的位置 x_0.继续缓慢向外移动，直至示波器上再次呈现方位不同的斜直线，记下位置 x_1.连续测出 10 个数据，分别记为 x_0，x_1，x_2，…，x_9.

4. 为了提高精度，可采用逐差法处理数据.用逐差法算出声波波长的平均值，计算声速实验值.

5. 在公用温度计上读得当时的室温，计算该温度下的声速理论值.

6. 计算本实验测量的不确定度及百分误差.

【实验结果与数据处理】

1. 波长的测量

测量波长的数据见表 15-1.

表 15-1　波长测量数据表

输入频率：$f=$________(Hz)，环境温度：$t=$________(℃)

位　置	x_0	x_1	x_2	x_3	x_4	x_5	x_6	x_7	x_8	x_9
	/	\	/	\	/	\	/	\	/	\
标尺读数(mm)										
$\Delta x=\frac{x_{i+5}-x_i}{5}$(mm)	$\frac{x_5-x_0}{5}$		$\frac{x_6-x_1}{5}$		$\frac{x_7-x_2}{5}$		$\frac{x_8-x_3}{5}$		$\frac{x_9-x_4}{5}$	
$\overline{\Delta x}$(mm)					$\lambda=2\cdot\overline{\Delta x}$(mm)					

2. 数据处理

数据处理见表 15-2.

表 15-2　实验结果处理参考表

频率不确定度 Δ_f(Hz)	波长不确定度 Δ_λ(m)	声速实验值 $v_{实}=f\cdot\lambda$ $(\mathrm{m\cdot s^{-1}})$	声速不确定度 Δ_v $(\mathrm{m\cdot s^{-1}})$	声速 $v_{实}\pm\Delta_v$ $(\mathrm{m\cdot s^{-1}})$	声速理论值 $v_{理}$ $(\mathrm{m\cdot s^{-1}})$	误差 $\frac{\lvert v_{实}-v_{理}\rvert}{v_{理}}\times 100\%$
100						

注：$\Delta_\lambda\approx 2\sqrt{\frac{\sum(\Delta x_i-\overline{\Delta x})^2}{n-1}}=$________；

$\Delta_v=v_{实}\sqrt{\left(\frac{\Delta_f}{f}\right)^2+\left(\frac{\Delta_\lambda}{\lambda}\right)^2}=$________；

$v_{理}=331.5\sqrt{\left(1+\frac{t}{273.15}\right)}\,(\mathrm{m\cdot s^{-1}})=$________.

【思考题】

1. 用逐差法处理数据的优点是什么?

2. 为什么在共振状态下测定声速?

3. 在相位比较法中,调节哪些旋钮可改变直线的斜率?调节哪些旋钮可改变李莎如图形的形状?

4. 相位比较法为什么选直线图形作为测量基准?从斜率为正的直线变到斜率为负的直线的过程中相位改变了多少?

阅读材料　历史上是怎样测量声速的

历史上第一次测出空气中的声速,是在公元 1708 年.当时一位英国人德罕姆站在一座教堂的顶楼,注视着 19 公里外正在发射的大炮,他计算大炮发出闪光后到听见轰隆声之间的时间,经过多次测量后取平均值,得到与现在相当接近的声速数据,在 20 ℃时每秒可“跑”343 m.

一个声音产生后,并不会立刻传到你的耳朵,通常要经过一段时间.例如,如果参加一个运动会,坐在离鸣枪的人有一段距离的地方,你会先看到枪冒烟、后听到枪声.这是因为光行进的速度非常快(约 300 000 km/s),而声音的速度就慢得多(约 340 m/s).所以,你会立刻看到枪冒烟,但声音要过一会儿后才会听到.

早期测量声音的速度是利用枪来做实验.帮忙的人要拿着枪站在一个量好的距离处,另一个人就拿着马表站在原点.在看到信号之后,帮忙的人对空鸣枪.在原点的人一看到枪的火花和烟时,就把马表按下来;当他听到枪声时,再按一次马表让它停下来.看到火花和听到枪声之间的时间,就是声音行经这一段量好距离所需的时间,由此算出声音的速度.根据这一原理,你不妨在校运动会时试验一下(利用百米赛跑就可以).

为了测量声音的速度,需要一个马表和一根皮尺.量 500 m 的距离,要尽可能量得准确.你和你的同学分别站在两端:你的同学两手各拿一块大石头(或者锣、鼓,或者干脆拍手;拍手的声音不能太低,否则对方听不到就不好办),你拿一个马表.当你大叫“开始”时,你的同学要把石头举到头顶,尽量大声敲击.当你一看到石头撞在一起,就按下马表.等到你听到石头撞击的声音,再按一下马表让它停下来.时间要记录到 0.1 s.如果能多做几次实验,算出时间的平均值最好.你只要把你和你的同学的距离除以时间,就可以计算出声音的速度.

实验 16　迈克尔逊干涉仪测 He-Ne 激光的波长

迈克尔逊干涉仪是 1883 年美国物理学家迈克尔逊和莫雷合作设计、制作的精密光学仪器.它利用分振幅法产生双光束以实现光的干涉,可以用来观察光的等倾、等厚和多光束干涉现象,测定单色光的波长和光源的相干长度等.在近代物理和计量技术中有广泛的应用.

【实验目的】

(1) 了解迈克尔逊干涉仪的特点,学会调整和使用.

(2) 利用迈克尔逊干涉仪观察干涉现象.

(3) 学习用迈克尔逊干涉仪测量 He-Ne 激光波长的方法.

【实验原理】

1. 迈克尔逊干涉仪干涉原理

如图 16-1 所示,S 为光源,G_1 是分束板,G_1 的一面镀有半反射膜,使照在上面的光线一半反射、另一半透射.G_2 是补偿板,M_1 和 M_2 为平面反射镜.

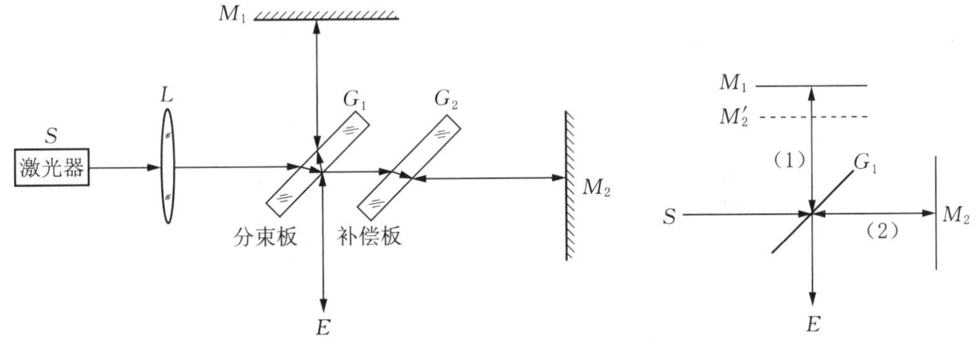

图 16-1　迈克尔逊干涉仪原理图　　　图 16-2　迈克尔逊干涉仪简化光路

光源 He-Ne 激光器 S 发出的光经会聚透镜 L 扩束后,射入 G_1 板,在半反射面上分成两束光:光束(1)经 G_1 板内部折向 M_1 镜,经 M_1 反射后返回,再次穿过 G_1 板,到达屏 E;光束(2)透过半反射面,穿过补偿板 G_2 射向 M_2 镜,经 M_2 反射后,再次穿过 G_2,由 G_1 下表面反射到达屏 E.两束光相遇发生干涉.

G_2 为补偿板,材料和厚度均与 G_1 板相同,且与 G_1 板平行.加入 G_2 板后,使(1)和(2)两光束都经过玻璃 3 次,其光程差就纯粹是因为 M_1 和 M_2 镜与 G_1 板的距离不同而引起.

由此可见,这种装置使用相干的光束在相干之前分别走了很长的路程.为清楚起见,光路可简化为如图 16-2 所示，观察者自 E 处向 G_1 板看去，除直接看到 M_2 镜在 G_1 板的反射像，此虚像以 M_2'表示.对于观察者来说，M_1 和 M_2 镜所引起的干涉，显然与 M_1 和 M_2'之间的空气层所引起的干涉等效.

2. 干涉法测光波波长原理

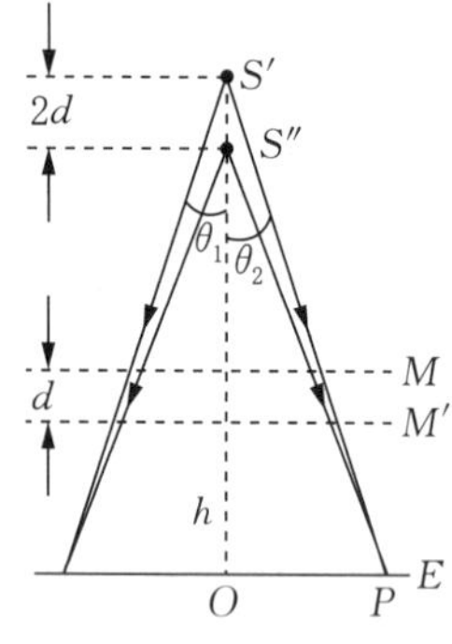

图 16-3　干涉光程计算

考虑 M_1 和 M_2'完全平行、相距为 d 时的情况.点光源 S 在镜 M_1 和 M_2'中所成的像 S'，S''构成相距 $2d$ 的相干光源，光路如图 16-3 所示.设 S''到 O 点的距离为 h.在这种情况下，干涉现象发生在两光相遇的所有空间中，因此，干涉是非定域的.对于屏幕上任意一点 P 处，设 S''到 O 点的距离为 h.两像光源发出的光相遇时的光程差为 δ，P 点处发生相差干涉的条件为

$$\delta=\frac{h+2d}{\cos\theta_1}-\frac{h}{\cos\theta_2}=k\lambda \tag{16-1}$$

由(16-1)式，结合图 16-3 可以看出，保持 h 与 d 不变，令 P 点向外移动时，θ_1 和 θ_2 将增大，对应级次 k 将伴随 δ 减小，所以，中央条纹的级次高.

对于屏幕中心，$\theta_1=\theta_2=0$，(16-1)式可简化为

$$2d=k\lambda \tag{16-2}$$

实验中，d 随 M_1 镜的移动而变化.如图 16-4 所示，伴随 d 的增大，级数 k 随之增大，有新的干涉条纹从中心冒出；伴随 d 的减小，级数 k 随之减小，干涉条纹向中心缩进."冒出"或"缩进"的条纹数 Δk 与 M_1 位置变化 Δd 之间的关系为

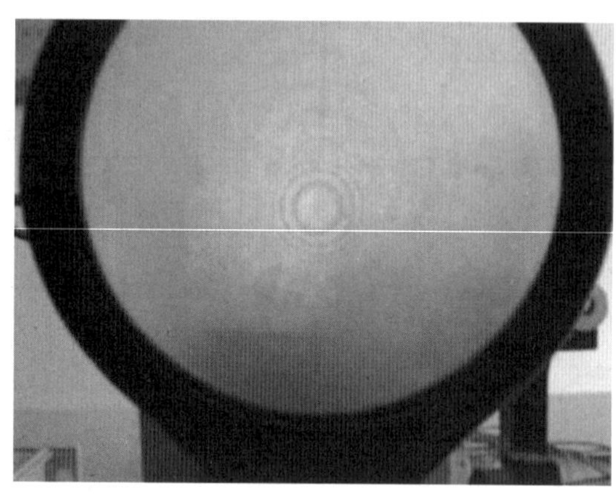

图 16-4　干涉条纹

$$\lambda=2\Delta d/\Delta k \tag{16-3}$$

可见只要测定 M_1 镜的位置改变量 Δd 和相应的级次变化量 Δk，就可以用(16-3)式算出光波波长.

【实验仪器】

WSM-100 型迈克尔逊干涉仪(图 16-5)、HNL-55700 型多光束、He-Ne 激光器.

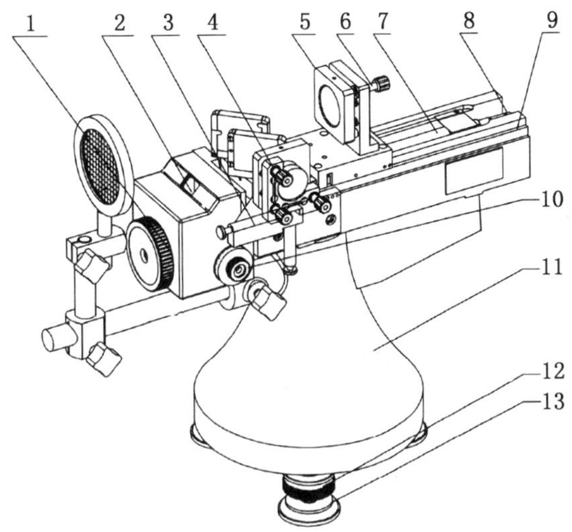

1-粗动手轮；2-刻度盘；3-微调螺丝；4-固定镜 M_2；5-移动镜 M_1；6-调节螺钉；7-丝杆；8-滚花螺母；9-导轨；10-微动鼓轮；11-底座；12-锁紧圈；13-调节螺钉

图 16-5　迈克尔逊干涉仪

【实验内容】

1. 观察干涉现象

在了解迈克尔逊干涉仪的调整和使用方法之后，进行以下操作：

(1) 使 He-Ne 激光束大致垂直于固定镜 M_2，调节激光器高低左右，使反射回来的光束按原路返回.

(2) 转动粗动手轮，将移动镜 M_1 的位置置于机体侧面标尺所示约 52 mm 处，此位置为固定镜 M_2 和移动镜 M_1 相对于分光板的大约等光程位置.从投影屏处观察(此时不放投影屏)，可以看到由 M_1 和 M_2 各自反射的两排光点像.仔细调整 M_1 和 M_2 后的两只调节螺钉，使两排光点像严格重合，这样 M_1 和 M_2 就基本垂直，即 M_1 和 M_2'就互相平行了.装上投影屏，可在屏上观察到非定域干涉条纹，再轻轻调节 M_2 后的调节螺钉，使出现的圆条纹中心处于投影屏中心.

(3) 转动粗动手轮和微动鼓轮，使 M_1 在导轨上移动，并观察干涉条纹的形状、疏密及中心"吞"、"吐"条纹随程差的改变而变化的情况.

2. 测量 He-Ne 激光的波长

(1) 读数刻度基准线零点的调整.将微动鼓轮 10 沿某一方向旋至零.然后以同一方向转动手轮 1 使之对齐某一刻度，以后测量时使用微动鼓轮须以同一方向转动.值得注意的是，微动鼓轮有反向空程差，实验中如需反向转动，要重新调整零点.

(2) 慢慢转动微动鼓轮 10，可观察到条纹一个一个地"冒出"或"缩进"，待操作熟练后开始测量.记下粗动手轮和微动鼓轮上的初始读数 d_o，每当"冒出"或"缩进"$N=50$ 个圆环时记下 d_k.连续测量 9 次，记下 9 个 d_k 值.每测一次算出相应的 $\Delta d=|d_{k+1}-d_k|$，以检验实验的可靠性.

【注意事项】

(1) 注意零点的调节.

(2) 注意避免引入空程差.

(3) 操作时动作要轻,避免损坏仪器.禁止用手触摸光学表面.

【实验结果与数据处理】

1. 将数据平分为两组,用逐差法处理得 Δd,填入表 16-1.

2. 根据 $\lambda=2\Delta d/\Delta k$ 计算 $\bar{\lambda}$,并与标准值(He-Ne 激光波长 $\lambda_0=632.8$ nm)比较,计算百分误差.

表 16-1　数据记录表

"冒出"或"缩进"环数 k	0	50	100	150	200	250	300	350	400	450
鼓轮读数 d_k(mm)										

$$\overline{\Delta d}_{50}=\frac{(d_{450}-d_{200})+(d_{400}-d_{150})+\cdots+(d_{250}-d_0)}{5\times5}=\_\_\_\_\_\_\text{(mm)};$$

$$\lambda=\frac{2\,\overline{\Delta d}_{50}}{50}=\_\_\_\_\_\_\text{(nm)};$$

$$E_\lambda=\frac{|\bar{\lambda}-\lambda_0|}{\lambda_0}\times100\%=\_\_\_\_\_\_.$$

【思考题】

1. 怎样调整仪器才能在迈克尔逊干涉仪上观察等倾干涉条纹?实验中根据什么现象判断确实是等倾条纹?

2. 补偿板起什么作用?没有补偿板可以吗?

3. 如何避免测量过程中的空程差?

4. 在实验中,当等倾干涉条纹从中央"冒出"时,M_1 与 M_2' 是处于相互接近中,还是正在相互远离?为什么?

附　迈克尔逊干涉仪介绍

1. 迈克尔逊干涉仪的结构

如图 16-5 所示,在迈克尔逊干涉仪中,G_1 和 G_2 板已固定(G_1 板后表面、靠 G_2 板一方镀有一层银),M_1 镜的位置可以在 G_1 和 M_1 方向调节.M_2 镜的倾角可由后面的两个螺钉调节,更精细地可由微调螺丝 3 调节,粗动手轮 1 每转一圈 M_1 镜在 M_1 和 M_2 方向平移 1 mm.粗动手轮 1 每圈刻有 100 个小格,故每走 1 格平移为 0.01 mm.而微动鼓轮 10 每转 1 圈粗动手轮 1 仅走 1 格,微动鼓轮 10 每圈又刻有 100 个小格.所以,微动鼓轮 10 每走一格,M_1 镜移动 0.000 1 mm.

2. 迈克尔逊干涉仪的调整

迈克尔逊干涉仪是一种精密、贵重的光学测量仪器,因此,必须在熟读讲义、弄清结构、弄懂操作要点后,才能动手调节、使用.为此特拟以下几点调整步骤及注意事项:

(1) 对照讲义，眼看实物，弄清本仪器的结构原理和各个旋钮的作用.

(2) 水平调节：调节底脚螺钉 13(最好用水准仪放在迈克尔逊干涉仪平台上).

3. 读数系统调节

(1) 粗调：将"手柄"转向下面"开"的部位(使微动蜗轮与主轴蜗杆离开)，顺时针(或逆时针)转动手轮 1，使主尺(标尺)刻度指于 52 mm 左右.

(2) 细调：在测量过程中，只能动微动装置(即鼓轮 10)，而不能动用手轮 1.方法是在将手柄由"开"转向"合"的过程中，迅速转动鼓轮 10，使鼓轮 10 的蜗轮与粗动手轮的蜗杆啮合，这时鼓轮 10 转动，便带动手轮 1 的转动.这可以从读数窗口直接看到.

(3) 调零：为了使读数指示正常，还需调零.先将鼓轮 10 指示线转到和"0"刻度对准(此时，手轮也跟随转动，读数窗口刻度线轴随着变动，这没有关系).然后再动手轮 1，将手轮 1 转到 0.01 mm 刻度线的整数线上(此时鼓轮 10 并不跟随转动，仍指原来"0"位置).调零过程就完毕.

(4) 消除回程差：目的是使读数准确.在上述 3 步调节工作完成后，并不能马上测量，还必须消除回程差.所谓回程差，是指如果现在转动鼓轮与原来调零时鼓轮的转动方向相反，则在一段时间内，鼓轮虽然在转动，但读数窗口并未计数，因为此时反向后，蜗轮与蜗杆的齿并未啮合靠紧.首先认定测量时是使程差最大(顺时针方向转动鼓轮 10)或是减小(逆时针转动鼓轮 10)，然后顺时针方向转动鼓轮 10 若干周后，再开始记数、测量.

4. 光源的调整

(1) 开启 He-Ne 激光器，将阴极发出的红光以 45°角入射于迈克尔逊仪的 G_1 板上(用目测来判断).

(2) 在光源 S 与 G_1 板之间安放凸透镜，作"扩束"使用，目的是均匀照亮 G_1 板，以便观看条纹.注意：等高、共轴.

阅读材料　毕生从事光速精密测量的迈克尔逊

迈克尔逊(图 16-6)主要从事光学和光谱学方面的研究，他以毕生精力从事光速的精密测量，在他的有生之年，一直是光速测定的国际中心人物.他发明了一种用以测定微小长度、折射率和光波波长的干涉仪(迈克尔逊干涉仪)，在研究光谱线方面起着重要作用.因发明精密光学仪器和借助这些仪器在光谱学和度量学研究工作中做出的贡献，迈克尔逊被授予 1907 年度诺贝尔物理学奖.

图 16-6　迈克尔逊

早在海军学院工作时，由于航海的实际需要，迈克尔逊对光速的测定感兴趣，1879 年开始光速的测定工作.他是继菲佐、傅科、科纽之后，第四个在地面测定光速的.迈克尔逊得到了岳父的赠款和政府的资助，能够有条件改进实验装置.他用正八角钢质棱镜代替傅科实验中的旋转镜，由此使光路延长 600 m.返回光的位移达 133 mm,提高了精度,改进了傅科的方法.他多次并持续进行光速的测定工作,其中最精确的测定值是于 1924—1926 年在南加利福尼亚山间 22 英里长的光路上进行的,其值为(299 796±4)km/s.迈克尔逊从不满足已达到的精度,总是不断改进、反复实验、孜孜不倦、精益求精,整整花了半个世纪的时间.他最后在一次精心设计的光速测定过程中,不幸因中风而去世,后来由他的同事发表了这次测量结果.迈克尔逊确实是用毕生的精力献身于光速的测定工作.

迈克尔逊的第一个重要贡献是发明了迈克尔逊干涉仪,并用它完成了著名的迈克尔逊-莫雷实验.按照经典物理学理论,光乃至一切电磁波必须借助静止的以太来传播.地球的公转产生相对于以太的运动,在地球两个垂直的方向上,光通过同一距离的时间应当不同,这一差异在迈克尔逊干涉仪上应产生 0.04 个干涉条纹移动.1881 年,迈克尔逊在实验中未观察到这种条纹移动.1887 年,迈克尔逊和著名化学家莫雷合作,改进了实验装置,使精度达到 2.5′,仍未发现条纹有任何移动.这次实验的结果暴露了以太理论的缺陷,动摇了经典物理学的基础,为狭义相对论的建立铺平了道路.

迈克尔逊是一位出色的实验物理学家,他所完成的实验都以设计精巧、精确度高而闻名,爱因斯坦曾赞誉他为“科学中的艺术家”.

实验 17　光电效应测定普朗克常数

当合适频率的光照射在物体上时，光的能量只有部分以热的形式被物体所吸收，另一部分则转换为物体中某些电子的能量，使这些电子逸出物体表面，这种现象称为光电效应.在光电效应现象中，光显示出它的粒子性.所以，深入观察光电效应现象，对认识光的本性具有极其重要的意义.

普朗克常数 h 是 1900 年普朗克为了解决黑体辐射能量分布时提出的"能量子"假设中的一个重要的物理常数，它是基本作用量子，也是粗略地判断一个物理体系是否需要用量子力学来描述的依据.可以说凡是涉及普朗克常数的物理现象都是量子现象.

随着科学技术的发展，光电效应已广泛用于工农业生产、国防和许多科技领域.利用光电效应制成的光电管、光电池、光电倍增管等光电器件，已成为生产和科研中不可缺少的重要器件，但这绝不是光电效应的全部价值.更重要的是，发现光电效应的过程本身曾经把人类认识自然的能力提升到一个崭新的高度，有力地推动了近代物理学的创立和发展.因此，学习光电效应法测定普朗克常数的基本方法，对于我们了解量子物理的发展史，了解人类对光的本质认识的发展史，都是十分有益的.

【实验目的】

(1) 了解光电效应的基本规律，验证爱因斯坦光电效应方程.

(2) 掌握用光电效应法测定普朗克常数 h.

【实验原理】

光电效应的实验示意图如图 17-1 所示，GD 是光电管，K 是光电管阴极，A 为光电管阳极，G 为微电流计，V 为电压表，E 为电源，R 为滑线变阻器，调节 R 可以得到实验所需要的加速电位差 U_{AK}.光电管的 A 和 K 之间可获得从 $-U$ 到 0 再到 $+U$ 连续变化的电压.实验时用的单色光是从低压汞灯光谱中用干涉滤色片过滤得到，其波长分别为：365 nm，405 nm，436 nm，546 nm，577 nm.无光照射阴极时，由于阳极和阴极是断路的，G 中无电流通过.用光照射阴极时，由于阴极释放出电子而形成阴极光电流（简称阴极电流）.加速电位差 U_{AK} 越大，阴极电流越大，当 U_{AK} 增加到一定数值后，阴极电流不再增大而达到某一饱和值 I_H，I_H 的大小和照射光的强度成正比，如图 17-2 所示.当加速电位差 U_{AK} 变为负值时，阴极电流会迅速减少；当加速电位差 U_{AK} 负到一定数值时，阴极电流变为"0"，与此对应的电位差称为遏止电位差.这一电位差用 U_a 来表示.$|U_a|$ 的大小与光的

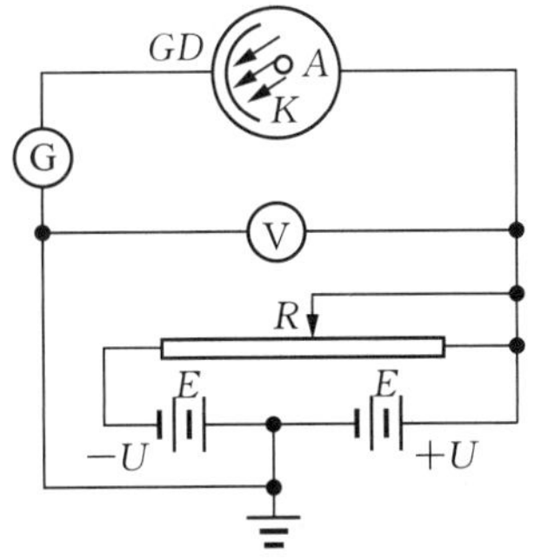

图 17-1　光电效应实验示意图

强度无关，而是随着照射光频率的增大而增大，如图 17-3 所示.

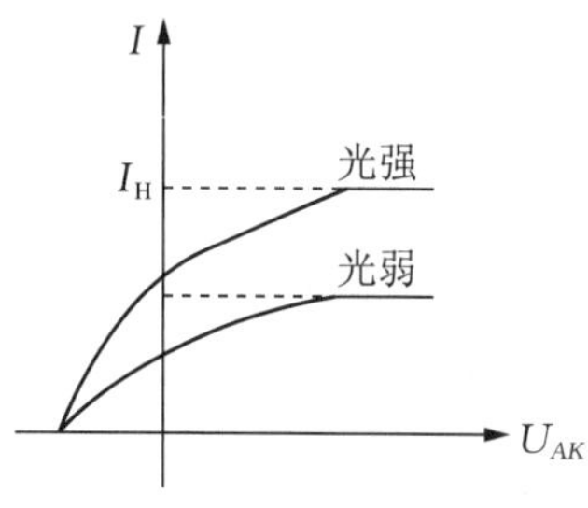

图 17-2 光电管的伏安特性

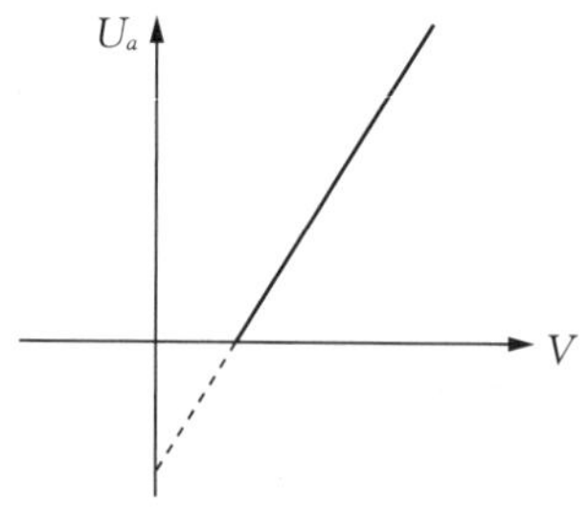

图 17-3 光电管遏止电位的频率特性

(1) 饱和电流的大小与光的强度成正比.

(2) 光电子从阴极逸出时具有初动能，其最大值等于它反抗电场力所做的功，即

$$\frac{1}{2}mv^2 = e \times U_a$$

因为 $U_a \propto \nu$，初动能的大小与光的强度无关，只是随着频率的增大而增大.$U_a \propto \nu$ 的关系可用爱因斯坦方程表示如下：

$$U_a = \frac{h}{e}\nu - \frac{W}{e}$$

实验时用不同频率的单色光(ν_1，ν_2，ν_3，ν_4，…)照射阴极，测出相对应的遏止电位差(U_{a1}，U_{a2}，U_{a3}，U_{a4}，…)，然后画出 $U_a \sim \nu$ 图，由此图的斜率即可以求出 h.

如果光子的能量 $h\nu \leqslant W$ 时，无论用多强的光照射，都不可能逸出光电子.与此相对应的光的频率则称为阴极的红限，用 ν_0($\nu_0 \leqslant W/h$)来表示.实验时可以从 $U_a \sim \nu$ 图的截距求得阴极的红限和逸出功.本实验的关键是正确确定遏止电位差，画出 $U_a \sim \nu$ 图.至于在实际测量中如何正确地确定遏止电位差，还必须根据所使用的光电管来决定.下面就专门对如何确定遏止电位差的问题作简要的分析与讨论.

如果使用的光电管对可见光都比较灵敏，暗电流也很小.由于阳极包围阴极，即使加速电位差为负值时，阴极发射的光电子仍能大部分射到阳极.而阳极材料的逸出功又很高，可见光照射时是不会发射光电子的，其电流特性曲线如图 17-4 所示.图中电流为零时的电位就是遏止电位差 U_a.由于光电管在制造过程中，工艺上很难保证阳极不被阴极材料所污染(这里污染的含义是阴极表面的低逸出功材料溅射到阳极上)，而且这种污染会在光电管的使用过程中日趋加重.被污染后的阳极逸出功降低，当从阴极反射过来的散射光照到它时，便会发射出光电子而形成阳极光电流.实验中测得的电流特性曲线，是阳极光电流和阴极光电流叠加的结果，如图 17-5 中的实线所示.由图 17-5 可见，由于阳极的污染，实验时出现了反向电流.特性曲线与横轴交点的电流虽然等于"0"，但阴极光电流并不等于"0"，交点的电位差 U_a' 也不等于遏止电位差 U_a，两者之差由阴极电流上升的快慢和阳极电流的大小所决定.阴极电流上升越快，阳极电流越小，U_a' 与 U_a 之差也越小.从实际测量的电流曲线来看，正向电流上升越快，反向电流越小，则 U_a' 与 U_a 之差越小.

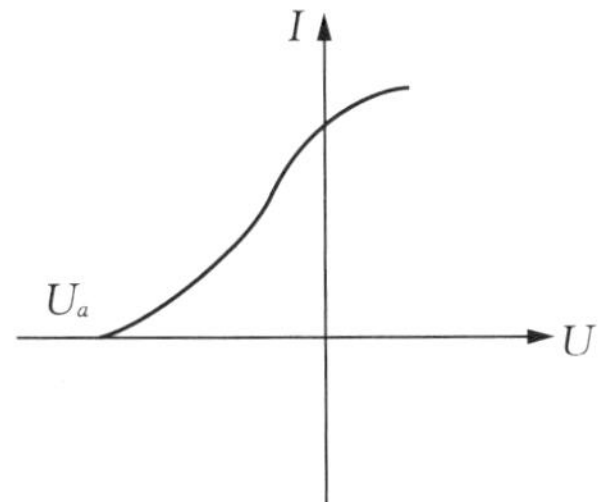

图 17-4 光电管理想的电流特性曲线

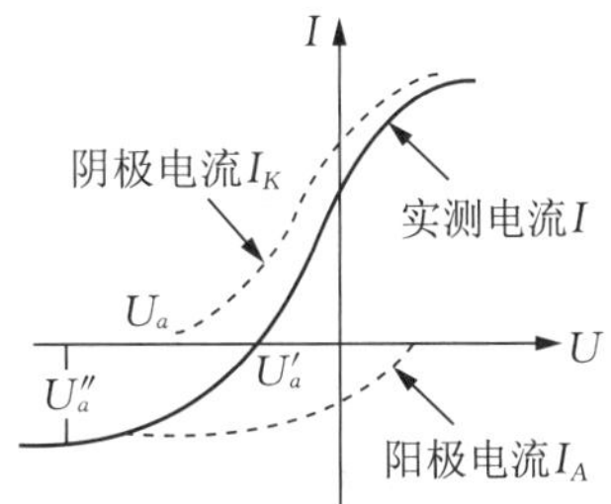

图 17-5 光电管老化后的电流特性曲线

由图 17-5 可以看到，由于电极结构等原因，实际上阳极电流往往饱和缓慢，在加速电位差负到 U_a 时，阳极电流仍未达到饱和，所以，反向电流刚开始饱和的拐点电位差 U''_a 也不等于遏止电位差 U_a，两者之差因阳极电流的饱和快慢而异.阳极电流饱和得越快，两者之差越小.若在负电压增至 U_a 之前，阳极电流已经饱和，则拐点电位差就是遏止电位差 U_a.总而言之，对于不同的光电管，应该根据其电流特性曲线的不同，采用不同的方法来确定其遏止电位差.假如光电流特性的正向电流上升得很快，反向电流很小，则可以用光电流特性曲线与暗电流特性曲线交点的电位差 U'_a 近似当作遏止电位差 U_a（交点法）.若反向特性曲线的反向电流虽然较大，但其饱和速度很快，则可用反向电流开始饱和时的拐点电位差 U''_a 当作遏止电位差 U_a（拐点法）.

【实验仪器】

FB-807 型光电效应（普朗克常数）测定仪（图 17-6）.

(1) FB-807 型光电效应测定仪由光电检测装置和测定仪主机两部分组成.光电检测装置包括光电管暗箱、汞灯灯箱、汞灯电源箱和导轨等.

(2) 实验主机为 FB-807 型光电效应测定仪，该测定试仪是主要包含微电流放大器和直流电压发生器两个部分的整体仪器.

(3) 光电管暗箱安装有滤色片、光阑（可调节）、挡光罩、光电管.

(4) 汞灯灯箱安装有汞灯管、挡光罩.

(5) 汞灯电源箱安装有镇流器，提供点亮汞灯的电源.

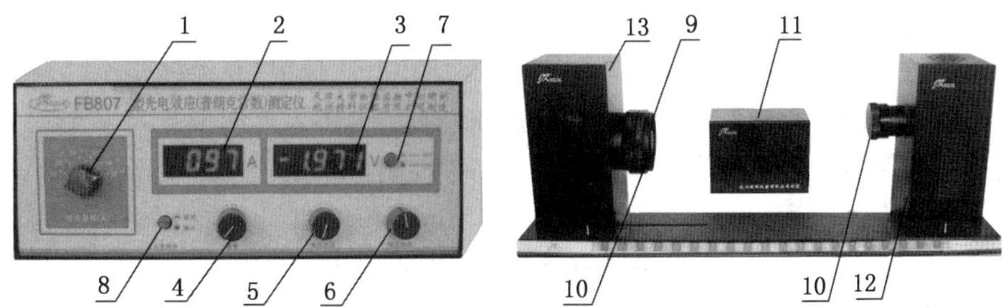

1-电流量程；2-光电管输出微电流表；3-光电管工作电压表；4-调零（微电流表）；5-光电管工作电压调节（粗调）；6-光电管工作电压调节（细调）；7-光电管工作电压转换按钮（测量截止电位或测量伏安特性）；8-光电信号开关；9-滤色片，光阑（可调节）总成；10-遮光罩；11-汞灯电源；12-汞灯箱；13-光电管暗箱

图 17-6 FB-807 型光电效应测定仪

【实验内容】

1. 测试前准备

将 FB-807 型光电效应测定仪及汞灯电源接通(光电管暗箱处于遮光态),预热 20 min. 调整光电管与汞灯距离为 30～40 cm 并保持不变.用专用连接线将光电管暗箱电压输入端与 FB-807 型光电效应测定仪后面板上的电压输出连接起来(注意红对红、黑对黑).将“电流量程”选择开关置于合适档位(测量截止电位调到 10^{-13} A,测量伏安特性调到 10^{-10} A 或 10^{-11} A).测定仪在开机或改变电流量程后,都需要进行调零.调零时应将光电信号开关按下(光电管电流输出与测定仪微电流输入端断开),旋转“调零”旋钮使电流表为零.调节好后,将光电信号开关释放(光电管电流输出与测定仪微电流输入端连接).

2. 用 FB-807 型光电效应测定仪测量截止电压、伏安特性

由于本实验仪器的电流放大器灵敏度高、稳定性好,光电管阳极反向电流、暗电流水平也较低,在测量各谱线的截止电压 U_a 时,可采用零电流法(即交点法),直接将各谱线照射下测得的电流为零时对应的电压 U_{AK} 的绝对值作为截止电压 U_a.采用零电流法的前提是阳极反向电流、暗电流和本底电流都很小,用零电流法测得的截止电压与真实值相差较小.各谱线的截止电压都相差 ΔU,对 $U_a \sim \nu$ 曲线的斜率并无大的影响,因此,对 h 的测量也不会产生大的影响.

(1) 测量截止电压.

将工作电压转换按钮置于“-4.5—$+2.5$ V”档、“电流量程”开关置于“$\times 10^{-13}$ A”档.光电信号开关置于“关”,对微电流测量调零.操作方法如下:将暗盒前面的转盘用手轻轻拉出约 3 mm(即脱离定位销),把 $\phi 4$ mm 的光阑标志对准上面的白点,使定位销复位.再把装滤色片的转盘放在挡光位,即指示“0”对准上面的白点,在此状态下测量光电管的暗电流.然后把 365 nm 的滤色片转到窗口(通光口),此时把电压表显示的 U_{AK} 值调节为 -1.999 V;打开汞灯遮光盖,电流表显示对应的电流值 I 应为负值.用电压粗调和细调旋钮,逐步升高工作电压(使负电压绝对值减小),当电压到达某一数值,光电管输出电流为零时,记录对应的工作电压 U_{AK},该电压即为 365 nm 单色光的遏止电位.

按顺序依次换上 405 nm, 436 nm, 546 nm, 577 nm 的滤色片,重复以上测量步骤,记录各 U_{AK} 值数据到表 17-1 中.

(2) 测光电管的伏安特性曲线.

将工作电压转换按钮置于“-4.5—$+30$ V”档、“电流量程”开关转换至“$\times 10^{-10}$ A”档,并重新调零.其余操作步骤与“测量截止电压”时相同,不过此时要把每一个工作电压和对应的电流值加以记录,以便画出饱和伏安特性曲线,并对该特性进行研究分析.

① 观察在同一光阑、同一距离条件下的 5 条伏安特性曲线.记录所测 U_{AK} 和 I 的数据,填入到表 17-2 中,在坐标纸上作对应于以上波长及光强的伏安特性曲线.

② 观察同一距离、不同光阑(不同光通量)、某条谱线的饱和伏安特性曲线.测量并记录对同一谱线、同一入射距离,而光阑分别为 2 mm, 4 mm, 8 mm 时对应的电流值于表 17-3 中,验证光电管的饱和光电流与入射光强成正比.

③ 观察同一光阑、不同距离(不同光强)、某条谱线的饱和伏安特性曲线.在 U_{AK} 为

30 V 时，测量并记录对同一谱线、同一光阑时，光电管与入射光在不同距离，如 300 mm，350 mm，400 mm 等，对应的电流值于表 17-4 中，同样可以验证光电管的饱和光电流与入射光强成正比.

【注意事项】

(1) 在实验过程中，室内人员不要在靠近仪器的地方走动，以免使入射到光电管的光强有变化，最好在光强一定的暗环境下进行.

(2) 在仪器使用前后，检查光阑转盘是否旋转到盖住光电管暗盒窗口的光窗，使光不能入射到光电管，以免光电管长期受光照而老化.

(3) 汞灯点亮预热后，一旦开启就不要随意关闭，否则会降低寿命.汞灯的紫外线很强，不可直视.

(4) 电流微安表在使用前必须进行调零和校准.

【实验结果与数据处理】

1. U_{AK} 数据记录(表 17-1)

表 17-1 不同波长光波的截止电压 U_{AK} 数据记录

入射光波长(nm)	365	405	436	546	577
入射光频率 ν($\times 10^{14}$ Hz)	8.214	7.408	6.879	5.490	5.196
截止电压 U_a(V)					

利用表 17-1 中的数据，在精度合适的坐标纸上做出 $U_a \sim \nu$ 曲线，从 $U_a \sim \nu$ 曲线中任取两点 A 和 B，求出直线的斜率 k、普朗克常数 h 和相对误差 E_h.

$$k = \frac{U_{aB} - U_{aA}}{\upsilon_B - \upsilon_A} = \underline{\qquad\qquad};$$

$$h = K \cdot e = \frac{U_{aB} - U_{aA}}{\upsilon_B - \upsilon_A} \times 1.602 \times 10^{-19}\,(\mathrm{J \cdot s}) = \underline{\qquad\qquad};$$

$$E_h = \frac{|h - h_0|}{h_0} \times 100\% = \frac{|h - 6.626 \times 10^{-34}|}{6.626 \times 10^{-34}} \times 100\% = \underline{\qquad\qquad}.$$

2. $I \sim U_{AK}$ 数据记录(表 17-2)

表 17-2 $I \sim U_{AK}$ 数据记录

光电管位置_______cm，光阑孔 ϕ=_______mm

入射光波长(nm)	i	1	2	3	4	5	…	29	30
365	U_{AK}(V)								
	I_i($\times 10^{-10}$ A)								
405	U_{AK}(V)								
	I_i($\times 10^{-10}$ A)								

续表

入射光波长(nm)	i	1	2	3	4	5	…	29	30
436	U_{AK}(V)								
	I_i($\times 10^{-10}$A)								
546	U_{AK}(V)								
	I_i($\times 10^{-10}$A)								
577	U_{AK}(V)								
	I_i($\times 10^{-10}$A)								

根据不同光频率的 $I \sim U_{AK}$ 值,在毫米坐标纸上做出 5 条不同波长的伏安特性曲线,并观察其特点.

3. $I_M \sim P$ 关系数据记录(表 17-3)

表 17-3　$I_M \sim P$ 关系数据记录

U_{AK}=______(V), λ=______(nm), L=______(mm)

光阑孔 ϕ(mm)	2	4	8
I($\times 10^{-10}$A)			

4. $I_M \sim P$ 关系数据记录(表 17-4)

表 17-4　$I_M \sim P$ 关系数据记录

U_{AK}=______(V), λ=______(nm), ϕ=______(mm)

距离 L(mm)	300	350	400
I($\times 10^{-10}$A)			

【思考题】

1. 光电效应有哪几个实验规律?
2. 怎样设计实验步骤,才能既快又准地找到截止电压?
3. 实验中是如何验证爱因斯坦方程的?
4. 怎样用拐点法确定截止电压?
5. 怎样减小室内杂散光对本实验的干扰?
6. 本实验是如何测量普朗克常数的? 请简述设计思想.

【附】

FB-807 型光电效应测定仪说明书

FB-807 型光电效应(普朗克常数)测定仪由汞灯及电源、滤色片、光阑、光电管、测定仪等构成,仪器结构如图 17-6 所示.仪器属于手动工作模式.

一、主要技术参数

1. 微电流放大器

电流测量范围:“10^{-8}～10^{-13} A”,共分 6 档,三位半数显,最小显示位为“10^{-14} A”.

零漂:开机 20 min 后,在 30 min 内不大于满度读数的±0.2%(“10^{-13} A”档)

2. 光电管工作电源

电压调节范围:“−4.5—+2.5 V”档,示值精度≤1%;“−4.5—+30 V”档,示值精度≤5%.

3. 光电管

光谱响应范围:340～700 nm;最小阴极灵敏度≥1 μA/Lm;阳极:镍圈;暗电流:$I \leqslant 2\times10^{-12}$ A($-2\text{ V}\leqslant U_{AK}\leqslant 0\text{ V}$).

4. 滤光片组

共 5 组,中心波长分别为 365 nm, 405 nm, 436 nm, 546 nm, 577 nm.

5. 汞灯

可用谱线为 365 nm, 405 nm, 436 nm, 546 nm, 577 nm.

6. 光阑

有 ϕ4 mm, ϕ8 mm, ϕ16 mm 3 种规格.

7. 整体测量误差

整体测量误差≤3%.

二、测定仪主要功能特点

(1) 主机具有稳定性好、可靠性高、抗振动等特点.

(2) 提供手动测试工作方式.

(3) 通过选择实验类型、改变输出电压档位的方式,支持光电效应测量普朗克常数和测量光电管伏-安特性两组实验.测定仪分别提供“−4.5—+2.5 V”和“−4.5—+30 V”两档直流电压,分别供普朗克常数测定实验和光电管伏-安特性实验使用.

(4) 主机微电流放大器分 6 档,最高指示分辨率为 1×10^{-14} A,最大指示值为 2 μA,三位半数显表指示.

三、FB-807 型光电效应测定仪操作方法

1. 测定仪后面板说明

(1) 交流电源插座:用于连接交流 220 V 电压,插座内带有保险管座.

(2) 光电管直流电压输出接口:红、黑各一,黑色为输出电压参考地.

(3) 光电管微电流信号输入接口:用 Q9 插头专用电缆连接光电管微电流输出插座.

(4) 光电管微电流信号放大输出接口:用 Q9 插头电缆连接到测定仪后面板.

2. 测定仪调零

注意:第一次开机时,应先开机预热 20 min 左右,再进行调零.

当测定仪开机或变换电流量程时,均需对测定仪进行调零.调零时,应将光电信号开关按下(光电管电流输出与测试仪微电流输入端断开),旋转“调零”旋钮使电流指示为“0”.把电压指示调为“−1.999 V”,调好后将光电信号开关释放(光电管电流输出与测试仪微电流输入端连接),进入测试状态.

3. 测定仪建议工作状态

(1) 伏安特性测试.电流档位:10^{-10} A;光阑:4 mm,测试距离:400 mm.

(2) 截止电压测试.电流档位:10^{-13} A;光阑:4 mm,测试距离:400 mm.

4. 手动测试

测定仪用手动完成普朗克常数的测试.

注意:在进行测试前,必须先用专用连接线把光电管暗盒的微电流输出接口与测试仪的光电管微电流信号输入接口正确连接.

(1) 认真阅读实验教程,了解并熟悉实验内容.

(2) 检查连接,确认无误后按下电源开关,开启测试仪.

(3) 根据实验内容选择合适的电流量程,进行测试前调零.

(4) 根据实验类型选择光电管工作电压,调节工作电压,记录光电管输出电流为零时对应的工作电压数值.

(5) 测量截止电压.电压转换按钮处于释放位置,电压调节范围是“−4.5—+2.5 V”,“电流量程”开关应置于“$\times 10^{-13}$ A”档.在此状态下对微电流测量装置调零.

光阑和滤色片的调节.本实验仪已将光阑和滤色片组装在暗盒的通光口,用两个转盘分别调节光阑大小和变换滤色片.使用时应先将暗盒前面的转盘用手轻轻拉出约3 mm,把 ϕ4 mm(或 ϕ8 mm)的光阑标志对准上面的白点,并把滤色片的转盘放在挡光位,即“0”标志对准白点.在此状态下测量光电管的暗电流.然后把 365 nm 的滤色片转到窗口(通光口),打开汞灯遮光盖.此时把电压表显示 U_{AK} 的值调节为“−1.999 V”;电流表显示与其对应的电流值 I 应为负值,单位为所选择的“电流量程”.用电压调节粗调和细调旋钮逐步升高工作电压(使负电压绝对值减小).当电压变化使光电管输出电流为零时,记录电压 U_{AK} 即为对应 365 nm 波长单色光的遏止电位.然后,按顺序依次换上 405 nm, 436 nm, 546 nm, 577 nm 的滤色片,重复以上测量步骤,并记录 U_{AK} 值.

(6) 测光电管的伏安特性曲线.将工作电压转换按钮按下,电压调节范围是“−4.5—+30 V”,“电流量程”开关应转换至“$\times 10^{-10}$ A”档,并重新调零.其余操作步骤与“测量截止电压”相同,不过要记录与不同电压对应的每个电流值,画出伏安特性曲线,并对该特性进行研究分析.

阅读材料　光电效应的研究历史

光电效应由德国物理学家赫兹于 1887 年发现,对发展量子理论起到根本性作用.

1887 年,赫兹在证明波动理论实验中首次发现光电效应.当用紫外线照射两个靠得很近的锌质小球之一时,在两个小球之间就非常容易跳出电花.

1900 年,马克思·普朗克对光电效应作出最初的解释,并引出光具有的能量是“包裹式”能量这一理论.他给这一理论归为一个等式,$E=h\nu$, E 就是光所具有的“包裹式”能量,h 是一个常数,统称普朗克常数,而 ν 就是光源的频率.也就是说,光所具有的能量的大小是由其频率所决定的.

1905 年,爱因斯坦(图 17-7)在 26 岁时提出光子假设,成功解释了光电效应,因此获得 1921 年诺贝尔物理学奖.他进一步推广了普朗克的理论,并导出公式 $E_k=h\nu-W$, W 是将电子从金属表面自由化的能量,而 E_k 是电子逸出金属表面后具有的动能.

图 17-7　爱因斯坦

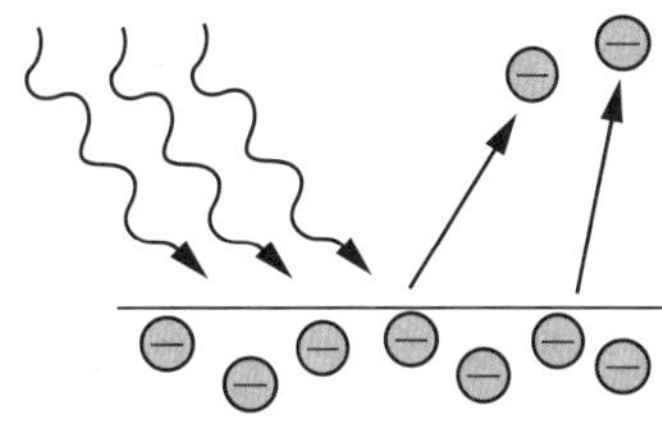

图 17-8　光电效应

爱因斯坦用光量子理论对光电效应提出理论解释后,最初科学界的反应是冷淡的,甚至相信量子概念的一些物理学家也不接受光量子假说.直到 1916 年,光电效应的定量实验研究才由美国物理学家密立根完成(图 17-8).

密立根对光电效应进行了长期研究,经过 10 年之久的实验、改进和学习,有效地排除了表面接触电位差等因素的影响,获得了比较好的单色光.他的实验非常出色,于 1914 年第一次用实验验证了爱因斯坦方程是精确成立的,并首次对普朗克常数 h 作了直接的光电测量,精确度大约是 0.5%(在实验误差范围内).1916 年密立根发表了他的精确实验结果,他用 6 种不同频率的单色光测量反向电压的截止值与频率的关系曲线,这是一条很好的直线,由直线的斜率可以求出普朗克常数.实验结果与普朗克于 1900 年从黑体辐射得到的数值符合得很好.

实验18　分光计的调节和三棱镜顶角的测定

分光计(光学测角仪)是用来精确测量入射光和出射光之间偏转角度的一种仪器,用它可以测量折射率、色散本领、光波波长、光栅常数等物理量.分光计的结构复杂,装置精密,调节要求也比较高,对初学者来说会有一定的难度.但是,只要了解其基本结构和测量光路,严格按照调节要求和步骤仔细调节,也不难调好.分光计的结构是其他许多光学仪器(如摄谱仪、单色仪、分光光度计等)的基础.学习分光计的调节原理,为使用其他更复杂的光学仪器的调节能够打下基础.

【实验目的】

(1) 了解分光计的原理结构,学习调整分光计.

(2) 掌握利用分光计测量三棱镜顶角的方法.

【实验原理】

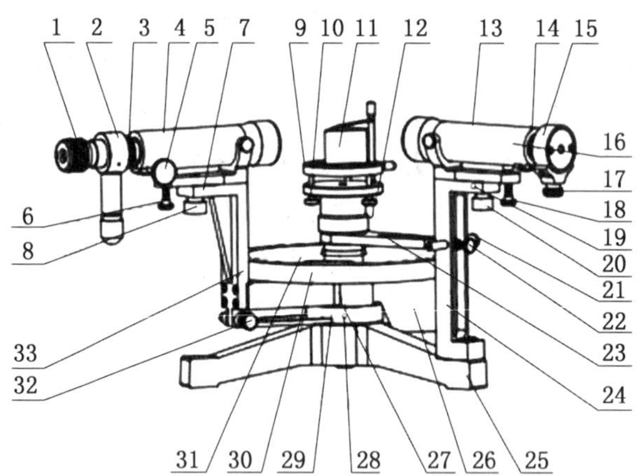

1-目镜视度调节手轮;2-阿贝式自准直目镜;3-目镜锁紧螺钉;4-望远镜;5-望远镜调焦手轮;6-望远镜光轴高低调节螺钉;7-望远镜光轴水平调节螺钉(背面);8-望远镜光轴水平锁紧螺钉;9-载物台;10-载物台调平螺钉(3只);11-三棱镜;12-载物台锁紧螺钉(背面);13-平行光管;14-狭缝装置锁紧螺钉;15-狭缝装置;16-平行光管调焦手轮;17-狭缝宽度调节手轮;18-平行光管光轴高低调节螺钉;19-平行光管光轴水平调节螺钉;20-平行光管光轴水平锁紧螺钉;21-游标盘微动螺钉;22-游标盘止动螺钉;23-制动架(二);24-立柱;25-底座;26-转座;27-转座与度盘止动螺钉(背面);28-制动架(一)与底座止动螺动;29-制动架(一);30-度盘;31-游标盘;32-望远镜微调螺钉;33-支臂

图18-1　分光计结构示意图

1. 分光计的结构

本实验采用自准法测三棱镜顶角,不需要使用平行光管.有关平行光管的原理、调节与使用,请参见实验19“光栅衍射”.下面介绍分光计的结构(图18-1).

(1) 分光计底座的中心有一沿铅直方向的转轴,称为分光计的转轴.在这个转轴上套有一个读数刻度盘和一个游标盘，这两个盘可以绕转轴旋转.

(2) 望远镜安装在支臂上，支臂与转轴相连.在支臂与转轴连接处有螺钉 22.拧松时，望远镜(和读数刻度盘一起)可绕轴自由转动；旋紧时，不得强制望远镜绕轴转动，否则会损坏仪器.螺钉 21 是它的微调螺钉，当螺钉 22 拧紧后，望远镜不能绕轴转动时，用它可以使望远镜绕轴作微小转动.螺钉 3 是目镜镜筒的制动螺钉，旋松它可拉动望远镜套筒，调节分划板与物镜之间的距离.望远镜光轴的倾斜度由螺钉 6 调节.分光计上的望远镜通常采用阿贝式自准直目镜，其结构如图 18-2 所示.分划板的透明玻璃上刻有黑“十”字准线.在该准线的竖线下方，紧贴一块小棱镜，在其涂黑的端面上，刻有透明“十”字线，利用电珠照明使它成为发光体.在准线的竖线上方与透明“十”字线对称的位置上，有一条黑水平线.

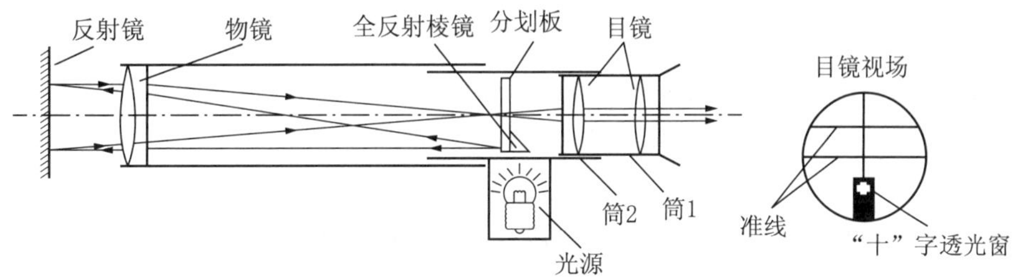

图 18-2 望远镜结构

(3) 载物台是用来放置平面镜、棱镜等光学元件的，它与游标盘通过螺钉 27 相互锁定，拧紧螺钉 27 后，载物台可和游标盘一起绕分光计的转轴转动.螺钉 22 是游标盘的止动螺钉，拧紧时不能再强制转动游标盘，否则会损坏仪器.螺钉 21 是游标盘的微调螺钉.当螺钉拧紧后，游标盘不能绕轴转动，用它可以使游标盘绕轴作微小转动.载物台下有 3 只调节螺钉 10，可调节台面的倾斜度.

(4) 圆刻度盘在分光计出厂时已将它调到与仪器转轴垂直.由于圆刻度盘中心和仪器转轴在制造和装配时不可能完全重合，因此，在读数时会产生偏心差.圆刻度盘上的刻度均匀地刻在圆周上，当圆刻度盘中心 O 与转轴重合时，由相差 180°的两个游标读出的转角刻度数值相等.当圆刻度盘偏心时，由两个游标盘读出的转角刻度值就不相等，所以，如果只用一个游标读数窗会产生系统误差.通过在转轴直径上安置两个对称的游标读数窗，可消除这种系统误差.

分光计的读数系统由刻度盘和游标盘组成，读数方法和游标原理相同(图 18-3).

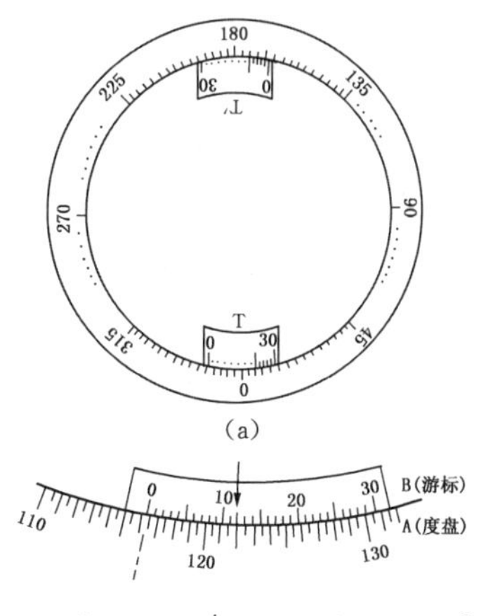

$A=116°$, $B=12'$, $\theta=A+B=116°12'$

图 18-3 分光计的读数

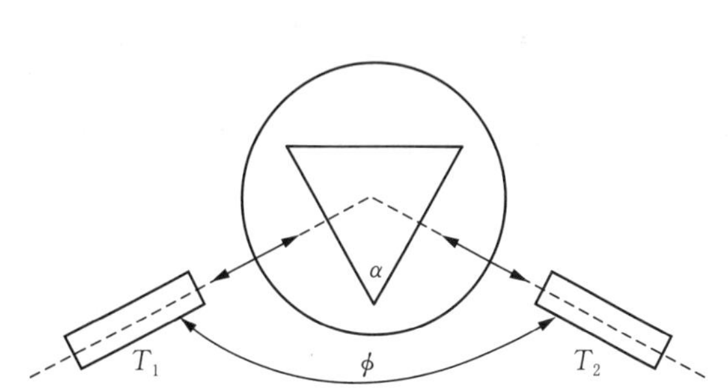

图 18-4 自准法测三棱镜顶角的原理

2. 自准法测量三棱镜顶角的原理

如图 18-4 所示，只要测量三棱镜两个光学面法线之间的夹角 ϕ，即可求得顶角 $\alpha = 180° - \phi$.

【实验仪器】

分光计、三棱镜、双面(半)反射平面镜、读数小灯.

【注意事项】

实验中经常遇到又容易出现的错误是"过零问题".

(1) 在调节过程中，载物台与游标盘不旋转(载物台与游标盘锁紧为一体)，望远镜与刻度盘(望远镜与刻度盘锁紧为一体)顺时针旋转，读数将一直增加.假设其初读数为 355°00′，当转过的角度为 10°00′时，游标读数将变为 5°00′，此时游标读数应改写为 5°00′＋360°00′＝365°00′.

(2) 在调节过程中，载物台与游标盘不旋转(载物台与游标盘锁紧为一体)，望远镜与刻度盘(望远镜与刻度盘锁紧为一体)逆时针旋转，读数将一直减少.假设其初读数为 5°00′，当转过的角度为 10°00′时，游标读数将变为 355°00′，此时游标读数应改写为 355°00′－360°00′＝－5°00′.

【实验步骤及实验内容】

1. 分光计调节

(1) 目测粗调.粗调即凭眼睛判断.

① 尽量使望远镜的光轴与刻度盘平行.

② 调节载物台下方的 3 个小螺钉，尽量使载物台与刻度盘平(粗调是后面进行细调的前提和细调成功的保证).

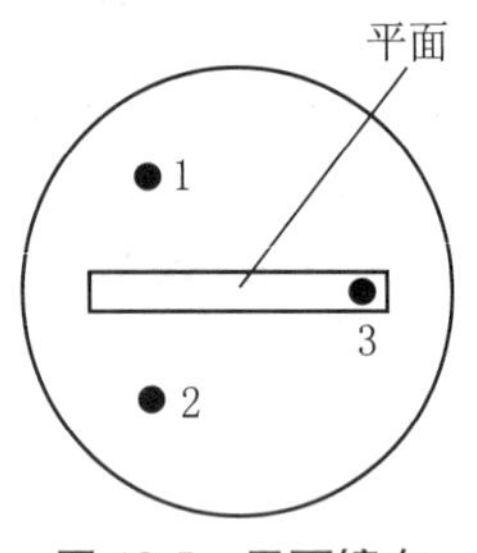

图 18-5　平面镜在小平台上的位置

(2) 望远镜调焦到无穷远，适合观察平行光.

① 接上照明小灯电源，打开开关，在目镜视场中观察，通过调节目镜调焦手轮，直到看清楚"准线"和带有绿色小"十"字的窗口.

② 将双面镜放置在载物台上(图 18-5).若要调节平面镜的俯仰，只需要调节载物台下的螺钉 1 或 2 即可，而螺钉 3 的调节与平面镜的俯仰无关.

③ 沿望远镜外侧观察，可看到平面镜内有一亮"十"字，轻缓地转动载物台，亮"十"字随之转动.如果看不到此亮"十"字，这说明从望远镜射出的光没有被平面镜反射回望远镜中.此时应重新粗调，重复上述过程，直到由透明"十"字发出的光经过物镜后(此时从物镜出来的光不一定是平行光)，再经平面镜反射，由物镜再次聚焦，在分划板上形成亮"十"字像斑(注意：调节是否顺利，以上步骤是关键).

④ 放松望远镜紧固螺钉 9，前后拉动望远镜套筒，调节分划板与物镜之间的距离，再旋转目镜调焦手轮，调节分划板与目镜的距离，使从目镜中既能看清准线，又能看清亮"十"字的反射像.注意：要使准线与亮"十"字的反射像之间无视差；如有视差，则需反复调

节，予以消除.没有视差说明望远镜已聚焦于无穷远.

(3) 利用二分之一调节法，调节望远镜的光轴和仪器转轴垂直.

先调节平面镜的倾斜度(调节螺钉 1 或 2)，使目镜中看到的亮“十”字线(反射)像重合在黑准线像的对称位置上，如图 18-6(a)所示，说明望远镜光轴与镜面垂直.然后使平面镜跟随载物台和游标盘绕转轴转过 180°，重复上面的调节.一般情况下，这两条准线不再重合，如二者处在如图 18-6(b)所示位置，这时只要调节螺钉 1 或 2，使二者的水平线间距缩小一半，如图 18-6(c)所示.再调节望远镜的倾斜螺钉 12，使二者水平线重合，如图 18-6(d)所示.再使平面镜绕轴旋转 180°，观察亮“十”字线像与黑准线是否仍然重合.若重合，说明望远镜光轴已垂直于分光计转轴；若不重合，重复以上方法进行调节，直到平面镜旋转到任意一向，其镜面都能与望远镜光轴垂直.

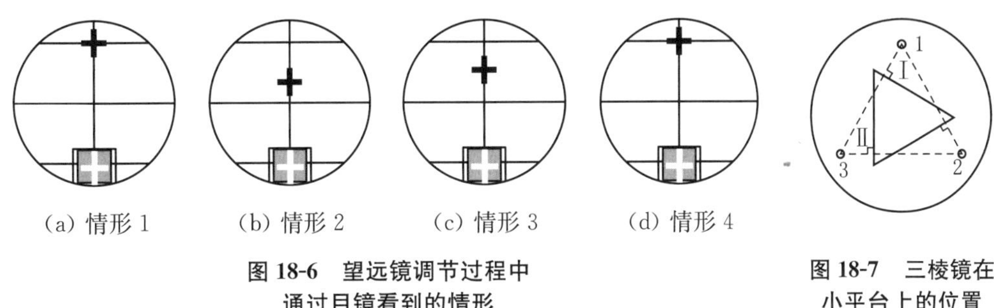

(a) 情形 1　(b) 情形 2　(c) 情形 3　(d) 情形 4

图 18-6　望远镜调节过程中通过目镜看到的情形

图 18-7　三棱镜在小平台上的位置

2. 测量三棱镜

将三棱镜按图 18-7 所示的位置放置(注意：切忌用手触摸光学面).调节螺钉 1，可以改变Ⅰ面的法线方向，而不改变Ⅱ面的法线方向.同理，调节螺钉 2，可以改变Ⅱ面的法线方向，而不改变Ⅰ面的法线方向.利用已调节好的望远镜用自准法测两个光学面的法线方向(注意：适当调节，使两个光学面反射的亮“十”字线重合在黑准线像的对称位置)，完成表 18-1.

表 18-1　测量三棱镜

测量游标编号	Ⅰ	Ⅱ
第一位置 T_1		
第二位置 T_2		
$\phi_i=\lvert T_2-T_1\rvert$		
$\phi=\frac{1}{2}(\phi_{\text{Ⅰ}}+\phi_{\text{Ⅱ}})$		
$A=180^\circ-\phi$		
Δ_A	$2'$	
$A\pm\Delta_A$		

【思考题】

1. 望远镜调焦至无穷远是什么含义？为什么当在望远镜视场中能看见清晰且无视差的绿“十”字像时，望远镜已调焦至无穷远？

2. 转动望远镜测角度之前，分光计的哪些部分应固定不动？望远镜应和什么盘一起转动？

3. 分光计游标盘为什么要设置两个相差 180° 的游标？只有一个是否可以？

实验 19　光栅衍射

衍射光栅简称光栅，是利用多缝衍射原理使光发生色散的一种光学元件.它实际上是一组数目极多、平行等距、紧密排列的等宽狭缝.通常分为透射光栅和平面反射光栅.透射光栅是用金刚石刻刀在平面玻璃上刻许多平行线制成的，被刻划的线是光栅中不透光的间隙.平面反射光栅则是在磨光的硬质合金上刻许多平行线.实验室中通常使用的光栅是由上述原刻光栅复制而成的，一般每毫米约 250～600 条线.自 20 世纪 60 年代以来，随着激光技术的发展又制造出全息光栅.由于光栅衍射条纹狭窄、细锐，分辨本领比棱镜高，因此，常用光栅作摄谱仪、单色仪等光学仪器的分光元件，用来测定谱线波长、研究光谱的结构和强度等.另外，光栅还应用于光学计量、光通信及信息处理.

本实验主要介绍用衍射光栅测定光栅常数和光谱线波长的原理与方法.分光计的调整与使用方法在实验 18"分光计的调节和三棱镜顶角的测定"中已作详细介绍，这里不再重复(本实验使用的光栅是全息光栅).

【实验目的】

(1) 进一步熟悉分光计的调节与使用.

(2) 学习利用透射衍射光栅测定光波波长及光栅常数的原理和方法.

(3) 加深理解光栅衍射公式及其成立条件.

【实验原理】

光的干涉和衍射现象是光的波动性的直接体现.当光源与观察屏都与衍射屏相距无限远时，衍射现象称为夫琅和菲衍射.本实验采用透射光栅做衍射屏，利用夫琅和菲衍射规律测量光波波长.图 19-1 是光栅衍射光路图.在实验中，形成衍射明纹的条件是

$$d\sin\phi_k=(a+b)\sin\phi_k=k\lambda,\qquad k=0,\ \pm1,\ \pm2 \tag{19-1}$$

式中，$d=a+b$ 为光栅常数，a 为光栅狭缝，b 为刻痕宽度，k 为明纹级数，ϕ_k 为 k 级明纹的衍射角，λ 为入射光波长.

由于汞灯产生不同的单色光，每一单色光有一定的波长，因此，对于同一级明纹，各色光的衍射角 ϕ 是不同的.在中央 $k=0$，$\phi_k=0$ 处，各色光仍重叠在一起，组成中央明纹.在中央明纹两侧对称地分布 $k=1, 2, \cdots$级光谱.本实验中各级有 4 条不同的明纹，按波长次序排列，通过分光计观察时如图 19-2 所示.

本实验用分光计对已知波长的绿色光谱线进行观察，测出一级明纹的衍射角 ϕ_1，按光栅公式算出光栅常数 d，然后分别对紫、黄光进行观察，测出相应的衍射角，连同求出的光栅常数 d，代入(19-1)式，算出该明纹所对应的单色光的波长.

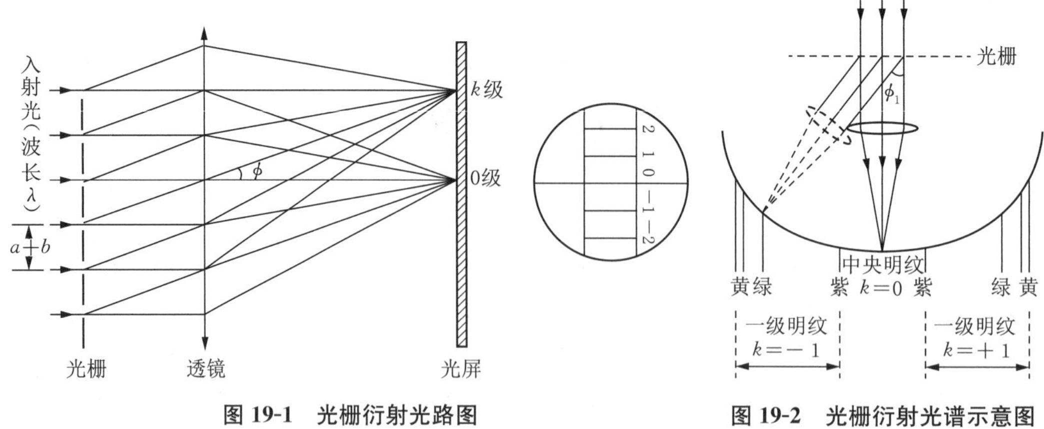

图 19-1　光栅衍射光路图

图 19-2　光栅衍射光谱示意图

【实验仪器】

分光计及附件 1 套、汞灯光源和 1 片光栅.

【实验步骤】

1. 分光计和衍射光栅的调节

调节分光计时应做到：望远镜聚焦于无穷远，望远镜的光轴与分光计的中心轴垂直，平行光管出射平行光.前面两步的调节见实验 18“分光计的调节与三棱镜顶角的测定”.调好后固定望远镜(切记不可再调节望远镜).

调节衍射光栅时应做到：平行光管出射的平行光垂直于光栅面，平行光管的狭缝与光栅刻痕平行.调节步骤如下：

(1) 调节平行光管发出的平行光与望远镜共轴.

① 取下载物台上的双面反射镜，启动汞灯光源.

② 转动望远镜并细心调节平行光管水平度调节螺钉，使望远镜、平行光管基本水平，且在一条直线上(目测).

③ 放松狭缝机构制动螺钉，前后移动狭缝机构，通过望远镜清晰地看到狭缝的像(一条明亮的细线)呈现在分划板上，而且与分划板的刻线无视差.

④ 转动狭缝机构，使狭缝像与目镜分划板的水平刻线平行.调节平行光管水平度调节螺钉，使狭缝与视场中心的水平刻线重合.再将狭缝转过 90°，使狭缝与目镜分划板的垂直刻线重合.此时，平行光管的光轴与望远镜的光轴同轴，且都与仪器主轴垂直，不要再移动狭缝.

⑤ 锁紧狭缝机构制动螺钉.

⑥ 调节狭缝旋转手轮，使狭缝宽度调至约 0.5 mm.

(2) 调节衍射光栅，使光栅与转轴平行，且光栅平面垂直于平行光管.

① 光栅放置于载物台，如图 19-3 所示.光栅面朝向望远镜(玻璃面朝向平行光管)，并使之固定(夹紧).

② 使望远镜对准狭缝，平行光管和望远镜光轴保持在同一水平线上.

③ 松开载物台紧固螺钉，微微转动载物台，直至“十”字反射像和狭缝像重合.

④ 锁紧载物台紧固螺钉.

⑤ 以光栅面作为反射面，用自准法仔细调节载物台下方的调平螺钉 B 和 C，使“十”字反射像位于叉丝上方交点，如图 19-4 所示.

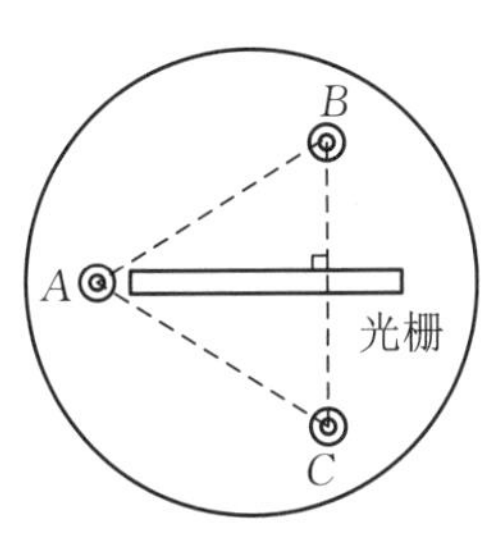

图 19-3　光栅在载物台上安放的位置图

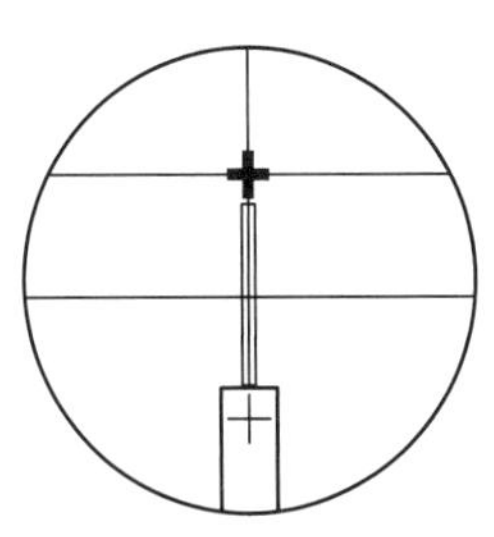
图 19-4　望远镜观察到的物和像

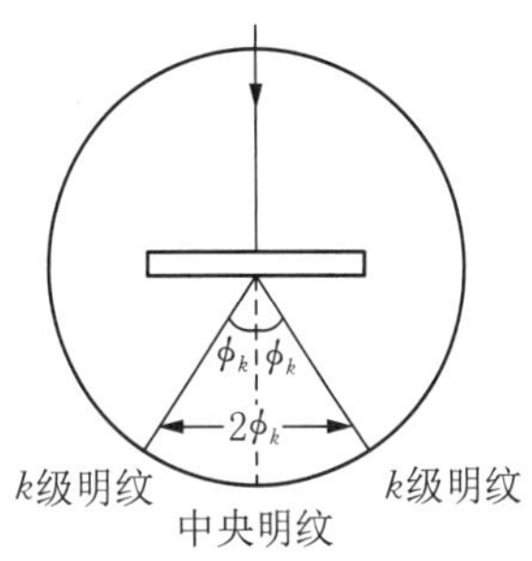

图 19-5　测量 ϕ_k 示意图

⑥ 转动望远镜，观察衍射光谱的分布情况，注意中央明纹两侧谱线是否在同一水平面上.如果观察到光谱线有高低变化，说明狭缝与光栅刻痕不平行，调节载物台下方的调平螺钉 A（B 和 C 不能动），直至在同一水平面上为止.调好之后，回头检查步骤⑤是否有变动，反复多次调节，直至⑤和⑥两个要求同时满足为止.

2. 用光栅测汞光波长

用光栅测波长时需要注意：由于衍射光栅对中央明纹是对称的，为了提高测量准确度，测量第 k 级光谱时，应测出 $+k$ 级和 $-k$ 级光谱位置，两位置的差值之半即为 ϕ_k，如图 19-5 所示；为消除分光计刻度盘的偏心误差，测量每一条谱线时，要同时读取刻度盘上两个游标的示值，然后取平均值.为使叉丝精确对准光谱线，必须用望远镜微动螺钉来对准.测量时可将望远镜移至最左端，从 -1 级到 $+1$ 级依次测量，以免漏测数据.

(1) 测光栅常数 d.

① 旋紧游标盘止动螺钉、转座与刻度盘止动螺钉.

② 手握望远镜支臂，转动望远镜，观察汞灯绿线（已知 λ 绿 $=546.1$ nm）的一级衍射光谱，让望远镜对准中央明纹，然后转到 $k=-1$ 绿光谱线处，旋紧望远镜止动螺钉，固定望远镜.

③ 借助望远镜微调螺钉，使分划板的垂直刻线对准谱线，从左、右游标上读取两个记入表 19-1 中.

④ 松开望远镜止动螺钉.同理，测量 $k=1$ 绿光谱数据.

⑤ 从数据获得衍射角 ϕ_1，代入公式 $d\sin\phi=\lambda$，即可求得 d.

(2) 测定未知光波的波长.

① 松开望远镜止动螺钉，移动望远镜，依次对准 $k=-1$ 处黄Ⅰ、黄Ⅱ、紫光谱线，并读取数据.

② 测量 $k=1$ 处的谱线数据.

③ 将光栅常数 d 和衍射角 ϕ 代入公式，求出各谱线波长.

【实验结果与数据处理】

表 19-1　光栅衍射实验数据记录

$\Delta_{仪}=\pm 2'\approx \pm 0.000\ 58$(弧度)

光谱线颜色/波长(nm)	黄Ⅱ		黄Ⅰ		绿(546.1)		紫	
衍射光谱级次 k								
游标	Ⅰ	Ⅱ	Ⅰ	Ⅱ	Ⅰ	Ⅱ	Ⅰ	Ⅱ
左侧($k=-1$)衍射光方位 $\phi_{左}$								
右侧($k=+1$)衍射光方位 $\phi_{右}$								
$2\phi_m=\lvert\phi_{左}-\phi_{右}\rvert$								
$\overline{2\phi_m}$								
$\overline{\phi_m}$								

$\Delta_d=d\cdot\dfrac{\Delta_{\phi k}}{\tan\phi_{绿k}}=$________________;

$\Delta_\lambda=\sqrt{\sin^2\phi_k\cdot\Delta_d^2+d^2\cdot\cos^2\phi_k\cdot\Delta\phi_k^2}=$________________;

$d=\overline{d}\pm\Delta_d=$________________;

$\lambda_{黄Ⅰ}=\overline{\lambda_{黄Ⅰ}}\pm\Delta_{\lambda黄Ⅰ}=$________________;

$\lambda_{黄Ⅱ}=\overline{\lambda_{黄Ⅱ}}\pm\Delta_{\lambda黄Ⅱ}=$________________;

$\lambda_{紫}=\overline{\lambda_{紫}}\pm\Delta_{\lambda紫}=$________________.

【思考题】

1. 用光栅方程 $d\sin\phi_k=k\lambda$ 测 d(或 λ)时,要保证什么实验条件?如何实现?

2. 当用钠光(波长 $\lambda=589.3$ nm)垂直入射到 1 nm 内有 300 条刻痕的平面透射光栅上时,问最多能看到几级光谱?

阅读材料　生物大分子衍射技术

从衍射花样(衍射线的方向和强度)推算生物大分子的三维结构(也常称空间结构、立体结构或构象)的技术.其主要原理如下:X 射线、中子束或电子束通过生物大分子有序排列的晶体或纤维所产生的衍射花样,与样品中原子的排布规律有可相互转换的关系(互为傅立叶变换).

X 射线衍射技术能够精确测定原子在晶体中的空间位置,是迄今研究生物大分子结构的主要技术.中子衍射和电子衍射技术用来弥补 X 射线衍射技术之不足,生物大分子单晶体的X射线衍射技术是20世纪50年代以后首先从蛋白质的晶体结构研究中发展起来的，并于70年代形成一门晶体学的分支学科——蛋白质晶体学.

生物大分子单晶体的中子衍射技术用于测定生物大分子中氢原子的位置，也属于蛋白质晶体学.纤维状生物大分子的X射线衍射技术用来测定这类大分子的一些周期性结构(图19-6)，如螺旋结构等.以电子衍射为原理的电子显微镜技术能够测定生物大分子的大小、形状及亚基排列的二维图像.它与光学衍射和滤波技术结合而成的三维重构技术，能够直接显示生物大分子低分辨率的三维结构.

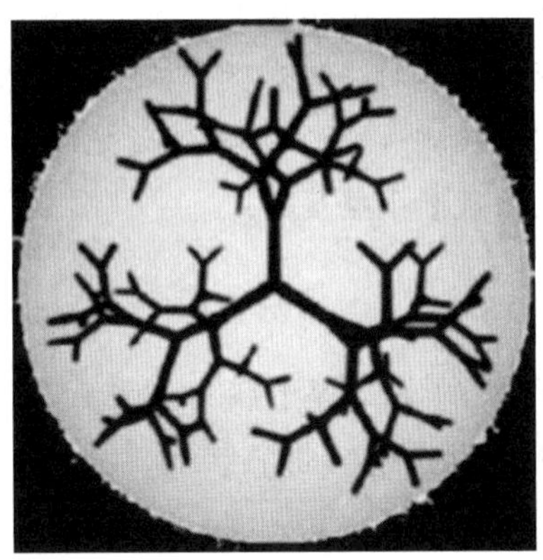

图 19-6 树状大分子

实验 20　光的等厚干涉——牛顿环

等厚干涉是薄膜干涉的一种.当薄膜层的上下表面有一很小的倾角时,从光源发出的光经上下表面反射后在上表面附近相遇时产生干涉,并且在厚度相同的地方形成同一干涉条纹,这种干涉就叫等厚干涉.其中,牛顿环是等厚干涉最典型的例子,最早为牛顿所发现,但由于他主张的微粒学说而未能对牛顿环做出正确的解释.光的等厚干涉原理在生产实践中具有广泛的应用,可用于检测透镜的曲率,测量光波的波长,精确测量微小长度、厚度和角度,检验物体表面的光洁度和平整度等.

【实验目的】

(1) 观察光的等厚干涉现象,了解等厚干涉的特点.

(2) 学习用干涉方法测量平凸透镜的曲率半径.

(3) 掌握读数显微镜的使用方法.

(4) 学习用逐差法处理数据.

【实验原理】

牛顿环是由一块曲率半径较大的平凸玻璃,其凸面置于一块光学平板玻璃上构成,这样平凸玻璃的凸面和平板玻璃的表面之间形成一个空气薄层,其厚度由中心到边缘逐渐增加,当平行单色光垂直照射到牛顿环上,经空气薄膜层上、下表面反射的光在凸面处相遇将产生干涉,其干涉图样是以玻璃接触点为中心的一组明暗相间的同心圆环,如图 20-1 所示.这一现象是牛顿发现的,故称这些环纹为牛顿环.

如图 20-2 所示,设平凸玻璃面的曲率半径为 R,与接触点 O 相距为 r 处的空气薄层厚度为 e,由几何关系有

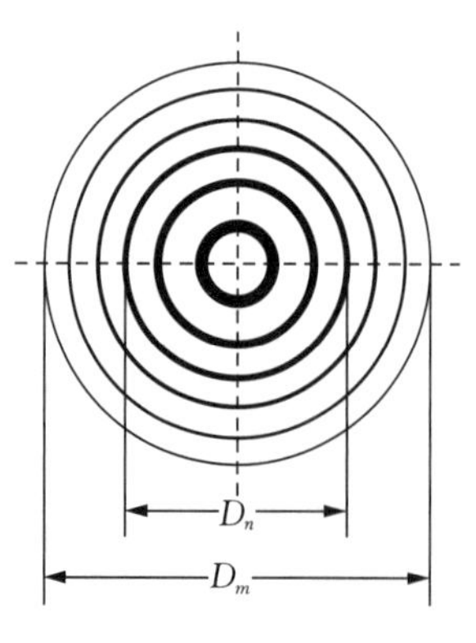

图 20-1　牛顿环

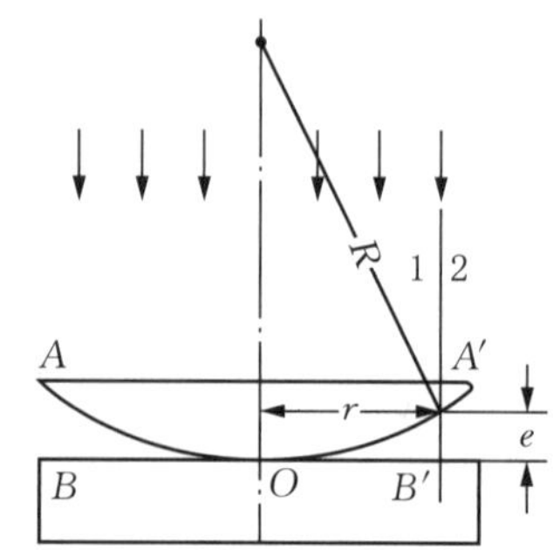

图 20-2　产生牛顿环的光路示意图

$$R^2=(R-e)^2+r^2=R^2-2Re+e^2+r^2$$

因 $R\gg e$，所以，e^2 项可以被忽略，有

$$e=\frac{r^2}{2R} \tag{20-1}$$

现在考虑垂直入射到 r 处的一束光，它经薄膜层上、下表面反射后在凸面处相遇时，其光程差为

$$\delta=2e+\lambda/2$$

其中，$\lambda/2$ 为光从平板玻璃表面反射时的半波损失，把(20-1)式代入，得

$$\delta=\frac{r^2}{R}+\frac{\lambda}{2} \tag{20-2}$$

由干涉理论，产生暗环的条件为

$$\delta=(2k+1)\frac{\lambda}{2},\qquad k=0,\ 1,\ 2,\ 3,\ \cdots \tag{20-3}$$

从(20-2)式和(20-3)式可以得出，第 k 级暗纹的半径为

$$r_k^2=kR\lambda,\qquad k=0,\ 1,\ 2,\ 3,\ \cdots \tag{20-4}$$

由上式可知，如果已知光波波长 λ，只要测出 r_k，即可求出曲率半径 R；反之，已知 R 也可由(20-4)式求出波长 λ.由于接触点处机械压力引起玻璃形变，使得接触点不可能是一个理想点，而是一个明暗不清的模糊圆斑.或者接触点处不十分干净，空气间隙层中有了尘埃，附加了光程差，干涉环中心为一亮(或暗)斑.因为无法确定环的几何中心，通常取两个暗环直径的平方差来计算 R.

根据(20-4)式，第 m 环暗纹和第 n 环暗纹的直径可表示为

$$D_m^2=4mR\lambda \tag{20-5}$$

$$D_n^2=4nR\lambda \tag{20-6}$$

把(20-5)式和(20-6)式相减，得到

$$D_m^2-D_n^2=4(m-n)R\lambda$$

则曲率半径

$$R=\frac{D_m^2-D_n^2}{4(m-n)\lambda} \tag{20-7}$$

上式说明，两暗环直径的平方差只与它们相隔几个暗环的数目$(m-n)$有关，与它们各自的级别无关.因此在测量时，只要测出第 m 环和第 n 环直径，数出环数差 $m-n$，即可计算出透镜的曲率半径 R.用环数代替级数，无须确定各环的级数，避免了圆心无法准确确定的困难.

由于接触点处玻璃有弹性形变，因此，在中心附近的圆环将发生移位，故拟利用远离

中心的圆环进行测量.

【实验仪器】

读数显微镜、钠光灯(单色光源,$\lambda=589.3$ nm)、牛顿环仪.

读数显微镜是一种测量微小尺寸或微小距离变化的仪器.其结构如图 20-3 所示,是由一个带"十"字叉丝的显微镜和一个螺旋测微装置所构成.

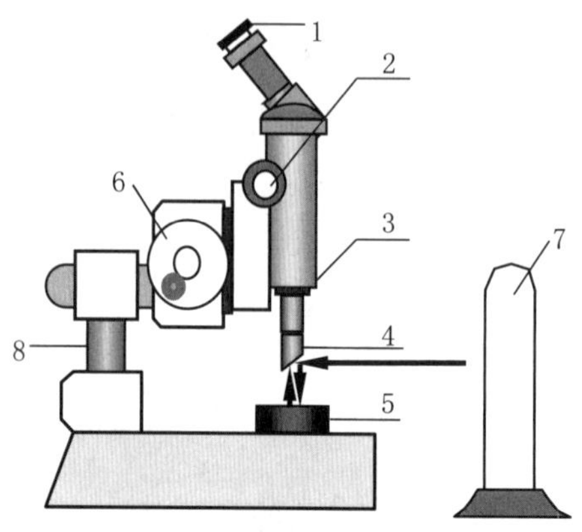

1-目镜;2-调焦手轮;3-物镜;4-45°玻璃片;5-牛顿环仪;6-测微鼓轮;7-钠灯;8-支架

图 20-3　测量牛顿环装置图

显微镜包括目镜、"十"字叉丝和物镜.整个显微系统与套在测位螺杆的螺母管套相固定.旋转测微鼓轮,就能使测微螺杆转动,它就带着显微镜一起移动,移动的距离可由主尺和测微鼓轮读出.显微镜丝杆的螺距为 1 mm,测微鼓轮的圆周刻有 100 分格,分度值为 0.01 mm,读数可估计到 0.001 mm.

【实验步骤】

1. 观察牛顿环的干涉图样

(1) 调整牛顿环仪的 3 个调节螺丝,把自然光照射下的干涉图样移到牛顿环仪的中心附近.注意调节螺丝不能太紧,以免中心暗斑太大,甚至损坏牛顿环仪.

把牛顿环仪置于显微镜的正下方,如图 20-3 所示.调节读数显微镜上 45°角半反射镜的位置,直至从目镜中能看到明亮的均匀光照.

(2) 调节读数显微镜的目镜,使"十"字叉丝清晰,自下而上调节物镜,直至观察到清晰的干涉图样.移动牛顿环仪,使中心暗斑(或亮斑)位于视域中心,调节目镜系统,使叉丝横丝与读数显微镜的标尺平行,消除视差,并观测待测的各环左右是否都在读数显微镜的读数范围之内.

2. 测量牛顿环的直径

(1) 选取要测量的 m 和 n 各 5 个条纹,如取 m 为 20, 19, 18, 17, 16 共 5 个环,n 为 10, 9, 8, 7, 6 共 5 个环.

(2) 转动鼓轮,先使镜筒向左移动,顺序数到 25 环.再向右转到 20 环,使叉丝尽量对准干涉条纹的中心,记录读数.继续转动测微鼓轮,使叉丝依次与 20, 19, 18, 17, 16, 10, 9, 8, 7, 6 环对准,顺次记下读数.再继续转动测微鼓轮,使叉丝依次与圆心右 6, 7, 8, 9, 10, 16, 17, 18, 19, 20 环对准,也顺次记下各环的读数,求得各环的直径,

$$D_{20}=|d_{20左}-d_{20右}|$$

注意在一次测量过程中,测微鼓轮应沿一个方向旋转,中途不得反转,以免引起回程差.

【注意事项】

(1) 牛顿环仪、透镜和显微镜的光学表面不清洁,要用专门的擦镜纸轻轻揩拭.

(2) 测量显微镜的测微鼓轮在每一次测量过程中只能向一个方向旋转,中途不能反转.

(3) 当用镜筒对待测物聚焦时,为防止损坏显微镜物镜,正确的调节方法是使镜筒移离待测物(即提升镜筒).

【实验结果与数据处理】

1. 将测量数据填入表 20-1,并计算平均值$\overline{D_m^2-D_n^2}$.

表 20-1　牛顿环的测量数据表

$\lambda=$________m, $m-n=$________

环　数			直径 D_m (mm)	环　数			直径 D_n (mm)	$D_m^2-D_n^2$ (mm^2)
m	左	右		n	左	右		
$\overline{D_m^2-D_n^2}=$								

2. 确定平凸透镜凸面曲率半径的最佳值和不确定度 Δ_R.

曲率半径的最佳值 $\overline{R}=\dfrac{\overline{D_m^2-D_n^2}}{4(m-n)\lambda}=$____________(mm);

$$\Delta_A=S_{D_m^2-D_n^2}=\sqrt{\frac{\sum[(D_m^2-D_n^2)_i-\overline{(D_m^2-D_n^2)}]^2}{k-1}}=\text{\_\_\_\_\_\_\_\_}(\mathrm{mm}^2)(\text{本实验 } k=5);$$

$\Delta(D_m^2-D_n^2)\approx\Delta_A=$____________(mm^2);

$\Delta_R=\dfrac{\Delta(D_m^2-D_n^2)}{4(m-n)\lambda}=$____________(mm).

3. 写出实验结果:$R=\overline{R}\pm\Delta_R$(mm),并作分析和讨论.

【思考题】

1. 牛顿环干涉条纹形成在哪一个面上？产生的条件是什么？

2. 牛顿环干涉条纹的中心在什么情况下是暗的？在什么情况下是亮的？

3. 分析牛顿环相邻暗(或亮)环之间的距离(靠近中心与靠近边缘的大小).

4. 为什么说测量显微镜测量的是牛顿环的直径,而不是显微镜内被放大了的直径？若改变显微镜的放大倍率,是否会影响测量的结果？

5. 如何用等厚干涉原理检验光学平面的表面质量？

实验 21　透镜焦距的测定

透镜和透镜组合是光学仪器中最基本的元件，透镜的焦距能反映出透镜的主要性能.在成像光仪器中，如显微镜、望远镜、照相机等这类仪器都是不同焦距的透镜组合.因此，透镜焦距是设计这类光学仪器的主要参量.

【实验目的】

(1) 掌握凸透镜和凹透镜的光学性质.

(2) 学会用共轭法测量凸透镜的焦距.

【实验原理】

1. 薄透镜成像规律

当透镜的厚度与其两折射球面的曲率半径相比可以忽略时，可视该透镜为薄透镜.薄透镜一般有凸透镜和凹透镜两种.凸透镜具有使光线会聚的作用.当一束平行于透镜主光轴的光线通过透镜时，将会聚于主光轴上，会聚点 F 称为该凸透镜的焦点，透镜光心 O 到焦点 F 的距离称为该凸透镜的焦距 f，如图 21-1(a)所示.凹透镜具有使光线发散的作用.当一束平行于透镜主光轴的光线通过凹透镜时，成为发散光束，发散后的光线反向延长线交于一点 F'，称为该凹透镜的焦点，焦点到光心的距离就是该凹透镜的焦距 f'，如图 21-1(b)所示.

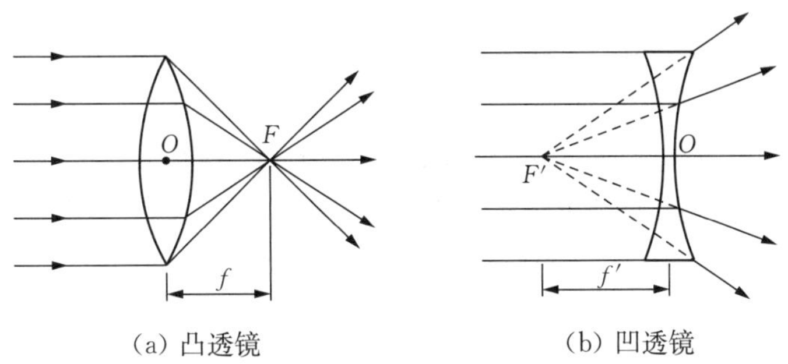

(a) 凸透镜　　(b) 凹透镜

图 21-1　透镜的焦点和焦距

在近轴光线(指通过透镜中心并与主轴成很小夹角的光束)的条件下，薄透镜(包括凸透镜和凹透镜)成像的规律可表示为

$$\frac{1}{u}+\frac{1}{v}=\frac{1}{f} \tag{21-1}$$

式中，u 为物距，v 为像距，f 为焦距，u，v 和 f 均从透镜的中心算起.物距 u 恒取正值，像距 v 的正负由像的实虚来决定.实像时，v 为正；虚像时，v 为负.凸透镜的 f 取正值，凹透镜的 f 取负值.为了便于计算，(21-1)式也可改写为

$$f=\frac{uv}{u+v} \tag{21-2}$$

2. 薄透镜焦距的测量原理

(1) 测凸透镜的焦距.

① 粗测法.当物距为无穷远时,通过透镜成像在此透镜的焦平面上.例如,通过透镜看窗外较远的景物,调整眼睛与透镜之间的距离,直到景物清晰为止,人眼到透镜的距离即为此凸透镜的焦距.这种方法的测量误差大约为10%左右,可作为透镜焦距的粗略估计.

② 物距像距法.这是大家很熟悉的方法,只要测出物距 u、像距 v,由(21-2)式就可以算出焦距 f.

③ 自准直法.用屏上"1"字矢孔作为发光物,放在凸透镜的前焦面上,它发出的光线经凸透镜后变为不同方向的平行光,用一与主光轴垂直的平面镜反射回去,再经透镜会聚到矢孔屏上时,是一个与原物大小相等的倒立实像.它位于透镜的前焦面上,测出物屏与透镜光心的距离即为透镜的焦距,如图21-2所示.

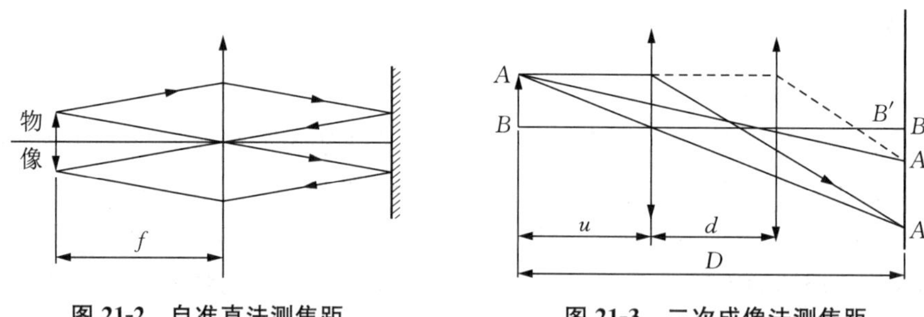

图21-2 自准直法测焦距　　图21-3 二次成像法测焦距

物距像距法和自准直法测透镜的焦距时,都必须考虑如何确定光心的位置,光心的含义如下:光线从各个方向通过透镜中的一点而不改变方向,这个点就是该透镜的光心.透镜的光心一般与它的几何中心不重合,因而光心的位置不易确定,上述两种方法用来测定透镜焦距是不够准确的,误差为1%~5%.

④ 二次成像法(共轭法、贝塞尔法).如图21-3所示,取矢孔屏与观察屏的间距 $D>4f$,并在实验中保持不变,将凸透镜从矢孔屏向观察屏移动,屏上会出现一个清楚的放大像,这时物距为 u,像距为 $D-u$.由(21-1)式,有

$$\frac{1}{u}+\frac{1}{D-u}=\frac{1}{f} \tag{21-3}$$

凸透镜再向前移动距离 d,屏上又会出现一个清楚的缩小像.此时物距为 $u+d$,像距为 $D-u-d$.由(21-1)式,有

$$\frac{1}{u+d}+\frac{1}{D-u-d}=\frac{1}{f} \tag{21-4}$$

由于(21-3)式和(21-4)式的右边相等,可以得到两式的左边相等,解出

$$u=\frac{D-d}{2} \tag{21-5}$$

将(21-5)式代入(21-3)式,得

$$f=\frac{D^2-d^2}{4D} \tag{21-6}$$

这个方法的优点是避免了测量 u 和 v 时不能确定光心带来的误差,D 和 d 可以测得比较准确.这个方法的误差为 1%左右.

(2) 测凹透镜的焦距.

凹透镜为发散透镜,不能对实物成像.如图 21-4 所示,用带“1”字矢孔屏作为发光物 AB,先使 AB 发出的光线经凸透镜 L_1 后形成实像 $A'B'$,在 L_1 与实像 $A'B'$之间放入待测凹透镜 L_2,此时 L_2 的虚物 $A'B'$在同一侧产生一实像 $A''B''$.设 u 为虚物的物距,v 为像距,则凹透镜的焦距为

$$f=-\frac{uv}{u-v} \tag{21-7}$$

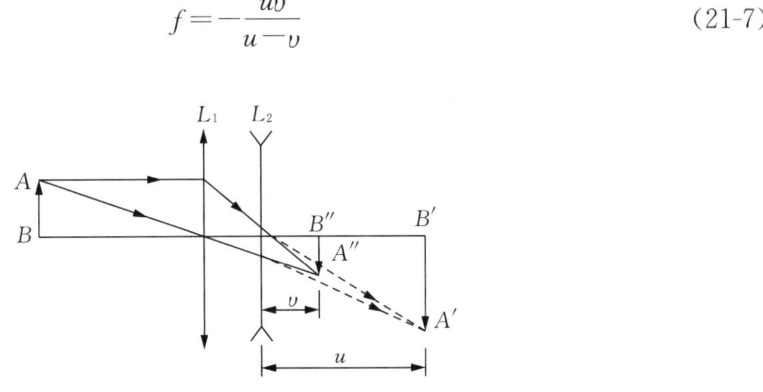

图 21-4 测凹透镜焦距

【实验仪器】

光具座、光源、三角形小孔(物)、观察屏、凸透镜、凹透镜.

【实验内容】

1. 共轴调节

只有当光源、发光物(矢孔屏)、透镜等各光学元件的主光轴重合时,薄透镜成像公式在近轴光线的条件下才能成立.习惯上称各光学元件主光轴重合为“共轴”.调节“共轴”的方法一般是先粗调、后细调.

(1) 粗调.

将各光学元件(光源、发光物、透镜、观察屏)放置于导轨上,用眼睛观察,使物、屏和光源的中心与透镜的中心大致在一条与导轨平行的直线上.

(2) 细调.

利用共轭法成像规律作进一步调整.取光源矢孔与观察屏之间的距离 $D>4f$,如图 21-3 所示,放上凸透镜.移动凸透镜的位置,当物距小时成大像 $A'B'$,当物距大时成小像 $A''B''$.先调像(特别是小像)的成像质量:如果像的上或下部模糊,则调光源或矢孔屏的高低,使上、下部都有一些模糊,再将灯泡移远;如果像的一侧模糊,则调光源或矢孔屏的

横向移动，使像的两侧都有一些模糊，再将灯泡移远.像的清晰与否，主要看矢孔屏中的一根金属丝是否清楚.再调两像的中心等高；调好小像，用橡皮筋套在中心作记号；再调好大像，调光源的水平仰角和凸透镜的高低，使橡皮筋平分大像高度；再一次调小像，用橡皮筋平分小像高……这样重复两三次即可.放上凹透镜，如图 21-4 所示，调凹透镜的高低，使所成像被橡皮筋上、下平分.

2. 测凸透镜的焦距

(1) 粗测凸透镜的焦距.

在实验室保留一盏日光灯.小心取下凸透镜，接近桌面，找到日光灯的像，用直尺大致测量凸透镜至像的距离，即凸透镜的焦距.

(2) 用共轭法测凸透镜的焦距.

① 用粗测的方法得到 f 后，取物与屏的距离大于 4 倍焦距($D>4f$)，固定物与屏的距离 D(D 尽量小些).

② 移动凸透镜的位置，在屏上形成缩小的倒立实像，记下凸透镜的位置 x_1.

③ 再移动凸透镜的位置，在屏上形成放大的倒立实像，记下凸透镜的位置 x_2，则 $d=|x_1-x_2|$.

④ 利用(21-6)式计算焦距 f.

⑤ 重复测量 5 次，填入表 21-1.

表 21-1　测凸透镜的焦距

(单位：cm)

测量次数	凸透镜的第一次位置 x_1	凸透镜的第二次位置 x_2	$d=\|x_1-x_2\|$	$\overline{d}$
1				
2				
3				
4				
5				

3. 用物距像距法测凹透镜焦距

(1) 先在光源与观察屏之间放置一已知焦距的凸透镜，使其成像，并记录像的位置.

(2) 再置待测凹透镜于凸透镜与观察屏之间，缓慢移动观察屏或凹透镜至呈现清晰像为止，记录此时凹透镜的位置与成像的位置(表 21-2).

表 21-2　测凹透镜的焦距

(单位：cm)

项目 次数	凹透镜的 位置 x_0	第一次成像的 位置 x_1	最后成像的 位置 x_2	物距 $u=x_1-x_0$	像距 $v=x_2-x_0$	焦距 f
1						
2						
3						

(3) 参照图 21-4 所示测量物距 u、像距 v 后，代入(21-7)式计算焦距 f.

(4) 改变凸透镜的位置，重复(1)和(2)，求出焦距的平均值.

【实验结果与数据处理】

1. 共轭法测凸透镜焦距

$$\bar{d}=\_\_\_\_\_\_\_\_(\mathrm{cm});$$

$$\bar{f}=\frac{D^2-(\bar{d})^2}{4D}\_\_\_\_\_\_\_\_(\mathrm{cm}).$$

2. 物像法测凹透镜的焦距

$$f=\frac{uv}{u-v}=\_\_\_\_\_\_\_\_(\mathrm{cm}).$$

【注意事项】

(1) 使用光学元件时要轻拿、轻放，避免元件受振和碰撞.

(2) 任何时候不能用手接触光学表面(如透镜的镜面)，只能接触透镜的侧面.

(3) 当光学表面被玷污时，不能自行处理，应在教师的指导下进行处理.

【思考题】

1. 本实验介绍的几种测量凸透镜焦距的方法，哪一种方法比较好？为什么？

2. 自准直法测凸透镜的焦距时，当物屏与凸透镜间距小于 f 时，能否在屏上成像？此像能否被认可？

3. 当物距不同时，像的清晰范围是否相同？

实验 22 弦振动共振波形及波的传播速度测量

本实验研究波在弦上的传播，驻波形成的条件，以及改变弦长、张力、线密度、驱动信号频率等状况对波形的影响，并可观察共振波形和波速的测量.

FB301 型弦振动实验仪是在传统的弦振动实验仪、弦音计的基础上改进而成的，能做标准的定性弦振动实验，即：通过改变弦线的松紧、长短、粗细，去观察相应的弦振动的改变及音调的改变.另外，FB301 型弦振动实验仪还能配合示波器进行定量的实验，测量弦线上横波的传播速度和弦线的线密度等.

【实验目的】

(1) 了解波在弦上的传播及驻波形成的条件.

(2) 测量不同弦长和不同张力时的共振频率.

(3) 测量弦线的线密度.

(4) 测量弦振动时波的传播速度.

【实验原理】

正弦波沿着拉紧的弦传播，可用(22-1)式来描述：

$$y_1 = y_m \sin 2\pi(x/\lambda - ft) \tag{22-1}$$

如果弦的一端被固定，那么，当波到达端点时会反射回来，反射波可表示为

$$y_2 = y_m \sin 2\pi(x/\lambda + ft) \tag{22-2}$$

在保证这些波的振幅不超过弦所能承受的最大振幅时，两束波叠加后的波方程

$$y = y_1 + y_2 = y_m \sin 2\pi(x/\lambda - ft) + y_m \sin 2\pi(x/\lambda + ft) \tag{22-3}$$

利用三角公式可求得

$$y = 2y_m \sin(2\pi x/\lambda)\cos(2\pi ft) \tag{22-4}$$

(22-4)式的特点如下：当时间固定为 t_0 时，弦的形状是振幅为 $2y_m\cos(2\pi ft_0)$ 的正弦波形.在位置固定为 x_0 时，弦作简谐振动，振幅为 $2y_m\sin(2\pi x_0/\lambda)$.当 $x_0 = \frac{1}{4}\lambda,\ \frac{3}{4}\lambda,\ \frac{5}{4}\lambda,\ \cdots$ 时，振幅达到最大；当 $x_0 = \frac{1}{2}\lambda,\ \lambda,\ \frac{3}{2}\lambda \cdots$ 时，振幅为零.这种波形叫驻波.

以上分析是假定驻波是由原波和反射波叠加而成的，实际上弦的两端都是被固定的，在驱动线圈的激励下，弦线受到一个交变磁场力的作用会产生振动、形成横波.当波传到一端时都会发生反射，一般来说，不是所有增加的反射都是同相的，而且振幅都很小.当均匀弦线的两个固定端之间的距离等于弦线中横波的半波长的整数倍时，反射波就会同相，

产生振幅很大的驻波，弦线会形成稳定的振动.当弦线的振动为一个波腹时，该驻波为基波，基波对应的驻波频率为基频，也称共振频率.当弦线的振动为两个波腹时，该驻波为二次谐波，对应的驻波频率为基频的两倍.一般情况下，基波的振动幅度比谐波的振动幅度大.

另外，从弦线上观察到的频率(即从示波器上观察到的波形)一般是驱动频率的两倍，这是因为驱动的磁场力在一个周期内两次作用于弦线的缘故.当然，通过仔细的调节，弦线的驻波频率等于驱动频率或者其他倍数也是可能的，这时的振幅会小些.

下面就共振频率与弦长、张力、弦的线密度之间的关系进行分析.

只有当弦线的两个固定端的距离等于弦线中横波对应的半波长的整数倍时，才能形成驻波，即有 $L=n\frac{\lambda_n}{2}$ 或 $\lambda_n=\frac{2L}{n}$.其中，L 为弦长，λ_n 为驻波波长，n 为波腹数.

根据波动理论，假设弦柔性很好，波在弦上的传播速度 v 取决于两个变量:线密度 μ 和弦的拉紧度 T，其关系式为

$$v=\sqrt{\frac{T}{\mu}} \tag{22-5}$$

其中，μ 为弦线的线密度，即单位长度弦线的质量(单位为 kg/m)，T 为弦线的张力(单位为 N).根据 $v=f\cdot\lambda$ 这个普遍公式，可得

$$v_n=f_n\lambda_n=\sqrt{\frac{T}{\mu}} \tag{22-6}$$

如果已知 μ 值时，即可求得频率

$$f_n=\sqrt{\frac{T}{\mu}}\cdot\frac{n}{2L} \tag{22-7}$$

如果已知 f，则可求得线密度

$$\mu=\frac{n^2T}{4L^2f_n^2} \tag{22-8}$$

【实验仪器】

FB301 型弦振动实验仪、FB301 型弦振动实验信号源各 1 台，双踪示波器 1 台.

实验仪器结构描述如图 22-1 所示.

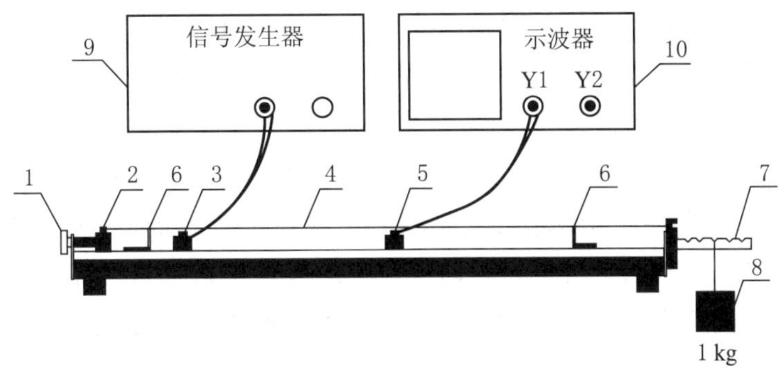

1-调节螺杆；2-圆柱螺母；3-驱动传感器；4-钢丝弦线；5-接收传感器；6-支撑板；7-拉力杆；8-悬挂砝码；9-信号源；10-示波器

图 22-1　实验仪器结构示意图

【实验内容】

1. 实验前准备

(1) 选择一条弦,将弦的带有铜圈的一端固定在拉力杆的U形槽中,把另一端固定到调整螺杆上圆柱形螺母上端的小螺钉上.

(2) 把两块支撑板放在弦下相距为 L 的两点上(它们决定振动弦的长度).

(3) 挂上砝码(0.50 kg 或 1.00 kg 可选)到实验所需拉紧度的拉力杆上,然后旋动调节螺杆,使拉力杆水平(这样才能从挂的物块质量精确地确定弦的拉紧度),如图 22-2 所示.如果悬挂砝码"M"在拉力杆的挂钩槽 1 处,弦的拉紧度(张力)等于 $1Mg$, g 为重力加速度($g=9.80\ \mathrm{m/s^2}$);如果挂在挂钩槽 2 处,弦张力为 $2Mg$;依此类推.

注意:由于砝码的位置不同,弦线的伸长量也有变化,故需重新微调拉力杆的水平.

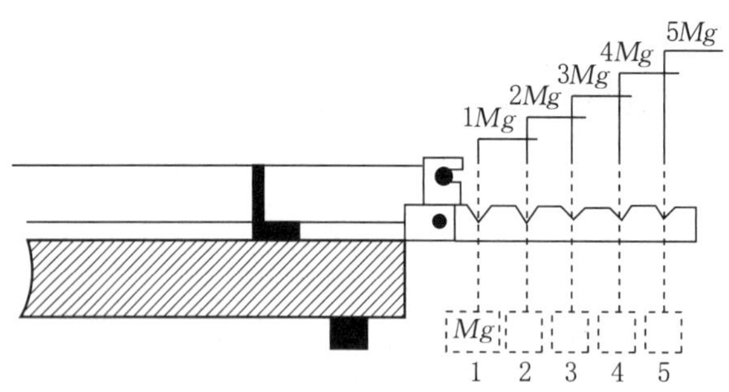

图 22-2　挂砝码位置

(4) 按图 22-1 连接好导线.

2. 实验内容

提示:为了避免接收传感器和驱动换能器之间的电磁干扰,在实验过程中,要保证两者之间的距离不小于 10 cm.

(1) 放置两个支承板相距 60 cm,装上一条弦.在拉力杠杆上挂上质量为 1.00 kg 的铜砝码(仪器随带砝码包括:1 个 500 g, 1 个 200 g, 2 个 100 g, 1 个 50 g, 1 个 50 g 钩码,总质量共计 1.00 kg).旋动调节螺杆,使拉力杠杆处于水平状态,把驱动线圈放在离支承板 5~10 cm 处,把接收线圈放在弦的中心位置.把弦的张力 T 和线密度 μ 记录下来.

(2) 调节信号发生器,产生正弦波,同时,把示波器设置为"自动"(Auto)状态.

(3) 慢慢提高信号发生器频率,观察示波器接收到的波形振幅的改变.注意:频率调节过程不能太快,因为弦线形成驻波过程需要一定的能量积累时间,太快则来不及形成驻波.如果不能观察到波形,可以适当增大信号源的输出幅度;如果弦线的振幅太大,造成弦线敲击传感器,应适当减小信号源输出幅度.一般信号源输出为 2~3 V_{pp}(峰-峰值)时,即可观察到明显的驻波波形,同时观察弦线,可看到有明显的振幅.当弦振动最大时,示波器接收到的波形振幅最大,弦线达到了共振,这时的驻波频率就是共振频率.记下示波器上波形的周期，即可得到共振频率 f.

注意：一般弦的振动频率不等于信号源的驱动频率，而是 2 倍或整数倍的关系.

(4) 再增加输出频率，连续找出几个共振频率(如 3 个). 当驻波的频率较高，弦线上形成几个波腹、波节时，弦线的振幅会较小，肉眼可能不易观察到. 这时先把接收线圈移向右边支承板，再逐步向左移动，同时观察示波器，找出并记下波腹和波节的个数.

(5) 移动支承板，改变弦的长度. 根据以上步骤重复做 5 次. 记录下不同的弦长和共振频率. 注意：两个支承板的距离不要太小，如果弦长较小、张力较大时，需要较大的驱动信号幅度.

(6) 放置两个支承板相距 60 cm(或自定)，并保持不变. 通过改变弦的张力(也称拉紧度)，弦的张力由砝码所挂的位置决定(如图 22-2 所示，这些位置的张力成 1，2，3，4，5 的整倍数关系). 测量并记录不同拉紧度下驻波的共振频率(基频)和张力. 观察共振波的波形(幅度和频率)是否与弦的张力有关.

(7) (选作内容)使弦处于第三档拉紧度，即物块挂于 $3Mg$ 处，放置两个支承板相距 60 cm(上述条件也可自选一合适的范围). 保持上述条件不变，换不同的弦，改变弦的线密度(共有 3 根线密度不同的弦线)，根据步骤(3)和(4)测量一组数据. 观察共振频率是否与弦的线密度有关，共振波的波形是否与弦的线密度有关.

3. 注意事项

(1) 弦上观察到的频率可能不等于驱动频率，一般是驱动频率的 2 倍，因为驱动器的电磁铁在一个周期内两次作用于弦. 在理论上，使弦的静止波等于或是驱动频率的整数倍都是可能的.

(2) 如果驱动与接收传感器靠得太近，将会产生干扰，通过观察示波器中的接收波形可以检验干扰的存在. 当它们靠得太近时，波形会改变. 为了得到较好的测量结果，至少两个传感器的距离应大于 10 cm.

(3) 在最初的波形中，偶然会看到高低频率的波形叠置在一起，这种复合静止波的形成是可能的. 例如，弦振动可以是驱动频率，也可以是它的两倍，因而形成复合波.

(4) 悬挂和更换砝码时动作应轻巧，以免使弦线崩断，造成砝码坠落而发生事故.

【实验结果与数据处理】

1. 不同弦长拉紧弦的共振波频率

弦的线密度 $\mu_0=$ ________ ($\times 10^{-4}$ kg · m^{-1})；

砝码悬挂位置 ________ Mg；

张力 ________ (N)；

波速 $v_0=\sqrt{T/\mu_0}=$ ____________ (m/s).

不同弦长共振波频率数据填入表 22-1.

表 22-1　不同弦长共振波频率数据表

弦长 L(cm)	波腹数 n(个)	共振频率 f_n(Hz)	波长 $\lambda_n=2L/n$ (cm)	基频 $f_1=f_n/n$ (Hz)	波速 $v=f_n\lambda_n$ ($m\cdot s^{-1}$)	波速的百分误差 $E_v=\left\|\frac{v-v_0}{v_0}\right\|\times100\%$
	平均值					
	平均值					
	平均值					
	平均值					
	平均值					

作弦长与共振频率(基频)的关系图 $L\sim\overline{f}_1$.

2. 不同张力时的共振频率

这里的共振频率应为基频，如果误记为倍频，则会得出错误的结果.

共振频率记录表如表 22-2 所示.

表 22-2　共振频率记录表

弦长 (cm)	悬挂位置 (mg)	张力 (N)	共振基频 f_1 (Hz)	波速 $v=f_1\lambda_1=2f_1L$ ($m\cdot s^{-1}$)

作张力与共振频率(基频)的关系图 $T\sim\overline{f}_1$.

3. 求波的传播速度

根据 $v=\sqrt{\dfrac{T}{\mu}}$ 算出波速，并把这一波速与 $v=f\lambda$（f 是共振频率，λ 是波长）作比较.

作张力与波速的关系图 $T\sim v$.

【问题讨论】

1. 通过实验，说明弦线的共振频率和波速与哪些条件有关？

2. 如果弦线有弯曲或者粗细不均匀，对共振频率和形成驻波有何影响？

实验 23　光纤通信原理

光纤通信技术是现代通信技术的主要支柱之一，它具有通信量大、传输质量高、频带宽、保密性能好、抗电磁干扰性强、重量轻、体积小的优点，是理想的现代信息传输和交换工具.

光纤在通信领域、传感技术及其他信号传输技术中得到广泛应用.电光转换和光电转换技术、耦合技术、光传输技术等，都是光纤传输技术及器件构成的重要部分.对于不同频率的信号传输和传输的频带宽度，上述各种技术有很大的差异，构成的器件也具有不同的特性.通过实验了解这些特性及其对信息传输的影响，有助于在科研与工程中恰当地使用这一信号传输技术.

1966 年华裔学者高锟博士依据光的介质波导理论，首次提出光导纤维可以作为光通信的理论.高锟因此被称为“光纤之父”，也因在物理学上的贡献而获得 2009 年诺贝尔物理学奖.1976 年美国贝尔实验室研制成功世界上第一条光纤通信系统.20 世纪 80 年代，长达 8 300 km 横跨太平洋和 6 300 km 横跨大西洋的海底光缆线路相继建成并投入使用.现在，以光纤光缆为主体的现代信息网络已遍布世界每个角落.

【实验目的】

（1）了解光纤通信的基本工作原理.

（2）熟悉光纤通信中的光纤、半导体电光管、半导体光电管的工作原理和部分特性.

（3）了解音频信号光纤传输系统的结构及调试技术.

【实验原理】

光纤通信系统的基本工作过程如下：将信息（语音、图像、数据等）按一定的方式调制到载运信息的光波上，经光纤传输到远端的接收器，再经解调将信息还原并输出.

1. 光纤简介

光纤是光导纤维的简称.常用光纤是由各种导光材料做成的纤维丝，其结构分为两层：内层为纤芯，直径为几微米到几十微米，如图 23-1 所示.

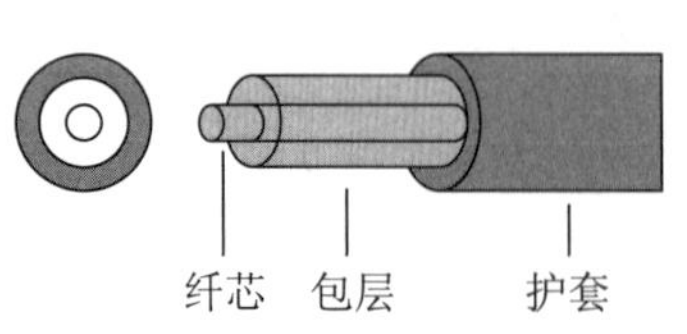

图 23-1　光纤结构示意图

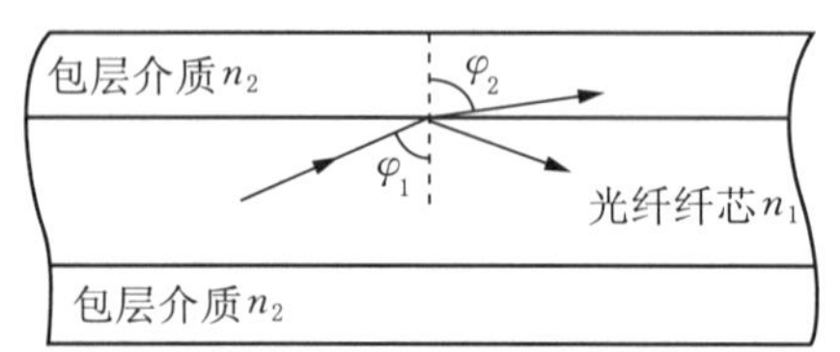

图 23-2　光纤通信原理图

光纤的外层称包层，其材料的折射率 n_2 小于纤芯材料的折射率 n_1.包层外面常有塑料护套保护光纤.由于 $n_2<n_1$，只要入射于光纤头上的光满足一定角度要求，就能在光纤的纤芯和包层的界面上产生全反射，通过连续不断的全反射，光波就可从光纤的一端传输到另一端，如图 23-2 所示.

光纤的主要参数有数值孔径和衰减等.数值孔径是反映光纤接收入射光能力的一个参数，数值孔径越大，接收光的能力就越强.衰减是反映光在传播过程中能量损耗程度的参数，用每千米距离光能(光功率)的衰减分贝数来表示.

如图 23-3 所示，光纤通信具有如下优点：

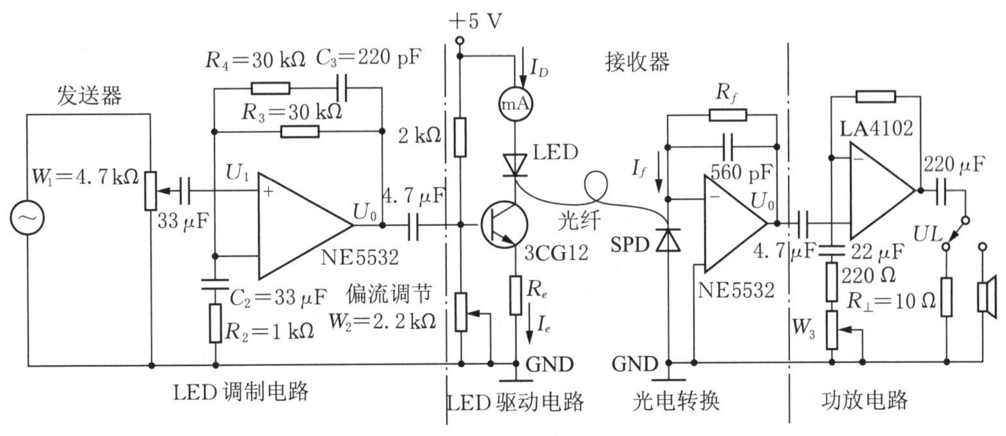

图 23-3　光纤通信原理图

(1) 频带宽，通信容量大.光纤通信以光波作为载体，光的频率高达 10^{14} Hz.通常电话音频带宽为 4～5 kHz，电视视频带宽为 8～10 MHz，因此，在理论上光波可携带上亿路电话、上十万路电视节目，这样大的信息容量是其他方法所不能相比的.

(2) 中继距离长.由于技术的进步，光纤损耗已接近理论极限，现在已能做到 200 余千米不要中继站.

(3) 线径细，重量轻.一根光纤只相当于一根头发丝粗细，与做成相同容量的电缆相比，重量只有电缆的几百分之一或更小.

(4) 取材容易，价格低廉.光纤的主要成分是 SiO_2，Si 是地球上最丰富的元素.

(5) 电磁干扰不易进入光纤.光纤抗干扰强、耐震动，光纤也耐高压、耐腐蚀.

2. 音频信号光纤传输系统的结构和工作原理

音频信号光纤传输系统的结构原理如图 23-4 所示，整个传输系统由光信号发射器、传输光纤和光信号接收器 3 个部分组成.其主要工作原理如下：先将待传输的音频信号作为源信号供给光信号发射器，从而产生相应的光信号，然后，将此光信号经光纤传输后送入光信号接收器，最终再解调出原来的音频信号.为了降低系统的传输损耗，发光器件 LED 的发光中心波长必须在传输光纤的低损耗窗口之内，使得材料色散较小.低损耗的波长在 850 nm，1 300 nm 或 1 600 nm 附近.本实验仪器 LED 发光中心波长为 850 nm，光信号接收器的光电检测器峰值响应波长也与此接近.

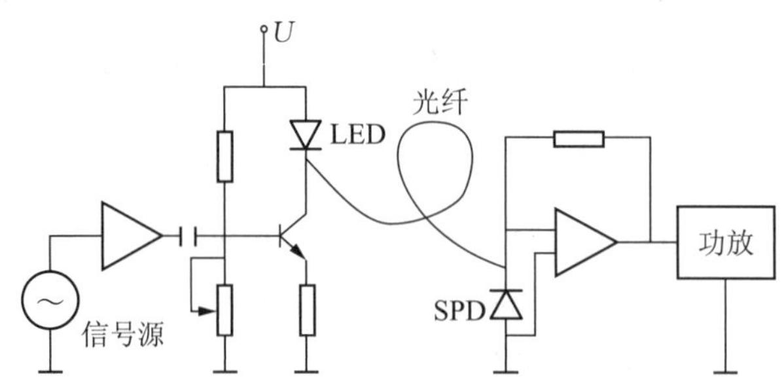

图 23-4　音频信号光纤传输系统结构原理图

为了避免或减少波形失真，要求整个传输系统的频带宽度能覆盖被传输信号的频率范围.由于光纤对光信号具有很宽的频带，故在音频范围内，整个系统频带宽度主要决定于发射端的调制信号放大电路和接收端的功放电路的幅频特性.

3. 光导纤维的结构及传光原理

衡量光导纤维性能好坏有两个重要指标：一是看它传输信息的距离能有多远，二是看它携带信息的容量能有多大.前者决定于光纤的损耗特性，后者决定于基带频率特性.

经过人们对光纤材料的提纯，目前已使光纤的损耗容易做到 1 dB/km 以下.光纤的损耗与工作波长有关，所以，在工作波长的选用上，应尽量选用低损耗的工作波长.光纤通信最早是用 850 nm 短波长，近来发展至用 1 300～1 600 nm 范围的波长，在这一波长范围内光纤不仅损耗低，而且“色散”小.

光纤的基带频率特性主要决定于光纤的模式性质、材料色散和波导色散.光纤按其模式性质通常可以分成两类：①单模光纤；②多模光纤.无论单模或多模光纤，其结构均由纤芯和包层两部分组成.纤芯的折射率较包层折射率大：对于单模光纤，纤芯直径只有 5～10 μm，在一定条件下，只允许一种电磁场形态的光波在纤芯内传播；多模光纤的纤芯直径为 50 μm 或 62.5 μm，允许多种电磁场形态的光波传播.以上两种光纤的包层直径均为 125 μm.按其折射率沿光纤截面的径向分布状况又可分成阶跃型和渐变型两种.对于阶跃型光纤，在纤芯和包层中折射率均为常数，但纤芯折射率 n_1 略大于包层折射率 n_2.所以，对于阶跃型多模光纤，可用几何光学的全反射理论来解释它的导光原理.在渐变型光纤中，纤芯折射率随离开光纤轴线距离的增加而逐渐减小，直到在纤芯-包层界面处减到某一值后在包层的范围内折射率保持该值不变.根据光射线在非均匀介质中的传播理论分析可知：经光源耦合到渐变型光纤中的某些光射线，在纤芯内是沿周期性地弯向光纤轴线的曲线传播.

4. 半导体发光二极管的结构和工作原理

光纤传输系统对光源器件的发光波长、电光功率、工作寿命、光谱宽度和调制性能等许多方面均有特殊要求，能较好满足上述要求的光源器件主要有半导体发光二极管(light emitting diode, LED)和半导体激光器(laser diode, LD).下面主要介绍发光二极管.

半导体发光二极管是低速短距离光通信中常用的非相干光源.它是如图 23-5 所示的 N-P-P 3 层结构的半导体器件，中间层通常是由直接带隙的砷化镓(GaAs)P 型半导体材料组成，称为有源层，其带隙宽度较窄，两侧分别由 AlGaAs 的 N 型和 P 型半导体材料组成，与有源层相比，它们都具有较宽的带隙.具有不同带隙宽度的两种半导体单晶之间的结构称为异质结，在图 23-5 中，有源层与左侧 N 层之间形成的是 P-N 异质结，与右侧 P 层之间形成的是 P-P 异质结，这种结构又称为 N-P-P 双异质结构，简称 DH 结构.

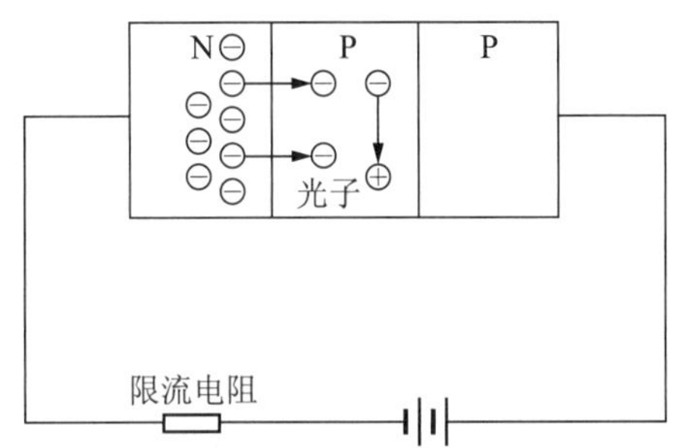

图 23-5 半导体发光二极管的结构及工作原理

当在 N-P-P 双异质结两端加上偏压时，就能使 N 层向有源层注入导电电子，这些导电电子一旦进入有源层后，因受到 P-P 异质结的阻挡作用而不能再进入右侧 P 层，它们只能被限制在有源层内与空穴复合，同时释放能量、产生光子，发出的光子满足以下关系：

$$h\nu = E_1 - E_2 = E_g$$

其中，h 是普朗克常数，ν 是光波频率，E_1 是有源层内导电电子的激发态能级，E_2 是导电电子与空穴复合后处于价键状态时的束缚态能级.两者的差值 E_g 与 DH 结构中各层材料及其组分的选取等多种因素有关，制作 LED 时只要这些材料的选取和组分的控制适当，就可以使 LED 的发光中心波长与传输光纤的低损耗波长一致.

5. LED 的驱动及调制电路

本实验采用半导体发光二极管作为光源器件，音频信号光纤传输系统发送端 LED 的驱动和调制电路如图 23-6 所示，以 BG1 为主构成的电路是 LED 的驱动电路，调节电路中的 W_1 电位器可以使 LED 的偏置电流发生变化.信号发生器产生的音频信号由 U_1 为主构成的音频放大电路放大后经电容器耦合到 BG1 基极，对 LED 的工作电流进行调制，从而使 LED 发送出光强随音频信号变化的光信号，并经光纤把这一信号传送至接收端.半导

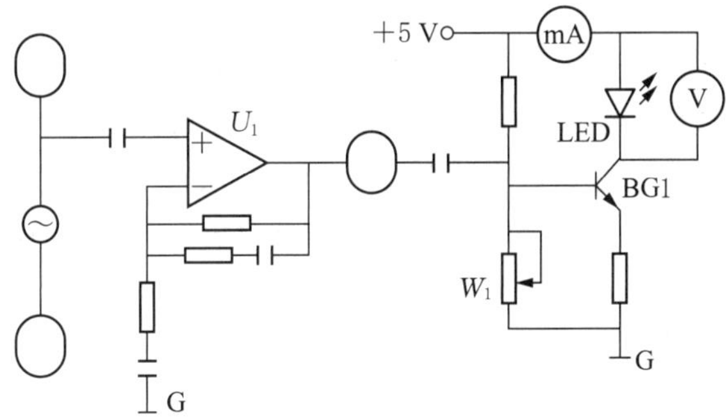

图 23-6 LED 的驱动和调制电路原理图

体发光二极管输出的光功率与其驱动电流的关系称为 LED 的电光特性.为了避免和减小非线性失真,使用时应给 LED 一个适当偏置电流 I,其值等于这一特性曲线线性部分中点对应的电流值,而调制信号的峰-峰值也应位于电光特性线性范围内.对于非线性失真要求不高的情况下,也可把偏置电流选为 LED 最大允许工作电流的一半,这样可使 LED 获得无截止畸变幅度最大的调制,这有利于信号的远距离传输.

6. 半导体光电二极管的工作原理及特性

本仪器的光信号接收采用硅光电二极管(silicon photo diode, SPD).半导体光电二极管与普通的半导体二极管一样,都具有一个 PN 结,但光电二极管在外形结构方面有其自身的特点,这主要表现在光电二极管的管壳上有一个能让光射入其光敏区的窗口.此外,与普通二极管不同,它经常工作在反向偏置电压状态,如图 23-7(a)所示,或者工作在无偏压状态,如图 23-7(b)所示.在反偏电压下,PN 结的空间电荷区的垫垒增高、宽度加大、结电阻减小,所有这些均有利于提高光电二极管的高频响应性能.

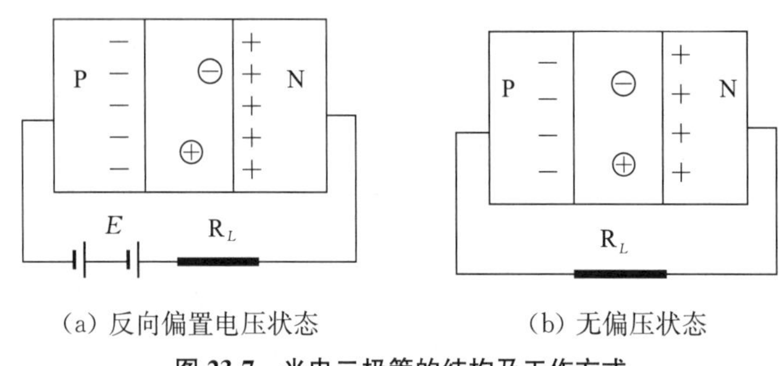

(a) 反向偏置电压状态　　(b) 无偏压状态

图 23-7　光电二极管的结构及工作方式

无光照时,反向偏置的 PN 结只有很小的反向漏电流,称为暗电流.当有光子能量大于 PN 结半导体材料的带隙宽度 E_g 的光波照射到光电二极管的管芯时,PN 结各区域中的价电子吸收光能后将挣脱价键的束缚而成为自由电子,与此同时也产生一个自由空穴,这些由光照产生的自由电子空穴对统称为光生载流子.在远离空间电荷区(亦称耗尽区)的 P 区和 N 区内,电场强度很弱,光生载流子只有扩散运动,它们在向空间电荷区扩散的途中因复合而消失,故不能形成光电流.形成光电流主要靠空间电荷区的光生载流子,因为在空间电荷区内电场很强,在此强电场作用下,光生自由电子空穴对将以很高的速度分别向 N 区和 P 区运动,并很快越过这些区域到达电极,沿外电路闭合形成光电流,光电流的方向是从二极管的负极流向它的正极,并且在无偏压短路的情况下与入射的光功率成正比.因此,在光电二极管的 PN 结中,增加空间电荷区的宽度对提高光电转换效率有着密切的关系.为此目的,若在 PN 结的 P 区和 N 区之间再加一层杂质浓度很低以致可近似为本征半导体的 I 层,就形成了具有 P-I-N 3 层结构的半导体光电二极管,简称 PIN 光电二极管. PIN 光电二极管的 PN 结除具有较宽的空间电荷区外,还具有很大的结电阻和很小的结电容,这些特点使 PIN 管在光电转换效率和高频响应方面与普通光电二极管相比均得到了很大改善.

本实验仪器采用 SPD 光电二极管,工作时 SPD 把经光纤出射端输出的光信号转化为与之光功率成正比的光电流 I，经过电流电压转换电路，再把光电流转换成与之成正比的电压信号.

图 23-8 为仪器 SPD 接收电路原理图.电流电压变换器实现 SPD 光电流转换，转换后的输出电压 $V_{R_F}=I\times R_F(R_F=100\ \text{k}\Omega)$.如果接收到的光电流随音频调制信号的大小而变化，则可以通过功放将变化的转换电压进行放大，用于示波器观测或驱动耳机还原音频信号.

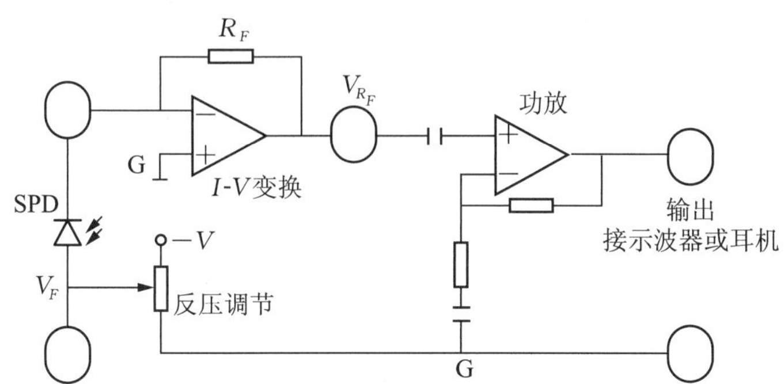

图 23-8 SPD 接收电路原理图

调节发送端 LED 的驱动电流，从零开始，每增加 5 mA 读取一次接受端电流电压变换电路输出电压，测得 LED 光纤组件光电特性曲线电流电压变换电路反馈电组 R_f 的值，便可由这些测量数据得到被测硅光电池的光电特性曲线.根据这一曲线，就可按下面的公式计算被测量光电池的响应度：

$$R=\frac{\Delta I_0}{\Delta P_0}(\text{A/W})$$

其中，ΔP_0 表示两个测量点对应的入照光功率和差值，ΔI_0 为对应的光电流的差值.响应度表征了硅光电池的光电转换效率，它是一个在光电转换电路的设计工作中需要知道的重要参数.

【注意事项】

(1) 实验时禁止随意弯曲光纤，以免折断.

(2) 在实验开始前以及实验结束后，应把发射部分中的“幅度调节”和“偏置电流”电位器逆时针调至最小.

(3) 在实验中，光纤与 LED 发射和 SPD 接收插座连接时应注意不要用力过猛，以免损坏.

【实验仪器】

实验仪器由音频信号光纤传输实验仪(发射部分)、音频信号光纤传输实验仪(接收部分)、耳机、收音机、光纤、示波器等组成(图 23-9).

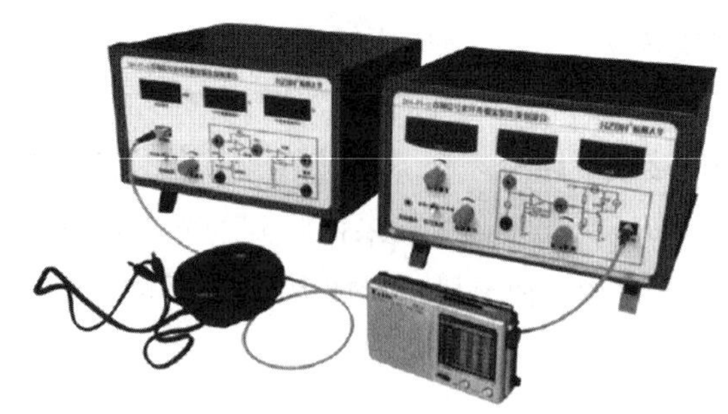

图 23-9　音频信号光纤传输实验仪

1. 仪器主要技术参数

(1) 波形信号发生器：频率 20 Hz～20 000 Hz 连续可调，显示分辨率 1 Hz；幅度可调.

(2) 光功率计：测量范围 0～199.9 μW，显示分辨率 0.1 μW.

(3) LED 偏置电流表：0～199.9 mA，分辨率 0.1 mA.

(4) LED 正向压降电压表：0～1.999 V，分辨率 0.001 V.

(5) SPD 反压可调范围：0～8 V，分辨率 0.01 V，独立数显.

(6) SPD 光电流检测：取样电阻 100 kΩ，指示电压表 0～1.999 V，独立数显.

(7) LED 发射管工作电流：0～60 mA 可调.

(8) 发射信号可选择正弦波和音频.

(9) 收音机 1 台.

(10) 耳机 1 只.

(11) 光纤 1 m 1 根，光纤 30 m 1 根，均带 FC-FC 插头.

(12) 示波器(自备).

2. 仪器使用说明

仪器使用说明如图 23-10 所示，分为接收和发射两个部分介绍.

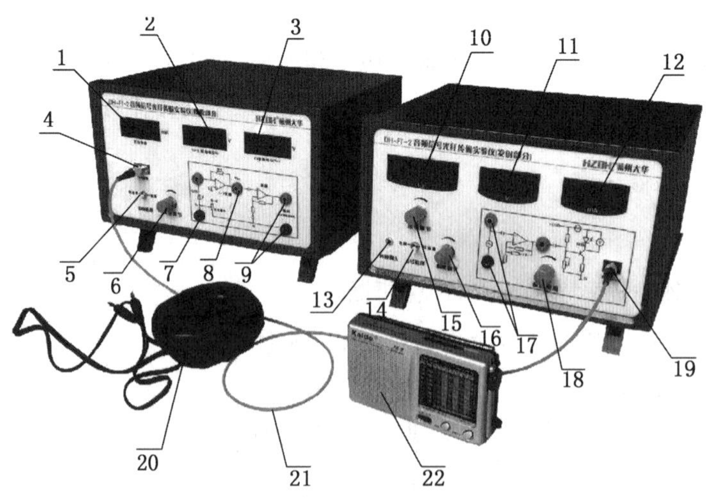

图 23-10　仪器功能说明图

(1) 接收部分.

① 光功率计：指示 SPD 管接收到的光功率.

② SPD 管反向电压显示窗口.

③ 电流电压变换电压 V_{R_F} 显示窗口.假设 SPD 光电流为 I,则 $V_{R_F}=I\times R_F$(其中,$R_F=100\ \text{k}\Omega$).

④ SPD 接收插座:光纤信号输入插座.

⑤ 功能选择开关:SPD 用于光功率指示或接入面板右侧测量电路.

⑥ 反压调节电位器:改变 SPD 反向电压大小,开展 SPD 反向伏安特性测量.

⑦ SPD 反压外部测量接口:用户可使用外部电压表测量.

⑧ SPD 光电流 IV 变换电压外部测量接口:用户可用外部电压表测量 $I\sim V$ 变换电压 V_{R_F}.

⑨ 输出:功放输出接口,用于驱动耳机或连接示波器指示波形.

(2) 发射部分.

⑩ 正弦波信号频率显示窗口.

⑪ LED 正向电压显示窗口:显示 LED 的正向压降大小.

⑫ LED 正向偏置电流显示窗口:显示 LED 的正向偏置电流大小.

⑬ 音频输入:音频信号输入接口,连接外部音频信号(如收音机输出信号).

⑭ 信号选择:外部音频信号和内部正弦波信号接入选择开关.

⑮ 频率调节:内部正弦波信号频率调节电位器.

⑯ 幅度调节:信号幅度衰减调节电位器.

⑰ 发射信号外部测量接口:可外接示波器观察波形.

⑱ 偏置电流:调节 LED 正向直流偏置电流大小.

⑲ LED 发射插座:光纤发射信号输出插座.

⑳ 耳机.

㉑ 光纤.

㉒ 收音机.

【实验内容】

1. 测绘半导体二极管 LED 的正向伏安特性曲线 $V_D\sim I_D$ 和电光特性 $I_D\sim P_0$ 曲线

(1) 实验前,将发射部分面板上的“幅度调节”、“偏置电流”逆时针调节到最小位置;将接收部分面板上的“反压调节”逆时针调节到最小位置,将接收部分的“功能选择”开关置于“光功率”位置.

(2) 用 1 m 光纤将发射部分上的“LED 发射”与接收部分的“SPD 接收”对应连接起来.

(3) 调节发射部分“偏置电流”电位器,使直流毫安表指示从零开始增加,每增加 5 mA,读取一次发射部分 LED 正向电压和接收部分光功率计读数,数据填入表 23-1 和表 23-2.

表 23-1 LED 正向伏安特性测量数据

偏置电流 I_D(mA)	5	10	15	20	25	30	35	40	45	50	55
正向电压 V_D(V)											

表 23-2　LED 电光特性测量数据

偏置电流 I_D(mA)	0	5	10	15	20	25	30	35	40	45	50	55
光功率 P_0(μW)												

(4) 根据表 23-1 的数据,绘制 LED 的正向伏安特性曲线.

(5) 根据表 23-2 的数据,绘制 LED 的电光特性曲线.

注意:当 LED 偏置电流小于 0.1 mA 时,正向电压显示会不稳定,可以增加偏置电流,待显示稳定后读数;当光功率指示始终过小时,请重新连接光纤,以确保显示最大时缓慢锁紧接口.

2. SPD 反向伏安特性 $V_F \sim I$ 和光电特性 $P_0 \sim I$ 的测定

SPD 的反向伏安特性测量原理如图 23-8 所示,测量在不同的光功率下,SPD 的反向电压 V_F 与 SPD 上流经的光电流 I 之间的关系,I 的大小可以通过电流电压变换进行测量,$V_{R_F}=I\times R_F$(其中,$R_F=100\ \text{k}\Omega$).

(1) 实验前,将发射部分面板上的"幅度调节"、"偏置电流"逆时针调节到最小位置;将接收部分面板上的"反压调节"逆时针调节到最小位置,将接收部分的"功能选择"开关置于"光功率"位置.

(2) 用 1 m 光纤将发射部分上的"LED 发射"与接收部分的"SPD 接收"对应连接起来.

(3) 调节发射部分"偏置电流"电位器,使直流毫安表指示从零开始增加,使接收部分光功率计读数为 4 μW;将接收部分的"功能选择"开关置于"测量"位置,调节"反压调节"电位器,改变 SPD 反向电压值 V_F,每增加 1 V,记录一次电流电压变换电压 V_{R_F},直到 SPD 的反向电压为 8 V 止.

(4) 调节发射部分"偏置电流"电位器,使接收部分光功率计读数每增加 4 μW,重复步骤(3),记录不同光功率下 SPD 管的反向伏安特性数据,如表 23-3 所示.

表 23-3　SPD 反向伏安特性测试数据

反向电压(V) / *IV* 变换电压(V) / 光功率(μW)	0	1	2	3	4	5	6	7	8
4									
8									
12									
16									
20									

(5) 根据 $V_{R_F}=I\times R_F$,其中,$R_F=100\ \text{k}\Omega$,计算表 23-3 对应的 SPD 光电流值,填入表 23-4.

表 23-4　SPD 反向伏安特性计算数据

光功率(μW) \ SPD电流(μA) \ 反向电压(V)	0	1	2	3	4	5	6	7	8
4									
8									
12									
16									
20									

(6) 调节发射部分“偏置电流”电位器，使偏置电流 I_D(单位为 mA)的直流毫安表指示从零开始增加，每增加 5 mA，读取一次接收部分光功率计 P_0(μW)读数和反馈电阻 R_F 电压 V_{R_F}(单位为 mV)，填入表 23-5.根据 $V_{R_F}=I\times R_F$，其中，$R_F=100\ \text{k}\Omega$，计算对应的 SPD 光电流值 I(单位为 μA)，由光电二极管的输入光功率 P_0(单位为 μW)与 SPD 产生的电流 I(单位为 μA)，绘制 SPD 光电特性 $P_0\sim I$ 曲线.

表 23-5　SPD 光电流计算数据

偏置电流 I_D(mA)	0	5	10	15	20	25	30	35	40	45	50	55
光功率 P_0(μW)												
反馈电阻 R_F 电压 V_{R_F}(mV)												
SPD 的光电流 I(μA)												

(7) 由 $P_0\sim I$ 曲线及其实验数据，用两点法求出光电二极管的光电特性在红光区域线性部分的响应度 $R=\Delta I/\Delta P_0$.

3. 音频信号光纤传输系统幅频特性的测定

本实验内容是要在光信号发射器处于正常工作状态下，研究音频信号光纤传输系统的幅频特性.实验前应先确定光信号发射器的正常工作范围，光信号发射器的正常工作是由 LED 的电光特性和 LED 发光电路的工作特性决定.若 LED 电光线性转化，发光电路信号传输无非线性失真，则光信号发射器已处于正常工作状态.

实验连线同实验 1，将接收部分的“功能选择”开关置于“测量”位置，将发射部分“信号选择”开关置于“正弦波”；实验时先将偏置电流调节到 30 mA，将发射部分“信号幅度”调节到合适位置，以确保光信号发射器正常工作.用示波器测量接收部分“输出”，确保接收信号不失真的情况下，将正弦波信号输出频率依次调为 0.2 kHz, 0.5 kHz, 1 kHz, 2 kHz, 5 kHz, 10 kHz, 15 kHz, 20 kHz，用示波器观测由光纤传输的光信号转化成的音频电信号的波形和峰-峰值，填入表 23-6.由观测结果绘出音频信号光纤传输系统幅频特性曲线.

表 23-6　本光纤传输系统幅频特性数据

频率 kHz	0.2	0.5	1	2	5	10	15	20
输出信号幅值 mV								

4. 语音信号的传输

实验连线同实验 1，将接收部分的“功能选择”开关置于“测量”位置，将发射部分“信号选择”开关置于“音频”，将接收部分的“输出”与耳机相连，将偏置电流调节到 30 mA 左右，发射信号幅度置于中间位置.

先将收音机信号调节好，使能正常清晰地播放电台节目.然后将收音机的信号输出插孔用专用连接线与发射部分的“音频输入”连接，微调收音机频道旋钮，使耳机能够聆听到清晰的电台节目.实验时可适当调节发射器 LED 的偏置电流和调制信号幅度，考察传输系统效果.

【实验结果与数据处理】

1. 测定发光二极管的特性(表 23-7)

测绘出发光二极管 LED 的电光特性 $I_D \sim P_0$ 曲线，确定电光特性的线性区.绘制发光二极管 LED 的正向特性 $I_D \sim V_D$ 曲线.

表 23-7　LED 传输光纤组件的电光特性测量数据表

I_D(mA)	0	5	10	15	20	25	30	35	40	45	50
P_0(μW)											
V_D(V)											

2. 测定光电二极管的光电特性(表 23-8)

表 23-8　SPD 传输光纤组件的光电特性测量数据表

I_D(mA)	0	5	10	15	20	25	30	35	40	45	50
V_{R_F} (mV)											
$I=V_{R_F}/R_F$(μA)											

(1) 由对应关系将按表 23-9 整理数据，并绘出 $P_0 \sim I$ 曲线($R_F = 100\ \text{k}\Omega$ 由实验给出).

表 23-9　光电二极管的光电特性 $P_0 \sim I$ 关系曲线数据表

I_D(mA)	0	2	4	6	8	10	12	14	16	18	20
P_0(μW)											
I(μA)											

(2) 由 $P_0 \sim I$ 曲线及其实验数据，用两点法求出光电二极管的光电特性在红光区域线性部分的响应度 $R = \Delta I / \Delta P_0$.

3. 音频信号传输过程的定性分析

调节三极管基极偏置电位器 W_1，看到 I_D 电流值随音乐变化.I_D 很小会出现截止失真；I_D 过大会出现饱和失真；I_D 在中间位置时，输出最佳.

【思考题】

1. 光波能在光纤中从一端传输到另一端，必须满足什么条件？
2. 在光纤通信技术中，光纤有什么作用？
3. 在电光信号的调制中，随着 I_D 变化，输出信号会出现怎样的失真？

阅读材料　光纤之父——高锟

高锟(Charles Kuen Kao)，华裔物理学家，1933 年 11 月生于中国上海，祖籍中国上海市金山区，拥有英国和美国国籍，并持中国香港居民身份.

图 23-11　高锟

1965 年，高锟在伦敦大学下属的伦敦大学学院(UCL)获得电机工程博士学位.1966 年，高锟发表了论文《光频率介质纤维表面波导》，开创性地提出光导纤维在通信上应用的基本原理，提出光纤可以用作通信媒介，以光代替电流，以玻璃纤维代替导线.高锟在电磁波导、陶瓷科学(包括光纤制造)方面获得 28 项专利.

高锟的发明不仅有效解决了信息长距离传输的问题，还极大地提高了效率，并降低了成本.例如，同样一对线路，光纤的信息传输容量是金属线路的成千上万倍；制作光纤的原料是砂石中含有的石英，而金属线路则需要贵重得多的铜等金属.此外，光纤还具有重量轻、损耗低、保真度高、抗干扰能力强、工作性能可靠等诸多优点，利用多股光纤制作而成的光缆已经铺遍全球，成为互联网、全球通信网络等的基石.光纤在医学上也获得广泛应用，如胃镜等内窥镜可以让医生看见患者体内的情况.光纤系统还在工业上获得大量应用，在各类生产制造和机械加工等方面大显身手.

由于高锟在光纤通信领域的特殊贡献，获得巴伦坦奖章、利布曼奖、光电子学奖等，被誉为“光纤之父”.高锟曾任香港中文大学校长.2009 年，高锟与威拉德·博伊尔和乔治·埃尔伍德·史密斯共享诺贝尔物理学奖.

实验 24 用电流场模拟静电场

在工程技术上，常常需要知道电极系统的电场分布情况，以便研究电子或带电质点在该电场中的运动规律.例如，为了研究电子束在示波管中的聚焦和偏转，就需要知道示波管中电极电场的分布情况.在电子管中，需要研究引入新的电极后对电子运动的影响，也要知道电场的分布.一般来说，为了求出电场的分布，可以用解析法和模拟实验法.但只有在少数几种简单情况下，电场分布才能用解析法求得.对于一般的或较复杂的电极系统，通常都用模拟实验法加以测定.

【实验目的】

(1) 了解用模拟法测绘静电场分布的原理.

(2) 用模拟法测绘静电场的分布，做出等势线和电场线.

(3) 学习用图示法表达实验结果.

【实验原理】

带电体在其周围空间会产生静电场，一般用电场强度或电势的空间分布来描述.在一些电子器件和设备中，常常需要知道其中的电场分布.一般情况下，可以从已知的电势分布，用静电场方程求出其对应的电场分布，但对于较为复杂的静电场分布，数学上仍十分困难.因此，一般都希望通过实验的方法来确定，但直接测量电场有很大的困难.一是静电场中无电流，不适用磁电式仪表，只能使用较复杂的静电仪表和相应的测量方法；二是探测装置必然是导体或电介质，一旦放入静电场，将会产生感应电荷，使原电场发生畸变，影响测量结果的准确性.若用相似的电流场来模拟静电场，可从电流场得到对应的静电场的具体分布.

在电磁理论中，稳恒电流的电场和相应的静电场的空间形式是一致的.这里以同轴电缆为例，对稳恒电流场和静电场进行讨论.

1. 同轴电缆的静电场

如图 24-1 所示，半径为 a 的长圆柱导体 A 和内半径为 b 的长圆筒导体 B，它们的中心轴重合.A 和 B 分别带有等量异号电荷，它们之间充满介电系数为 ε 的电介质.A 带正电荷，B 带负电荷.由高斯定理知，电场强度的方向是沿径向由 A 指向 B，呈辐射状分布，其等势面为一簇同轴圆柱面.由对称性可知，在垂直于轴线的任一截面 P 内，电场分布情况都相同.在距离轴心半径 r 处各点的电场强度大小为

$$E_r = \frac{\lambda}{2\pi\varepsilon} \frac{1}{r} \tag{24-1}$$

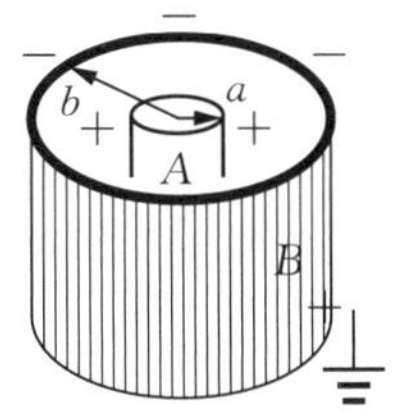

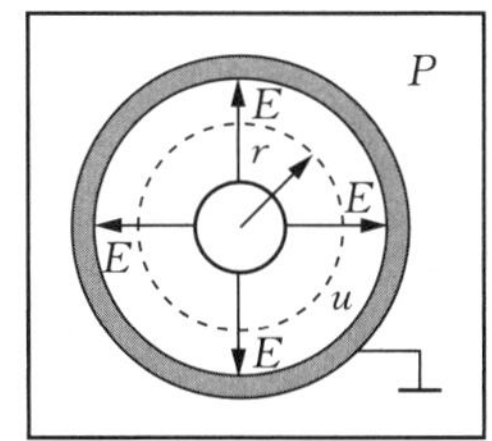

图 24-1　同轴电缆的静电场

式中，λ 为电荷的线密度.其电势为

$$U_r = U_A - \int_a^r E_r \mathrm{d}r = U_A - \frac{\lambda}{2\pi\varepsilon} \ln \frac{r}{a}$$

令 $r=b$ 时，$U_B=0$（接地），则有

$$U_A = \frac{\lambda}{2\pi\varepsilon} \ln \frac{b}{a}$$

由以上两式可得

$$U_r = \frac{U_A}{\ln \frac{b}{a}} \ln \frac{b}{r} \tag{24-2}$$

距中心 r 处的电场强度大小为

$$E_r = -\frac{\mathrm{d}U_r}{\mathrm{d}r} = \frac{U_A}{\ln \frac{b}{a}} \cdot \frac{1}{r} \tag{24-3}$$

2. 同轴电缆的稳恒电流场

若 A 和 B 之间不是充满介电系数为 ε 的电介质，而是充满电阻率为 ρ 的不良导体，且 A 和 B 之间分别与直流电源的正极和负极相连，如图 24-2(a)所示.A 和 B 之间形成径向电流，建立一个稳恒电流场.取厚度为 h 的同轴圆柱片来研究.半径为 r 到 $r+\mathrm{d}r$ 之间的环形圆柱片的径向电阻为

$$\mathrm{d}R = \rho \frac{\mathrm{d}r}{S} = \frac{\rho}{2\pi h} \cdot \frac{\mathrm{d}r}{r}$$

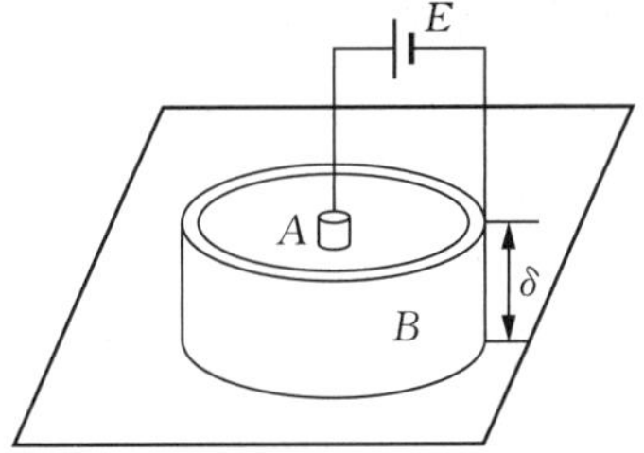

(a) 同种电缆模拟电极

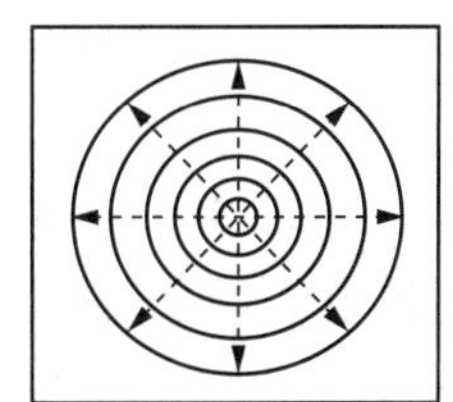

(b) 电场线及等势线分布

图 24-2　同轴电缆的静电场

A 和 B 之间的电阻为

$$R_{AB}=\int_a^b \frac{\rho}{2\pi h}\frac{\mathrm{d}r}{r}=\frac{\rho}{2\pi h}\ln\frac{b}{a}$$

半径 r 到 B 之间的环形柱片的电阻为

$$R_{rB}=\int_r^b \frac{\rho}{2\pi h}\frac{\mathrm{d}r}{r}=\frac{\rho}{2\pi h}\ln\frac{b}{r}=\frac{R_{AB}}{\ln\frac{b}{a}}\ln\frac{b}{r}$$

设 $U_B=0$,则径向电流为 $I=\frac{U_A}{R_{AB}}$,距中心处 r 的电势为

$$U'_r=IR_{rB}=\frac{U_A}{\ln\frac{b}{a}}\ln\frac{b}{r} \tag{24-4}$$

由(24-4)式和(24-2)式可以看出,稳恒电流场的电势 U'_r 和静电场的电势 U_r 有相同的表达式,说明稳恒电流场和静电场的电势位分布相同.

稳恒电流场的电场强度大小为

$$E'_r=-\frac{\mathrm{d}U'_r}{\mathrm{d}r}=\frac{U_A}{\ln\frac{b}{a}}\cdot\frac{1}{r} \tag{24-5}$$

由(24-5)式和(24-3)式也可以看出,稳恒电流场的电场 E'_r 与静电场 E_r 分布也是相同的.

稳恒电流场和静电场具有这种等效性,所以,可用稳恒电流场来模拟静电场.也就是说,欲测绘静电场的分布,只要测绘相应的稳恒电流的电场就行.

在本实验中,$a=10$ mm, $b=70$ mm, $U_A=10$ V, $U_B=0$ V,由(24-4)式,

$$r=b\left(\frac{b}{a}\right)^{-\frac{U}{U_A}} \tag{24-6}$$

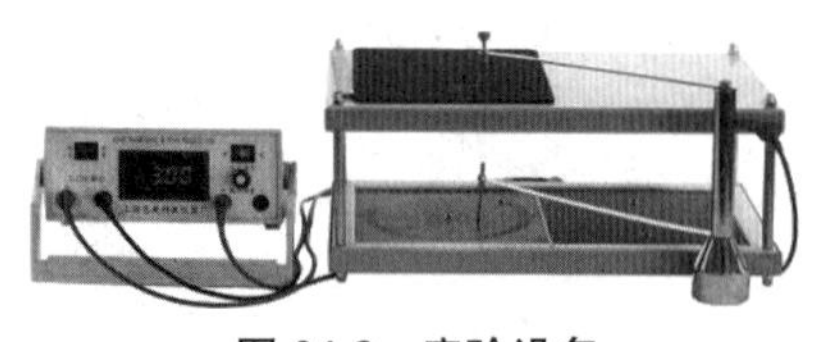

图 24-3　实验设备

在实验测绘中,考虑电场强度 $\boldsymbol{E}$ 是矢量,电势 U 是标量,测定电势就比测定场强容易实现.可先测绘出等势线,再根据等势线与电力线处处垂直的关系,即可画出电力线.而电力线上任一点的切线方向就是该点电场强度的方向,电力线的疏密程度则代表了电场的强弱.这样,通过稳恒电流场的等势线和电场线就能形象地表示静电场的分布情况.

本实验的实验设备如图 24-3 所示.

在实验中用稳恒电流场来模拟静电场正是运用了形式上的相似性,但相似不是等同.在使用模拟法时,必须注意它的适用条件:

(1) 电流场中导电介质分布必须相当于静电场中的介质分布.

(2) 静电场中导体的表面是等位面,则稳恒电流场中导电体也应该是等位面,这就要

求需采用良好的导体制作电极，且导电介质的电导率也不宜太大并要均匀.

(3) 测定导电介质中的电位时，必须保证探测电极支路无电流通过.

【实验仪器】

静电场实验仪 1 套、模拟电极(同轴电缆和电子枪聚焦电极)几套、专用电源、测笔、直尺.

【实验内容】

本实验测绘稳恒电流场的等势线，测量线路如图 24-4 所示.

1. 测绘同轴电缆的电场分布

(1) 将静电场描绘电源上“测量”与“校准”转换开关打向“校准”端，调节电压到 10 V.

(2) 然后将“测量”与“校准”转换开关打向“测量”端.

(3) 将坐标纸平铺于电极架的上层，并用磁条压紧.移动双层同步探针，选择电势点.压下上探针打点，然后移动探针选取其他等势点并打点，即可描出一条等势线.

(4) 选择恰当的测点间距，分别测绘 8.0 V, 6.0 V, 4.0 V, 2.0 V, 1.0 V 5 条等势线.每条等势线测定出 8 个均匀分布的点.

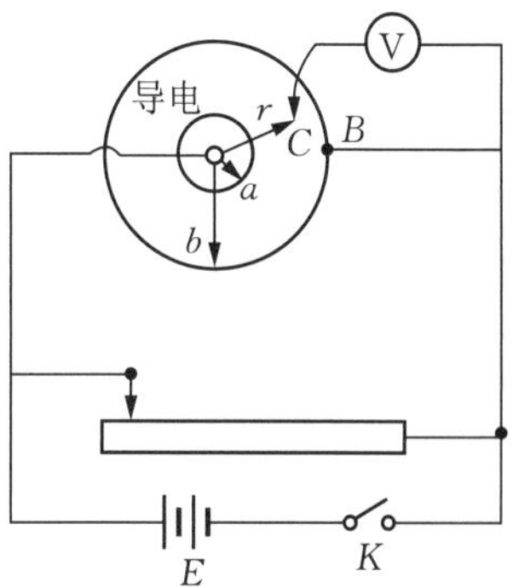

图 24-4　实验原理图

(5) 测试结束关闭电源，整理好导线和电极.

2. 测绘电子枪聚焦电场的分布(选作)

电子枪聚焦电场是由第一聚焦电极 A_1 和第二加速电极 A_2 组成.A_2 的电势比 A_1 的电势高.电子经过此电场时，由于受到电场力的作用，使电子聚焦和加速.把同轴电缆换成电子枪聚焦电极，分别测 9.0 V, 8.0 V, 7.0 V, 6.0 V, 5.0 V, 4.0 V, 3.0 V, 2.0 V, 1.0 V 各电势的等势线.一般先测 5.0 V 的等势点，因为这是电极的对称轴.如图 24-5 所示的就是其电场分布(可作参考).

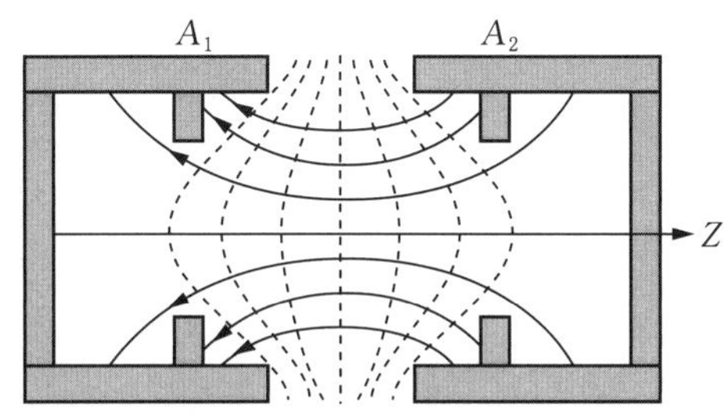

图 24-5　电子枪聚焦电场分布

【实验数据与数据处理】

1. 绘出同轴电缆电场分布

(1) 根据一组等势点找出圆心，以每条等势线上各点到圆心的平均距离为半径，画出等势线的同心圆簇.然后根据电场线与等势线正交原理，再画出电场线，标明等势线的电压大小，并指出电场强度方向，得到一张完整的电场分布图.

(2) 用(24-6)式计算各等势线的半径 r_0.用圆规和直尺测量每条等势线上 8 个均分点到轴心点的距离半径 r_m,并计算平均值 $\bar{r}_m$.以 r_0 为约定真值,求各等势线半径的相对误差,填入表 24-1 中.

表 24-1　等势线半径的测量

U_r'(V)		1.0	2.0	4.0	6.0	8.0
理论值 r_0(mm)						
实验值 r_m(mm)	1					
	2					
	3					
	4					
	5					
	6					
	7					
	8					
平均实验值 $\bar{r}_m$(mm)						
相对误差						

2. 绘出电子枪聚焦电场的等势线与电场线分布(选做)

【思考题】

1. 用稳恒电流场来模拟静电场,对实验条件有哪些要求?

2. 通过本实验,你对模拟法有何认识?它的适用条件是什么?

3. 怎样由测得的等势线绘出电力线?电力线的方向应如何确定?

实验 25　密立根油滴实验

密立根是著名的实验物理学家.他从 1907 年开始着手对电子电荷量的测量研究,直到 1911 年宣布实验结果.他用实验方法第一次直接测定了电子带电量 e 的数值,并且具有足够的精确度,证实了电荷的量子化.密立根的实验设备简单而有效,构思方法巧妙而简洁.他采用宏观的力学模式来研究微观世界的量子性,所得数据精确且结果稳定,无论在实验的构思,还是在实验的技巧上都堪称第一流,这是一个著名的启发性实验.

【实验目的】

(1) 验证电荷的不连续性及测量基本电荷电量.

(2) 学习了解 CCD 图像传感器的原理与应用,学习电视显微测量方法.

【实验原理】

一个质量为 m、带电量为 q 的油滴处于两块平行极板之间,在平行极板未加电压时,油滴受重力作用而加速下降.由于空气阻力的作用,下降一段距离后,油滴将作匀速运动,速度为 v_g,这时重力与阻力平衡(空气浮力忽略不计),如图 25-1 所示.根据斯托克斯定律,粘滞阻力为

$$F_\tau = 6\pi a\eta v_g$$

式中,η 是空气的粘滞系数,a 是油滴的半径,这时有

$$6\pi a\eta v_g = mg \tag{25-1}$$

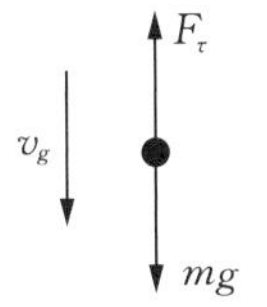

图 25-1　无电场时油滴受力情况

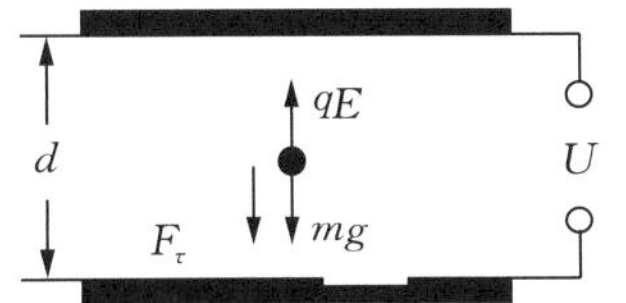

图 25-2　电场中油滴受力情况

当在平行极板上加电压 U 时,油滴处于场强为 E 的静电场中.设电场力 qE 与重力相反,如图 25-2 所示,使油滴受电场力加速上升.由于空气阻力作用,上升一段距离后,油滴所受的空气阻力、重力与电场力达到平衡(空气浮力忽略不计),则油滴将以匀速上升,此时速度为 v_e,则有

$$6\pi a\eta v_e = qE - mg \tag{25-2}$$

又因为

$$E=\frac{U}{d} \tag{25-3}$$

由(25-1)式、(25-2)式、(25-3)式可解出

$$q=mg\frac{d}{U}\left(\frac{v_g+v_e}{v_g}\right) \tag{25-4}$$

为测定油滴所带电荷 q,除应测出 U, d 和速度 v_e, v_g 外,还需知道油滴的质量 m.由于空气中悬浮力和表面张力作用,可将油滴看作圆球,其质量为

$$m=\frac{4}{3}\pi a^3\rho \tag{25-5}$$

其中,ρ 是油滴的密度.

由(25-1)式和(25-5)式,得油滴的半径

$$a=\left(\frac{9\eta v_g}{2\rho g}\right)^{\frac{1}{2}} \tag{25-6}$$

考虑油滴非常小,空气已不能看成连续媒质,空气的粘滞系数 η 应修正为

$$\eta'=\frac{\eta}{1+\frac{b}{pa}} \tag{25-7}$$

式中,b 为修正系数,p 为空气压强,a 为未经修正过的油滴半径.由于它在修正项中,不必计算得很精确,由(25-6)式计算就够了.

实验时取油滴匀速下降和匀速上升的距离相等,都设为 l.测出油滴匀速下降的时间 t_g、匀速上升的时间 t_e,则

$$v_g=\frac{l}{t_g},\ v_e=\frac{l}{t_e} \tag{25-8}$$

将(25-5)式、(25-6)式、(25-7)式、(25-8)式代入(25-4)式,可得

$$q=\frac{18\pi}{\sqrt{2\rho g}}\left[\frac{\eta l}{1+\frac{b}{pa}}\right]^{\frac{3}{2}}\frac{d}{U}\left(\frac{1}{t_e}+\frac{1}{t_g}\right)\left(\frac{1}{t_g}\right)^{\frac{1}{2}}$$

令

$$K=\frac{18\pi}{\sqrt{2\rho g}}\left[\frac{\eta l}{1+\frac{b}{pa}}\right]^{\frac{3}{2}}\times d$$

得

$$q = K\left(\frac{1}{t_e}+\frac{1}{t_g}\right)\left(\frac{1}{t_g}\right)^{\frac{1}{2}} \times \frac{1}{U} \tag{25-9}$$

此式是动态(非平衡)法测油滴电荷的公式.

下面导出静态(平衡)法测油滴电荷的公式.

调节平行极板间的电压,使油滴不动,$v_g=0$,即 $t_e \to \infty$.由(25-9)式可得

$$q = K\left(\frac{1}{t_g}\right)^{\frac{3}{2}} \times \frac{1}{U} \tag{25-10}$$

上式即为静态(平衡)法测油滴电荷的公式.

为了求电子电荷 e,对实验测得的各个电荷 q 求最大公约数,就是基本电荷 e 的值,即电子电荷 e.也可以测得同一油滴所带电荷的改变量 Δq_1(可以用紫外线或放射源照射油滴,使它所带电荷改变),这时 Δq_1 应近似为某一最小单位的整数倍,此最小单位即为基本电荷 e.

【实验仪器】

OM-98B CCD 微机密立根油滴仪(图 25-3).

图 25-3　OM-98B CCD 微机密立根油滴仪

【实验内容】

1. 仪器联接

将 OM-98B CCD 微机密立根油滴仪面板上最左边带有 Q9 插头的电缆线接至监视器后背下部的插座上.注意:一定要插紧,保证接触良好,否则图像紊乱或只有一些长条纹.监视器阻抗选择开关一定要拨在“75 Ω”处.

2. 仪器调整

调节仪器底座上的 3 只调平手轮,将水泡调平.由于底座空间较小,调手轮时如将手心向上、用中指和无名指夹住手轮调节较为方便.

照明光路不需调整.CCD显微镜对焦不需用调焦针插在平行电极孔中来调节，只需将显微镜筒前端和底座前端对齐，喷油后再稍稍前后微调即可.在使用中，前后调焦范围不要过大，取前后调焦1 mm内的油滴较好.

3. 仪器使用

打开监视器和OM-98B CCD微机密立根油滴仪的电源，在监视器上先出现"OM98B CCD微机密立根油滴仪 南京大学 025-3613625"字样，5 s后自动进入测量状态，显示标准分划板刻度线及V值、S值.开机后如想直接进入测量状态，按一下"计时/停"按钮即可.

如开机后屏幕上的字很乱或字重叠，先关掉油滴仪的电源，过一会儿再开机即可.面板上"K_1"用来选择平行电极极板的极性，实验中置于"+"位或"−"位均可，一般不常变动.使用最频繁的是"K_2"和"W"及"计时/停"(K_3)，如在使用中发现高压突然消失，这是供电线路强脉冲干扰所致，只需关闭油滴仪电源半分钟左右，再开机即可恢复(这种情况极少发生).

监视器门前有一小盒，压一下小盒盒盖就可打开，内存有4个调节旋钮，对比度一般置于最大(顺时针旋转到底或稍退回一些)，亮度不要太亮.如发现刻度线上下抖动，这是"帧抖"，微调左边第二只旋钮即可解决.

4. 测量练习

练习是顺利做好实验的重要一环，包括练习控制油滴运动、练习测量油滴运动时间、练习选择合适的油滴.

选择一颗合适的油滴十分重要.大而亮的油滴必然质量大，所带电荷也多，而匀速下降时间则很短，增大了测量误差，并给数据处理带来困难.通常选择平衡电压为200～300 V、匀速下落1.5 mm的时间为8～20 s的油滴较适宜.喷油后，"K_2"置于"平衡"档，调试极板电压为200～300 V，注意几颗缓慢运动、较为清晰、明亮的油滴.试将"K_2"置于"0 V"档，观察各颗油滴下落时大概的速度，从中选取一颗作为测量对象.对于9英寸的监视器，目视油滴直径约为0.5～1 mm的较适宜.过小的油滴观察困难，布朗运动明显，会引入较大的测量误差.

判断油滴是否平衡要有足够的耐性.用"K_2"将油滴移至某条刻度线上，仔细调节平衡电压，这样反复操作几次，经过一段时间，观察油滴确实不再移动可以认为是平衡了.

测准油滴上升或下降某段距离所需的时间，一是要统一油滴到达刻度线什么位置才认为油滴已"踏线"，二是眼睛要平视刻度线，不要有夹角.反复练习几次，尽量使测出各次时间的离散性小些.

5. 正式测量

实验方法可选用平衡测量法、动态测量法和同一油滴改变电荷法(第三种方法所用的射线源需要用户自备).如采用平衡法测量，可将已调平衡的油滴用"K_2"控制，移到"起跑线"上，按"K_3"(计时/停)让计时器停止计时，然后将"K_2"拨向"0 V"，油滴开始匀速下降的同时，计时器开始计时，到"终点"时迅速将"K_2"拨向"平衡"，油滴立即静止，计时也立即停止.

动态法分别测出加电压时油滴上升的速度和不加电压时油滴下落的速度，代入相应公式，求出 e 值.油滴的运动距离一般取 1～1.5 mm.对某颗油滴重复 5～10 次测量，选择 10～20 颗油滴，求得电子电荷的平均值 e.在每次测量时都要检查和调整平衡电压，以减小偶然误差和因油滴挥发而使平衡电压发生变化.

6. 选做项目：用动态法测电荷 e 值

【注意事项】

(1) 喷雾器内的油不可装得太满，否则会喷出很多“油”而不是“油雾”，堵塞上电极的落油孔.每次实验完毕，应及时揩擦上极板及油雾室内的积油！

(2) 喷油时喷雾器的喷头不要深入喷油孔内，防止大颗粒油滴堵塞落油孔.

(3) 每次喷油时，应在一张白纸上喷几下，确认有油雾喷出后，再向喷油孔喷油，一般按两下即可.

【实验结果与数据处理】

平衡法依据公式

$$q = K\left(\frac{1}{t_g}\right)^{\frac{3}{2}} \times \frac{1}{U}$$

其中，

$$K = \frac{18\pi}{\sqrt{2\rho g}}\left(\frac{\eta l}{1+\frac{b}{pa}}\right)^{\frac{3}{2}} \times d,\ a = \left(\frac{9\eta v_g}{2\rho q}\right)^{\frac{1}{2}}$$

已知油的密度 $\rho = 981\ \text{kg}\cdot\text{m}^{-3}$，重力加速度 $g = 9.794\ \text{m}\cdot\text{s}^{-2}$，空气粘滞系数 $\eta = 1.83\times10^{-5}\text{kg}\cdot\text{m}^{-1}\cdot\text{s}^{-1}$，油滴匀速下降距离 $l = 1.5\times10^{-3}\ \text{m}$，修正常数 $b = 6.17\times10^{-6}\text{m}\cdot\text{cmHg}$，大气压强 $p = 76.0\ \text{cmHg}$，平板极板间的距离 $d = 6.00\times10^{-3}\ \text{m}$，式中的时间 t_g 应为测量数次时间的平均值.实际大气压由气压表读出.

计算出各油滴的电荷后，求它们的最大公约数，即为基本电荷 e 值.若求最大公约数有困难，可用作图法求 e 值.设实验得到 m 个油滴的带电量分别为 q_1，q_2，…，q_m，由于电荷的量子化特性，应有 $q_i = n_i e$，此为一直线方程，n 为自变量，q 为因变量，e 为斜率.因此，m 个油滴对应的数据在 $n \sim q$ 坐标中将处于同一条直线上.若找到满足这一关系的直线，就可用斜率求得 e 值.

将 e 的实验值与公认值比较，求相对误差.

【思考题】

1. 对实验结果造成影响的主要因素有哪些？

2. 如何判断油滴盒内平行极板是否水平？不水平对实验结果有何影响？

3. 用 CCD 成像系统观测油滴，比直接从显微镜中观测有何优点？

阅读材料 美国实验物理学家密立根

图 25-4 密立根

美国物理学家密立根(图 25-4)于 1887 年入奥伯林大学.读完二年级时,他被聘为初等物理班教员,他很喜爱这个工作,从此便致力于物理学研究.1906 年密立根与人合写的初等物理学教科书风行一时,中国也有商务印书馆出版的中译本.

密立根为了证明电荷的颗粒性,从 1906 年起就致力于细小油滴带电量的测量.起初他对油滴群体进行观测,后来才转向对单个油滴观测.他用了 11 年的时间,实验方法做过 3 次改革,使油滴可以在电场力与重力平衡时上上下下地运动,在受到照射时还可以看到因电量改变而致使油滴突然变化,从而求出电荷量改变的差值.他做了上千次实验,终于以上千个油滴的确凿实验数据,不可置疑地首先证明了电荷的颗粒性,即:任何电量都是某一基本电荷 e 的整数 n 倍,这个基本电荷就是电子所带的电荷,他得出的基本电荷值 $e=(4.770\pm0.005)\times10^{-10}$ 静电单位.密立根第一次直接测量了电子的电量,并以令人信服的证据显示了电荷的量子性.

密立根的求实、严谨、细致、富有创造性的实验作风也让他成为物理学界的楷模.与此同时,他还致力于光电效应的研究.经过细心认真地观测,1916 年,他的实验结果完全肯定了爱因斯坦光电效应方程,并且测出当时最精确的普朗克常量 h.由于上述工作,密立根获得了 1923 年度诺贝尔物理学奖.

密立根油滴实验的设备简单,却能持久;其实验的设计思想现代,却又可用于验证深奥的量子理论预言,检验一种具有 $1/2e$ 或 $2/3e$ 电荷的粒子"夸克"的存在.密立根油滴实验被世界各大学物理系作为传统的经典实验保留至今.

实验 26　激光全息照相

全息照相的基本原理是以光波的干涉和衍射为基础的.1948 年,丹尼斯·伽伯首先提出全息照相的物理思想,但是由于缺乏相干性较好的光源,这一想法几乎没有引起人们的注意.直到 20 世纪 60 年代初,激光器的问世才使全息照相技术得到迅速发展,成为科学技术上的一个新领域.由于与普通照相相比,全息照相具有许多优点,它在信息存储与处理、遥感图像分析、摄影艺术、生物医学以及国防科研中都得到非常广泛的应用.

【实验目的】

(1) 了解全息照相的基本原理和它的主要特点.

(2) 掌握拍摄全息图和再现物像的方法.

【实验原理】

1. 全息照相与全息照相术

在介绍全息照相的基本原理之前,首先来看一下全息照相和普通照相有什么区别.总的来说,全息照相和普通照相的原理完全不同.普通照相通常是通过照相机物镜成像,在感光底片平面上将物体发出的或它散射的光波(通常称为物光)的强度分布(即振幅分布)记录下来,由于底片上的感光物质只对光的强度有响应,对相位分布不起作用,所以,在照相过程中把光波的位相分布这个重要的信息丢失了.在所得到的照片中,物体的三维特征消失了,不再存在视差,改变观察角度时并不能看到像的不同侧面.全息技术则完全不同,由全息术所产生的像是完全逼真的立体像(因为同时记录下物光的强度分布和位相分布,即全部信息),当以不同的角度观察时,就像观察一个真实的物体一样,能够看到像的不同侧面,也能在不同的距离聚焦.

全息照相在记录物光的相位和强度分布时,利用了光的干涉.从光的干涉原理可知:当两束相干光波相遇、发生干涉叠加时,其合强度不仅依赖于每一束光各自的强度,也依赖于这两束光波之间的相位差.在全息照相中就是引进了一束与物光相干的参考光,使这两束光在感光底片处发生干涉叠加,感光底片将与物光有关的振幅和位相分别以干涉条纹的反差和条纹的间隔形式记录下来,经过适当的处理,便得到一张全息照片.

2. 全息照相的基本过程

具体来说,全息照相包括以下两个过程.

(1) 波前的全息记录.

利用干涉的方法记录物体散射的光波在某一个波前平面上的复振幅分布,这就是波前的全息记录.通过干涉方法能够把物体光波在某波前的位相分布转换成光强分布,从而被照相底片记录下来.因为两个干涉光波的振幅比和位相差决定干涉条纹的强度分布,所以，在干涉条纹中就包含物光波的振幅和位相信息.典型的全息记录装置如图 26-1 所示，从激光器发出的相干光波被分束镜分成两束：一束经反射、扩束后照在被摄物体上，经物体的反射或透射的光再射到感光底片上，这束光称为物光波；另一束经反射、扩束后直接照射在感光底片上，这束光称为参考光波.由于这两束光是相干的，在感光底片上就形成并记录了明暗相间的干涉条纹.干涉条纹的形状和疏密反映了物光位相分布的情况，而条纹明暗的反差反映了物光的振幅，感光底片上将物光的信息都记录下来，经过显影、定影处理后，便形成与光栅相似结构的全息图——全息照片.所以，全息图正是参考光波和物光波干涉图样的记录.显然全息照片本身和原物没有任何相似之处.

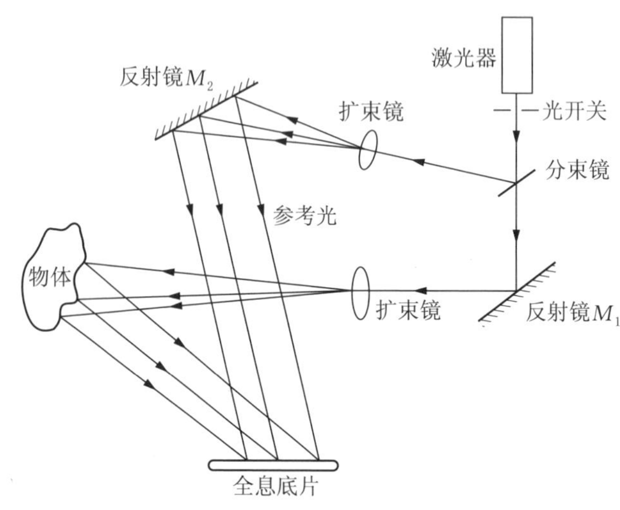

图 26-1　漫反射全息光路图

(2) 物光波前的再现.

物光波前的再现利用了光波的衍射，如图 26-2 所示.用一束参考光(在大多数情况下是与记录全息图时用的参考光波完全相同)照射在全息图上，就像在一块复杂光栅上发生衍射，在衍射光波中将包含原来的物光波，因此，当观察者迎着物光波方向观察时，便可看到物体的再现像.这是一个虚像，它具有原始物体的一切特征.此外还有一个实像，称为共轭像.应该指出，共轭波所形成的实像的三维结构与原物并不完全相似.

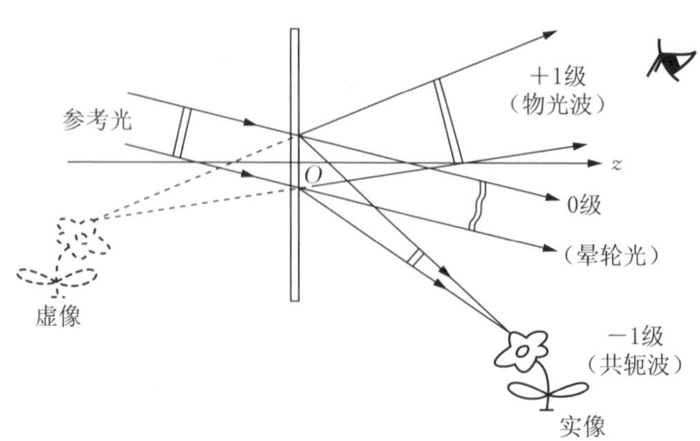

图 26-2　物光波的再现

3. 全息照相的主要特点和应用

全息照片具有许多有趣的特点：

(1) 片上的花纹与被摄物体无任何相似之处，在相干光束的照射下，物体图像却能如实重现.

(2) 立体感很明显(三维再现性)，如某些隐藏在物体背后的东西，只要把头偏移一下，也可以看到.视差效应很明显.

(3) 全息图打碎后，只要任取一小片，照样可以用来重现物光波.犹如通过小窗口观察物体那样，仍能看到物体的全貌.这是因为全息图上每一个小的局部都完整地记录了整个物体的信息(每个物点发出的球面光波都照亮整个感光底片，并与参考光波在整个底片上发生干涉，因而整个底片上都留下这个物点的信息).当然，由于受光面积减少，成像光束的强度要相应地减弱；由于全息图变小，边缘的衍射效应增强，必然会导致像质的下降.

(4) 在同一张照片上，可以重叠数个不同的全息图.在记录时或改变物光与参考光之间的夹角，或改变物体的位置，或改变被摄的物体，等等，一一曝光之后再进行显影与定影，再现时能一一重现各个不同的图像.

由于具有这些特点，全息照相术现在已经得到广泛的应用.如前面提到的全息信息存储和全息干涉分析，就分别应用了上述的第三和第四个特点.

【实验仪器】

全息台及各种光学元件、He-Ne 激光器、干板、洗相设备等.

【实验内容】

1. 全息记录

(1) 调节防震台.分别对 3 个低压囊式空气弹簧充气，注意 3 个气囊充气量要大致相同.然后成等腰三角形放置，气嘴应向外.再把钢板压上，用水平仪测量钢板的水平度，如果不平，可以稍稍放掉某个气囊中的一些空气，直到调平为止.

(2) 打开激光器，参照图 26-2 调好光路，使光路系统满足下列要求：

① 物光和参考光的光程大致相等.

② 经扩束镜扩展后的参考光应均匀照在整个底片上，被摄物体各部分也应得到较均匀照明.

③ 使两光束在底片处重叠时之间的夹角约为 45°.

④ 在底片处物光和参考光的光强比约为 1∶2～1∶6.

(3) 关上照明灯(可开暗绿灯)，确定曝光时间，调好定时曝光器.可以先练习一下快门的使用.

(4) 关闭快门，挡住激光.将底片从暗室中取出，装在底片架上，应注意使乳胶面对着光的入射方向.静置 3 min 后进行曝光.在曝光过程中绝对不准触及防震台，并保持室内安静.

(5) 显影及定影.显影液采用 D-19，定影液采用 F-5，它们由实验室提供.如室温较高，显影后底片应放在 5%冰醋酸溶液中停显后再定影.显影、定影温度以 20 ℃最为适宜.显影时间为 2～3 min，定影时间为 5～10 min.定影后的底片应放在清水中冲洗5～10 min（长期保存的底片在定影后要冲洗 20 min 以上），晾干.

2. 物像再现

将全息照片放回原处，遮住物光，用参考光束照亮全息片，可以观察到下面的现象：

（1）物的虚像：+1 级衍射光.在全息片后用眼睛直接观察，在原物处有物的虚像.改变观察角度，看到虚像有何不同？通过有小孔的纸片观察，在不同的部位看到的虚像有无不同？改变参考光束的强弱与远近，看到的情况有何不同？

（2）物的共轭像：－1 级衍射光（在 0 级光的另一侧）.用毛玻璃屏接收物体的共轭实像.

【思考题】

1. 许多实验教材强调，物光波和参考光波的光程差要很小甚至要接近相等，请思考若使它们的光程差比较大（如 20 或 40 cm），是不是一定得不到全息图？若有条件，不妨实际做一下实验，检验你的想法.

2. 在没有激光进行再现的条件下，如何检验干版上是否记录了信息？

【附】

1. D-19 显影液

（1）配方：

① 温水 50 ℃	800 ml；
② 米土尔	2 g；
③ 无水亚硫酸钠	72 g；
④ 对苯二酸	8.8 g；
⑤ 无水碳酸钠	4.8 g；
⑥ 溴化钾	4 g.

（2）配制：将上述药品按配方顺序放入容器中，同时充分搅拌，每加一种药完全溶解后，再加另一种药品.否则，所配的显影液容易产生浑浊，并且效果不理想，最后加水至 1 000 mL 充分混合，在室温 4 ℃环境避光保存.

2. F-5 定影液

（1）配方：

① 温水 60～70 ℃	600 ml；
② 结晶硫代硫酸钠	240 g；
③ 无水亚硫酸钠	15 g；
④ 30%醋酸	45 ml；
⑤ 硼酸	7.5 g；
⑥ 铝钾矾	15 g.

（2）配制：配制方法同上.

阅读材料

伽伯和激光全息照相

全息照相原理首先由伦敦大学的丹尼斯·伽伯(图 26-3)在 1948 年为了提高电子显微镜的分辨本领而提出.

在 20 世纪 50 年代这方面工作的进展一直相当缓慢. 1960 年以后出现了激光,它的高度相干性和大强度为全息照相提供了十分理想的光源,从此以后全息技术的研究进入一个新阶段,相继出现了多种全息方法,不断开辟了全息应用的许多新领域.最近几十年全息技术的发展非常迅速,它已成为科学技术的一个新领域.伽伯也因此而获得 1971 年度诺贝尔物理学奖.

图 26-3 丹尼斯·伽伯

附 录

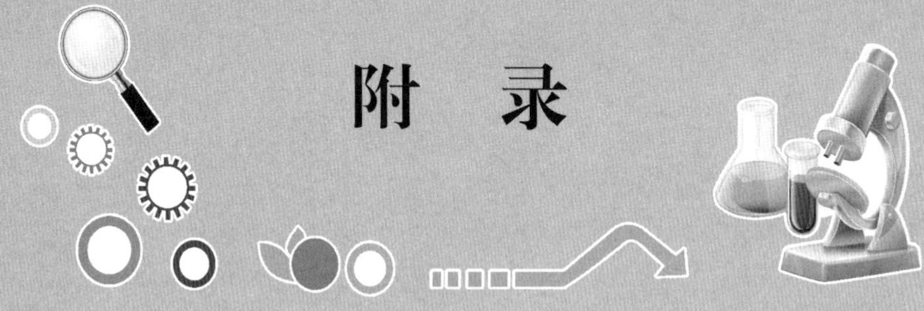

附录 1　物理量单位

1. 中华人民共和国法定计量单位

附表 1　国际单位制的基本单位

量的名称	单位名称	单位符号
长度	米	m
质量	千克(公斤)	kg
时间	秒	s
电流	安[培]	A
热力学温度	开[尔文]	K
物质的量	摩[尔]	mol
发光强度	坎[德拉]	cd

附表 2　国际单位制的辅助单位

量的名称	单位名称	单位符号
[平面]角	弧度	rad
立体角	球面度	sr

附表 3　国际单位制中具有专门名称的导出单位

量的名称	单位名称	单位符号	其他表示式例
频率	赫[兹]	Hz	s^{-1}
力重、力	牛[顿]	N	$kg \cdot m/s^2$
压力、压强、应力	帕[斯卡]	Pa	N/m^2
能[量]、功、热	焦[尔]	J	$N \cdot m$
功率、辐[射]能量	瓦[特]	W	J/s
电荷[量]	库[仑]	C	$A \cdot s$
电位、电压、电动势[电势]	伏[特]	V	W/A
电容	法[拉]	F	C/V
电阻	欧[姆]	Ω	V/A
电导	西[门子]	S	A/V
磁通[量]	韦[伯]	Wb	$V \cdot s$
磁通[量]密度、磁感应强度	特[斯拉]	T	Wb/m^2
电感	亨[利]	H	Wb/A
摄氏温度	摄氏度	℃	
光通量	流[明]	lm	$cd \cdot sr$
[光]照度	勒[克斯]	lx	lm/m^2

续表

量的名称	单位名称	单位符号	其他表示式例
[放射性]活度 吸收剂量 剂量当量	贝可[勒尔] 戈[瑞] 希[沃特]	Bq Gy Sv	s^{-1} J/kg J/kg

附表 4　国家选定的非国际单位制单位

量的名称	单位名称	单位符号	换算关系及说明
时间	分 [小]时 天[日]	min h d	1 min=60 s 1 h=60 min=3 600 s 1 d=24 h=86 400 s
平面角	[角]秒 [角]分 度	(″) (′) (°)	1″=(π/64 800)rad 1′=60″=(π/10 800)rad 1°=60′=(π/180)rad
旋转速度	转每分	r/min	1 r/min=(1/60)s^{-1}
长度	海里	nmile	1 nmile=1 852 m (只用于航程)
速度	节	kn	ink=1 nmile/h =(1 852/3 600)m/s (只用于航程)
质量	吨 原子质量单位	t u	1 t=10^3 kg 1 u≈1.66×10^{-27} kg
体积	升	L,(l)	1 L=1 dm^3=10^{-3} m
能	电子伏[特]	eV	1 eV≈1.6×10^{-19} J
级差	分贝	dB	
线密度	特[克斯]	tex	tex=lg/km

附表 5　用于构成十进倍数和分数单位词头

所表示的因素	词头名称	词头符号	所表示的因素	词头名称	词头符号
10^{18}	艾[可萨]	E	10^{-1}	分	d
10^{15}	拍[它]	P	10^{-2}	厘	c
10^{12}	太[拉]	T	10^{-3}	毫	m
10^{9}	吉[咖]	G	10^{-6}	微	μ
10^{6}	兆	M	10^{-9}	纳[诺]	n
10^{3}	千	k	10^{-12}	皮[可]	p
10^{2}	百	h	10^{-15}	飞[母托]	f
10^{1}	十	da	10^{-18}	阿[托]	a

附录 2　用计算器计算 S_x 和 $\overline{x}$ 值

目前,使用袖珍计算器对实验数据进行处理已相当普遍.这里就标准偏差 S_x 和算术平均值 $\overline{x}$ 的计算简要介绍如下.

1. 标准偏差公式的另一种表示形式

$$S_x=\sqrt{\frac{\sum(x_i-\overline{x})^2}{n-1}}$$

将 $\overline{x}=\sum x_i/n$ 代入上式,得

$$S_x=\sqrt{\frac{\sum x_i^2-2\frac{(\sum x_i)^2}{n}+n\times\frac{(\sum x_i)^2}{n^2}}{n-1}}=\sqrt{\frac{\sum x_i^2-\frac{(\sum x_i)^2}{n}}{n-1}}$$

这就是计算器说明书中所用的计算表达式,它可直接利用测量值 x_i 来计算一个测量列的标准偏差.

2. 计算步骤和方法

一般计算器都已编有标准偏差的计算程序,按下列步骤进行操作即可.

(1) 函数模式选择开头置于“SD”位置(SD 是英文名词“standard deviation”的缩写).

(2) 顺次按“INV”和“AC”,以清除“SD”中所有内存,准备输入所要计算的数据.

(3) 在键盘上每次输入一个数据后,按一次“M+”键,将 x_i 数据输入计算器.

(4) 在所有数据输入后,按“σ_{n-1}”(即相当于 S_x)键,则显示该测量列的标准偏差 S_x;按“$\overline{x}$”键,则显示该测量列的算术平均值;按“σ_n”键(即相当于 $S_{\overline{x}}$),则显示该测量列平均值的标准偏差 $S_{\overline{x}}$.

(5) 当有错误数据输入而要删去时,可在输入该错误数据后,按“INV”和“M+”两键,就可以将已输入的数据删除.

附录 3　实验报告范例

实验报告必须反映自己的工作收获和结果，反映自己的能力水平，要有自己的特色，要有条理性，并注意运用科学术语，一定要有实验的结论和对实验结果的讨论、分析或评估（成败之初步原因）.这里给出的范例是结合本教程的教学而写，仅供初学者参考.

实验一　长度测量

【实验目的】

(1) 掌握游标、螺旋测微装置的原理和使用方法.

(2) 了解读数显微镜测长度的原理，并学会使用.

(3) 巩固误差、不确定度和有效数字的知识，学习数据记录、处理及测量结果表示的方法.

【实验原理】

1. 游标卡尺

游标卡尺是由米尺（主尺）和附加在米尺上一段能滑动的副尺构成的.它可将米尺估计的那位数较准确地读出来，其特点是游标上 N 个分格的长度与主尺上 $(N-1)$ 个分格的长度相等，利用主尺上最小分度值 a 与游标上最小分度值 b 之差来提高测量精度.由于

$$Nb=(N-1)a$$

故

$$a-b=\frac{1}{N}a$$

a 往往为 1 mm，则 N 越大，$a-b$ 越小，游标精度越高.$a-b$ 称为游标最小读数或精度.例如，50 分度($N=50$)的游标卡尺，其精度为 1/50=0.02 mm.这也是游标尺的示值误差.

读数时，根据游标“0”线所对主尺的位置，可在主尺上读出毫米位的准确数，毫米以下的尾数由游标读出.

2. 螺旋测微计

螺旋测微计（又名千分尺）主要由一根精密的测微螺杆、螺母套管和微分筒构成，是利用螺旋推进原理而设计的.螺母套管的螺距一般为 0.5 mm（即主尺的分度值），当微分筒（副尺）相对于螺母套管转 1 周时，测微螺杆就向前或向后退 0.5 mm.若在微分筒的圆周上均分 50 格，则微分筒（副尺）每旋 1 格，测微螺杆进退 0.5/50=0.01 mm，主尺上读数变化 0.01 mm，可见千分尺的最小分度值为 0.01 mm，下一位还可以再做估计，因而能读到千分之一位.其示值误差为 0.004 mm.

读数时，先在螺母套管的标尺上读出 0.5 mm 以上的读数，再由微分筒圆周上与螺母套管横线对齐的位置读出不足 0.5 mm 的整刻度数值和毫米千分位的估计数字.三者之和

即为被测物之长度.

3. 读数显微镜

读数显微镜是将显微镜和螺旋测微计组合起来,作为测量长度的精密仪器.显微镜由目镜和物镜组成,目镜筒中装有"十"字叉丝,供对准被测物用.把显微镜装置与测微螺杆上的螺母套管相连,旋转测微鼓轮(相当于千分尺的微分筒),即转动测微螺杆,就可以带动显微镜左右移动.常用的读数显微镜测微螺杆螺距为 1 mm,测微鼓轮圆周上刻有 100 分格,则最小分度值为 0.01 mm,读数方法与千分尺相同,其示值误差为 0.015 mm.

【实验仪器】

游标卡尺、螺旋测微计、读数显微镜、待测物体等.

【实验内容】

1. 用游标卡尺测量圆柱体的直径

(1) 校准游标卡尺的零点,记下零读数.

(2) 用外量爪测圆柱体的直径,重复测量 5 次.测量时注意保护量爪.

(3) 求直径平均值和不确定度.

2. 用螺旋测微计测量小球的体积

(1) 校准零点,记下零读数.

(2) 重复测量直径 5 次,测量时注意保护测砧与测杆.

(3) 求体积和不确定度.

3. 用读数显微镜测量毛细管的直径

(1) 调整显微镜对准待测物,消除视差.

(2) 测量时,测微鼓轮始终在同一方向旋转时读数,以避免回程差,重复测量 5 次.

【数据与结果】

1. 用游标卡尺测圆柱体的直径

附表 6　测圆柱体直径数据记录

次数 被测量	1	2	3	4	5	$\bar{x}$	S_x	$\Delta_{仪}$	Δ_x	$x=\bar{x}\pm\Delta_x$
d(mm)	48.04	48.08	47.98	47.96	48.00	48.008	0.041	0.02	0.05	48.01±0.05

2. 用螺旋测微计测量小球的体积

附表 7　测小球体积数据记录

零点读数 D_0: 0.021,仪器误差:0.004　　(单位:mm)

项目 次数	D_i	$D=D_i-D_0$	
1	10.526	10.505	$S_D=0.003\,201\,56$ $\Delta_D=\sqrt{S_D^2+\Delta_{仪}^2}=0.005\,1$
2	10.524	10.503	
3	10.530	10.509	
4	10.527	10.506	
5	10.532	10.511	
平均值	/	10.507	

小球体积：

$$\overline{V}=\frac{1}{6}\pi\overline{D}^3=607.0362(\text{mm}^3)$$

$$\Delta_V=3\cdot\frac{\Delta_D}{\overline{D}}\cdot\overline{V}=0.88(\text{mm}^3)$$

$$V=\overline{V}\pm\Delta_V=(607.0\pm0.9)(\text{mm}^3)$$

3. 用读数显微镜测毛细管直径

附表 8　测毛细管直径数据记录

仪器误差:0.015　　(单位:mm)

项目 / 次数	D_{i2}	D_{i1}	$D=\|D_{i2}-D_{i1}\|$	
1	27.373	27.270	0.103	$S_D=0.0019$ $\Delta_D=\sqrt{S_D^2+\Delta_{仪}^2}\approx0.015$ $D=\overline{D}\pm\Delta_D=0.105\pm0.015$
2	27.377	27.273	0.104	
3	27.389	27.284	0.105	
4	27.388	27.280	0.108	
5	27.388	27.284	0.104	
平均值	/	/	0.104 8	

【讨论与分析】

(1) 多次测量圆柱体和钢球后,如果偶然误差比较大,可能是被测物件形状不理想所致,如球不圆等.在这种情况下,只有从不同方位多次测量取平均值,才能得到接近真值的体积测量值.

(2) 用统计方法求得偶然误差分量 S_D,它同仪器的误差是相互独立的,在求总不确定度时,用方和根合成.如果其中一个远比另一个小时$\left(\text{如 } S_D<\frac{1}{3}\Delta_{仪}\right)$,根据微小误差原理,小误差的影响可以忽略不计,在求总不确定度时可以简化计算.

(3) 用读数显微镜测量毛细管直径 D,测量结果的相对不确定度 $E_r=\frac{\Delta_D}{\overline{D}}\times100\%=14\%$.检查测量过程无误,这说明精度为 0.01 mm、示值误差为 0.015 mm 的读数显微镜测量如此微小的长度,显然不太合适.建议用更加精密的仪器或其他方法来测量.

实验二十　光的等厚干涉

【实验目的】

(1) 观察等厚现象,考察其特点.

(2) 学习用牛顿环测量透镜曲率半径、用劈尖测量微小厚度的方法.

(3) 学习实验结果数据的处理.

【实验原理】

1. 牛顿环

将待测的球面凸透镜 AOB 放在平面 CD 的上面，如附图 1 所示，便形成了典型的牛顿环装置.两相干光(近乎垂直入射的光经过空气隙上下表面 AOB 和 CD 的反射光)的光程差为

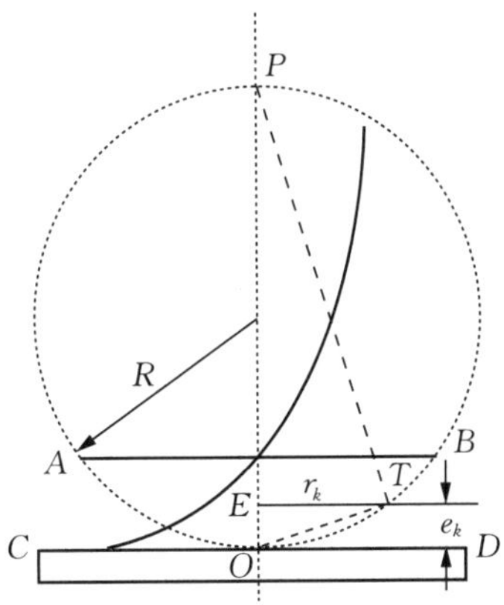

附图 1　牛顿环实验装置

$$\delta_k = 2e_k + \frac{\lambda}{2} \tag{1}$$

形成暗纹的条件为

$$2e_k + \frac{\lambda}{2} = (2k+1)\frac{\lambda}{2},\ k = 0,\ \pm 1,\ \pm 2,\ \pm 3,\ \cdots$$

即

$$e_k = \frac{1}{2}k\lambda \tag{2}$$

又由于三角形$\triangle PTO \backsim \triangle TEO$，故有

$$r_k^2 = (2R - e_k)e_k \approx 2Re_k \tag{3}$$

由(1)式和(2)式得

$$r_k^2 = Rk\lambda \tag{4}$$

若已知 λ，测出 r_k，数出干涉级次 k，由(4)式便可求得 R.但由于装置中微小尘埃、接触点形变等因素的影响，使得牛顿环的级数 k 和干涉条纹的中心都无法确定，因而利用(4)式测定 R 实际上是不可能的，故常常将(4)式变换为

$$R = \frac{D_m^2 - D_n^2}{4(m-n)\lambda} \tag{5}$$

可见只要数出所测各环的环数差 $m-n$，无须确定各环的干涉级数 k，并且避免了圆环中心无法确定的困难.

2. 劈尖

劈尖与牛顿环同属等厚干涉，只是引起光的干涉的空气层结构不同.同理，可得形成暗纹的条件是

$$e_k=\frac{1}{2}k\lambda \tag{6}$$

e_k 是劈形空气层第 k 级暗纹处的厚度.

由于暗纹是等距的，可推得被测薄片厚度的测量式为

$$h=5\lambda\times\frac{L}{L_{10}} \tag{7}$$

L_{10} 为 10 个条纹间的长度，L 是玻璃板交线到被测薄片间的距离.这两个量均可用读数显微镜测出，若 λ 已知，则 h 可求得.

【实验仪器】

读数显微镜、钠光灯、牛顿环仪及搭制劈尖的玻璃块.

【实验内容】

1. 用牛顿环测量透镜的曲率半径

(1) 调整及定性观察.

① 在自然光下调节牛顿环仪上的 3 个螺丝，使干涉图样移到牛顿环仪中心附近，并使干涉条纹稳定且中心暗斑尽可能小.

② 把调好的牛顿环仪放在显微镜平台上，调节读数显微镜 45 ℃的半反射镜，使钠黄光均匀充满整个视场.

③ 调节显微镜目镜看清叉丝，然后调节物镜对干涉条纹调焦，并使叉丝和圆环之间无视差.

④ 定性观察干涉图样的分布特点，观察待测的各环左右是否都清晰并且都在显微镜的读数范围之内.

(2) 定量测量.

① 确定测量范围，即确定 $m-n$ 和 m，n 的值.例如，确定 $m-n=25$，$m=50$，49，…，46，$n=25$，24，…，21，测出各环对应的直径.

② 避免空程引入的误差.鼓轮只能沿一个方向转动，不许倒转.稍有倒转，全部数据即应作废.如果要从第 50 环开始读数，则至少要在叉丝压着第 55 环后，再使鼓轮倒转至第 50 环开始读数，并依次沿同一方向测完全部数据.

③ 应尽量使叉丝对准干涉条纹中央时的读数.

2. 劈尖(略)

【数据与结果】

1. 用牛顿环测量透镜的曲率半径

附表 9　牛顿环实验数据记录表

$m-n=25$，$\lambda=5.893\times10^{-4}$(mm)，$\Delta_{仪}=0.015$(mm)

环数			D_m (mm)	环数			D_n (mm)	$D_m^2-D_n^2$ (mm^2)
m	左	右		n	左	右		
50	23.678	40.507	16.829	25	26.901	38.890	11.989	139.47
49	23.767	40.447	16.680	24	27.065	38.809	11.774	140.306
48	23.871	40.393	16.522	23	27.210	38.723	11.513	140.423
47	23.981	40.328	16.347	22	27.376	38.647	11.271	140.204
46	24.100	40.275	16.175	21	27.511	38.557	11.006	140.532

$\overline{D_m^2-D_n^2}=140.188(\text{mm}^2)$；

$S_{D_m^1-D_n^2}=0.42(\text{mm}^2)$；

$\Delta_{D_m^2-D_n^2}\approx S_{D_m^2-D_n^2}=0.42(\text{mm}^2)\left(\Delta_{仪}<\dfrac{1}{3}S_{D_m^2-D_n^2}\right)$；

$\overline{R}=\dfrac{\overline{D_m^2-D_n^2}}{4\lambda(m-n)}=\dfrac{140.118}{4\times5.893\times10^{-4}\times25}=2\,378.897(\text{mm})$；

$\dfrac{\Delta_R}{R}=\dfrac{\Delta_{D_m^2-D_n^2}}{\overline{D_m^2-D_n^2}}=0.30\%$；

$\Delta_R=7.06(\text{mm})\approx7(\text{mm})$；

$R=(2\,379\pm7)(\text{mm})=(2.379\pm0.007)(\text{m})$.

2. 劈尖测微小厚度(略)

【分析与讨论】

(1) 上述数据处理过程中用平均值作为测量结果的最佳值，这是一种简化的处理方法，忽视了“测量精度”这个要素.因为 $D_m^2-D_n^2$ 的值虽然基本相同，但是，它们是非等精度的.分析如下：

$$D_k=D_{k(L)}-D_{k(R)}$$

$D_{k(L)}$ 和 $D_{k(R)}$ 的测量精度均为 0.01 mm，示值误差为 0.015 mm.从不确定度传递理论来看，D_k 的测量精度为

$$\Delta_{D_k}=0.015\times\sqrt{2}=0.021(\text{mm})$$

$D_m^2-D_n^2$ 的测量精度为

$$\Delta_{(D_m^2-D_n^2)}=2\Delta_{D_k}\sqrt{D_m^2+D_n^2}=0.042\sqrt{D_m^2-D_n^2}$$

可见 $D_m^2-D_n^2$ 的测量精度与 D_m 和 D_n 的大小有关，故为非等精度.因此，更为合理的方法是求加权平均值作为最佳值.

(2) 事实上 m 和 n 也存在不确定度 Δ_m 和 Δ_n，这是因叉丝对准干涉条纹中央时欠准

所产生的.设此不确定度为条纹宽度的 1/10,即 $\Delta_m=\Delta_n=0.1$,则

$$\Delta_{(m-n)}=\sqrt{\Delta_m^2+\Delta_n^2}=0.14$$

故有

$$\frac{\Delta_R}{R}=\sqrt{\left(\frac{\Delta_{(D_m^2-D_n^2)}}{D_m^2-D_n^2}\right)^2+\left(\frac{\Delta_{(m-n)}}{m-n}\right)^2}=0.64\%$$

$$\Delta_R=15(\mathrm{mm})$$

$$R=(2.379\pm0.015)(\mathrm{m})$$

可见 m 和 n 的误差对实验结果的影响不能忽视.

(3) 由环半径的平方化为环半径的平方之差(或环直径的平方之差)时,如附图 2 可知,

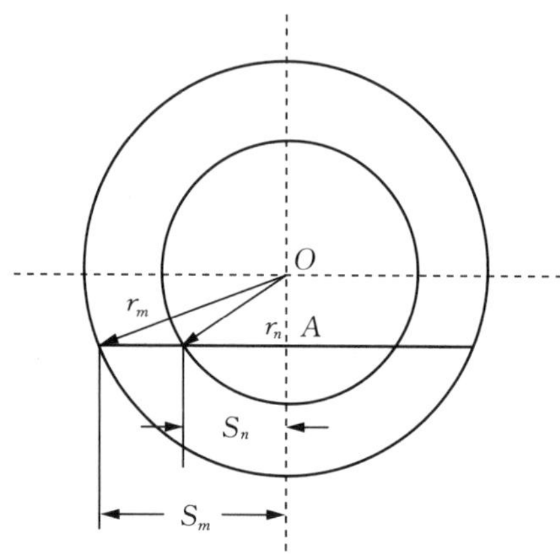

附图 2 干涉条纹半径与弦长关系

$$r_m^2-S_m^2=OA^2$$
$$r_n^2-S_n^2=OA^2$$
$$r_m^2-S_m^2=r_n^2-S_n^2$$

所以,

$$r_m^2-r_n^2=S_m^2-S_n^2$$

即环半径的平方之差(或直径的平方之差)等于对应的弦的平方之差.因此,在实验测圆环直径时,无须通过圆环的中心.其实要确定圆环的中心,这也是很不容易的.

(4) 由于计算 R 时只需要知道环数差 $m-n$,因此,以哪一个环作为第一环可以任选,但一经选定,在整个测量过程中就不能改变了,且不要数错条纹数.

(5) 由于干涉圆环的间距随圆环半径(或级数)的增加而逐渐减小,而且中心变化快、边缘变化慢.因此,选择边缘部分(级数大)圆环,间距变化比较缓慢,大致可以看作是均匀变化的,可以把 $D_m^2-D_n^2$ 值看作等精度测量量,这样求其平均值作为最佳值才比较合理.因此,在能分辨条纹的前提下,应尽可能地选择测 m 和 n 较大的环,且使 $m-n$ 取值也大些,这样可以减小 Δ_m 和 Δ_n 对实验结果的影响.

参考文献

[1] 袁国祥.大学物理实验教程(第二版),高等教育出版社,2016.
[2] 陆佩.大学物理实验(第二版),中国水利水电出版社,2010.
[3] 刘俊星.大学物理实验实用教程,清华大学出版社,2012.
[4] 隋成华,施建青.大学基础物理实验教程,浙江电子音像出版社,2001.

图书在版编目(CIP)数据

新编大学物理实验教程/戈迪主编. —上海：复旦大学出版社，2020.9(2022.6 重印)
ISBN 978-7-309-15148-0

Ⅰ.①新… Ⅱ.①戈… Ⅲ.①物理学-实验-高等学校-教材 Ⅳ.①04-33

中国版本图书馆 CIP 数据核字(2020)第 122428 号

新编大学物理实验教程
戈　迪　主编
责任编辑/梁　玲

复旦大学出版社有限公司出版发行
上海市国权路 579 号　邮编：200433
网址：fupnet@fudanpress.com　http://www.fudanpress.com
门市零售：86-21-65102580　团体订购：86-21-65104505
出版部电话：86-21-65642845
上海丽佳制版印刷有限公司

开本 787×1092　1/16　印张 14.25　字数 329 千
2022 年 6 月第 1 版第 2 次印刷
印数 4 101—7 700

ISBN 978-7-309-15148-0/O・691
定价：39.00 元